Elemente der Botanik

Eine Anleitung zum Studium der Pflanze durch Beobachtungen und Versuche an Crepis capillaris (L.) Wallr.

Von

E. Heitz

a. o. Professor an der Universität Basel

Mit 107 Originalabbildungen

Wien

Springer-Verlag

1950

ISBN-13: 978-3-211-80145-1 e-ISBN-13: 978-3-7091-7738-9
DOI: 10.1007/978-3-7091-7738-9

Softcover reprint of the hardcover 1st edition 1950

Hans Winkler
zum Gedächtnis

*Denn es gilt nit, daß man obenhin lauf
und überrumpel ein Ding.*
Albrecht Dürer.

Vorwort.

In diesem Buche wird gezeigt, wie man durch das Studium einer einzigen Pflanze nach den verschiedensten Richtungen hin zu botanischen Grundkenntnissen gelangen kann, mit möglichst einfachen Mitteln bei Präparation und Versuch. Für beide werden außer dem Mikroskop keine Apparate benötigt. Einige Geschicklichkeit, die jeder biologisch Arbeitende mitbringen muß, ist vorausgesetzt.

Das ordnende Prinzip ist die Pflanze in ihrem Entwicklungsgang vom quellenden Samen bis zur reifenden Frucht. Man findet keine Aufteilung in Fachgebiete. Vielmehr werden Form, Struktur und Vorgang wo irgend möglich im Zusammenhang untersucht. So wechseln Beobachtung und Experiment — im Gegensatz zu gepflogenen Gewohnheiten — miteinander ab. Dadurch soll unter anderem erreicht werden, daß die gewonnenen Ergebnisse nicht losgelöst als Einzeleigenschaften und Einzelvorgänge erscheinen, sondern im Zusammenhang mit Leben und Entwicklung der einen Pflanze, in welche man sich vertieft. Die Untersuchung der so anregenden Differenzierung von Individuum, Organ und Zelle nimmt einen breiteren Raum ein. Die Pflanze, welche leicht im Garten wie im Blumentopf am Fenster gezogen werden kann, erwies sich, im richtigen Zeitpunkt beobachtet und ausgenutzt, sehr oft als das jeweils „geeignete Objekt".

Das Buch ist eine Anleitung zum Selbststudium für den Laien mit gewissen naturwissenschaftlichen Grundkenntnissen, für den Lehrer und den Studenten. Es war verlockend, verschiedentlich Apparate zu benutzen, wie solche in den meisten botanischen Instituten vorhanden sind. Ich habe darauf verzichtet, um die Verwendbarkeit des Buches für einen weiteren Kreis nicht einzuengen. Die Anleitung kann als einheitliches Ganzes, wie sie gedacht ist, benutzt werden, aber auch zur Auswahl von einzelnen Beobachtungen und Versuchen. Jeder der als Teil bezeichneten Abschnitte entspricht oft einem Kurs von 2 bis 4 Stunden. Arbeiten mehrere zusammen, so empfiehlt es sich, die Varianten und einzelnen Serien von verschiedenen Personen ausführen zu lassen.

Die Präparationen und Experimente sind wiederholt, eine große Anzahl davon vielfach auf ihre Brauchbarkeit geprüft und in die einfachste Form gebracht worden. Einige Abschnitte sind mit Studenten der Universität Basel und der University of Missouri, Columbia, U. S. A., sowie in Volkshochschulkursen durchprobiert.

Verschiedene hier zum ersten Male mitgeteilte Befunde und Versuchsanstellungen sind nicht als solche kenntlich gemacht.

Allen denen, welche mir durch Rat oder Tat behilflich waren, sei hier bestens gedankt. Die Freie Akademische Stiftung Basel stellte mir ein Stipendium zur Verfügung; der frühere Vorstand der Botanischen Anstalt der Universität Basel, Prof. G. Senn, sowie der derzeitige, Prof. M. Geiger, die Mittel dieses Institutes.

Dem Verlag danke ich für sein ständiges Entgegenkommen, sowie Umsicht und Sorgfalt bei der Drucklegung.

Basel, im Mai 1950.

E. Heitz.

Inhaltsverzeichnis.

Abbildungen.

Die Abbildungen sollen dem Lernenden als Anregung und zur Kontrolle der eigenen Beobachtungen dienen, dem Fachbotaniker mögen sie die Zweckmäßigkeit der einen oder anderen Vereinfachung in Methodik und Technik veranschaulichen.

Die meisten mikroskopischen Photographieen und Zeichnungen sind mehr oder weniger verkleinert reproduziert, damit bei Benutzung des Buches nicht der Eindruck erweckt wird, die jeweiligen Beobachtungen seien leichter zu machen, als dies tatsächlich der Fall ist. Die Mikrophotographieen mußten unter optimalen Bedingungen hergestellt werden: Niedervoltlampe und, wo im Abbildungstext angegeben, mit Immersion. Es sei aber ausdrücklich bemerkt, daß sich alle mikroskopischen Untersuchungen unter Benutzung einer 75-Wattlampe und, wo nötig, mit einem starken Trockensystem (S. 162) durchführen lassen. Für ganz vereinzelte Beobachtungen ist eine Immersion erforderlich. Diesbezügliche Hinweise findet man jeweils im Text.

Die makroskopischen und die mikroskopischen Zeichnungen (letztere fast alle mit Hilfe des Zeichenapparates in Objekttischhöhe) sowie alle mikroskopischen Aufnahmen (Leitz-Makam) sind vom Verfasser hergestellt. Die makroskopischen Aufnahmen besorgten nach meinen Anweisungen: Grad. student Gondy, University of Missouri, Columbia, U. S. A. (3, 13, 76); Photograph P. Hemann, Basel: (8, 74, 87, 89, 90); Dr. H. Huber-Basel (7 b); Photograph H. Keerl-Basel: (1, 2, 4, 5, 7 a, 17, 21, 22, 70, 107). Die Fertigstellung einiger Zeichnungen für den Druck übernahm stud. Daicker-Basel (25, 52, 56, 77, 84.) Die Photographieen sind, bis auf einige außerhalb der Bilder liegende Fehler, nicht retouchiert.

Literaturhinweise.

Lehrbuch der Botanik für Hochschulen, 23./24. Auflage, bearbeitet von H. Fitting, W. Schuhmacher, R. Harder, F. Firbas. Jena 1947.

Bünning, E., Die Physiologie des Wachstums und der Bewegungen. Berlin 1939.

Frey-Wyssling, A., Ernährung und Stoffwechsel der Pflanzen. Zürich 1945.

Goebel, K., Einleitung in die experimentelle Morphologie der Pflanzen. Leipzig und Berlin 1908.

Haberland, G., Physiologische Pflanzenanatomie, 4. Auflage. Jena 1909, 6. (letzte) Auflage. Jena 1924.

Jost, L., Vorlesungen über Pflanzenphysiologie. 3. Auflage. Jena 1913.

Babcock, E. B., The Genus *Crepis*. Part one and two. University of California Press, Berkeley and Los Angeles 1947.

Babcock, E. B., and M. Nawashin, The Genus *Crepis*. Bibliographia Genetica VI, 1930.

Gerassimova, H., Fertilization in *Crepis capillaris*, La Cellule, T. XLII, 1, 1933.

Hegi, G., Illustrierte Flora von Mitteleuropa. VI (2). München 1929.

Die Pflanze.

Erster Teil.

Beschreibung der Merkmale, welche zum Auffinden und für die systematische Stellung wesentlich sind.

Anfangs Juni oder Juli, in einem warmen Frühjahr schon Ende Mai, beginnt eine zierlich gebaute Composite ihre gelben Blüten zu entfalten. Die Pflanze ist, außer in der höheren Bergregion, in Europa meistens verbreitet. Sie wächst auf Wiesen und Äckern in der freien Natur, auf Grasplätzen und an Wegrändern, die durch Felder und Gärten führen, gedeiht aber auch im kargen Erdreich zwischen den Pflastersteinen stiller Höfe der Stadt.

Man findet sie vielfach bis in den Herbst hinein blühend und fruchtend. Je nach Bodenbeschaffenheit, Licht- und Feuchtigkeitsverhältnissen wird sie im allgemeinen 20 bis über 100 cm hoch und dringt mit hellockergelber Pfahlwurzel etwa einen halben Meter tief in den Boden ein. Der primäre, ästige, je nach dem Standort mit kräftigen oder schmächtigen Blättern versehene Stengel erhebt sich aus einer flach ausgebreiteten Rosette. Aus dieser entwickeln sich bald sekundäre, schräg aufwärts wachsende Stengel. Die meistens kahlen Rosettenblätter sind je nach dem Individuum verschieden stark buchtig gezähnt oder fiederartig eingeschnitten. Der Stengel, besonders der primäre, ist kantig und deutlich gerieft. An der Basis fühlt er sich eher holzig an und ist hier häufig rot angelaufen, besonders ausgeprägt an den Kanten. Die Stengelblätter sitzen in Abständen von 5—15 cm mit ausgesprochen pfeilförmigem, stiellosem Grunde fest. Die unteren sind an der Basis ebenfalls gezähnt oder fiederig, die oberen dagegen nicht. Je höher sie am Stengel stehen, um so ganzrandiger, kürzer und schmäler werden sie. Aus den Blattachseln entwickeln sich Seitenäste, die ebenfalls Blütenstände bilden.

Die kleinen, ungestielten Blüten sind zu 30—50 in Köpfen vereinigt. Was auf den ersten, flüchtigen Blick als einzelne Blüte erscheinen könnte, ist in Wirklichkeit ein zweiter Blütenstand. Diesen kann man sich dadurch zustande gekommen denken, daß die Blütenstielchen so stark verkürzt wurden, daß alle Einzelblüten zusammen auf einer von der Hauptachse gebildeten, flachen Scheibe stehen. Zwei Kreise kleiner Hüllblätter umgeben einen solchen Blütenkopf: ein äußerer mit 5—8 kurzen und schmalen, ein innerer mit häufig 13 bedeutend breiteren und etwa doppelt so langen. Die äußeren und die inneren Hüllblätter sind auf der ganzen Außenfläche (= morphologische Unterseite) zerstreut mit einem dünnen, weißlichen Flaum anliegender Haare besetzt. In der Mittellinie der inneren und meistens auch der äußeren Hüllblätter findet man außerdem 1—3 Reihen starrer, abstehender, 0,4—0,7 mm langer Haare. Sie sind besonders im unteren, verbreiterten Teil schwärzlich und enden oben mit einem rundlichovalen, oft gelblich glänzenden Kopf. Das alles ist mit der Lupe gut zu erkennen. Auf der Innenseite dagegen sind die beiden Sorten von Hüllblättern unbehaart. Eigentliche Kelchblätter, welche sonst oft die einzelnen Blüten umgeben, besitzt die Pflanze, wie alle Compositen, keine. An einer aus dem Blütenboden heraus-

Abb. 1. Freistehende Pflanze in einem Hof. Im Vordergrund links ein etwa 8 Monate altes Zwergindividuum. Die größere Pflanze ist 45, die Zwergpflanze 9 cm hoch.

gezogenen Einzelblüte findet man statt dessen am oberen Rand des sehr kleinen, hellgrünen, unterständigen Fruchtknotens einen Kranz von langen, weißen Haaren. Er wird als Pappus bezeichnet und ist in dieser Ausbildung bei den meisten Vertretern der großen Familie vorhanden. Aus dem Inneren einer jeden Blüte ragt ein Griffel mit gegabelter Narbe hervor. An eben sich öffnenden Blüten stellt man fest, daß derselbe in eigenartiger Weise von einer Röhre, der Gesamtheit der Staubfäden, umschlossen ist. Genauer wollen wir uns letztere erst später ansehen (S. 122) und beobachten an einer voll geöffneten Einzelblüte nur noch, daß 5 der Blütenkrone angewachsene Staubfäden vorhanden sind. Deren untere Teile, die Filamente, sind etwas nach außen gebogen, so daß wir sie gut zählen können, während das mit den oberen, den zur Röhre zusammengeschlossenen Antheren nicht ohne weiteres möglich ist.

Für die Zuordnung der Pflanze zu den *Compositen* ist das gleichzeitige Vorhandensein folgender der bis jetzt gefundenen Merkmale entscheidend: Die Vereinigung mehrerer ungestielter Blüten ohne eigentliche Kelche in einem Kopf; der diesen Kopf umgebende Hüllkelch; der unterständige Fruchtknoten mit dem Pappus, die 5 im oberen Teil röhrenartig zusammengeschlossenen Staubfäden. Mit anderen systematisch wichtigen, aber nicht ohne weiteres erkennbaren Eigenschaften werden wir später noch bekannt (S. 18).

Für die Zuordnung der Pflanze zu der einen der drei Unterfamilien der sehr großen *Compositen*-Familie sind folgende zwei Merkmale maßgebend:

1. In einem vollständig geöffneten Kopf — mit einem Durchmesser von 1,5—2 cm — besitzen sämtliche Blüten eine länglich zungenförmige Krone mit 5 Zipfeln, den Enden der 5 verwachsenen Blütenblätter. Lediglich im unteren, weißlichen Teil hat die Krone die Form einer Röhre. Die Blüten sind nur im Knospenstadium auch im oberen Teil zu einer Röhre geschlossen, wovon man sich leicht überzeugen kann. In den beiden anderen Unterfamilien sind dagegen mindestens die in der Mitte des Kopfes stehenden Blüten auch geöffnet röhrenförmig und höchstens die Randblüten zungenförmig. Wir betrachten in einem Kopf, dessen außenstehende Blüten voll geöffnet sind, diese schräg von der Zunge aus mit der Lupe noch etwas genauer als zuerst: In jeder Blüte sitzen von den 5 Staubfäden 2 links, 2 rechts vom Griffel, der 5. hinter demselben. Mit diesem 5. Staubfaden liegen die beiden Narbenäste in einer in der Mittellinie der Zunge senkrecht stehenden Ebene. Durch diese allein kann die Blüte in zwei spiegelbildlich gleiche Teile zerlegt werden. Alle *Compositen*-Gattungen, deren Arten ausschließlich solche zygomorphe, d. h. jochgestaltige, nur durch eine Ebene in zwei gleiche Hälften teilbare Blüten besitzen, werden zu der Unterfamilie der *Liguliflorae* (Zungenblütler) zusammengefaßt. Von in Europa verbreiteten *Compositen* gehören unter anderen hierher: Die Wegwarte (*Cichorium Intybus*) und die aus Kleinasien stammende und als Salat kultivierte Endivie (*C. Endivia*), der Rainkohl (*Lapsana communis*), der Wiesenbocksbart (*Tragopogon pratensis*) und die als Gemüse gezogene Schwarzwurz (*Scorzonera hispanica*); das gemeine Pfaffenröhrlein (*Taraxacum officinale*), mehrere Latticharten, darunter die als Kopfsalat kultivierte Form von *Lactuca sativa*, ferner der in schattigen Wäldern verbreitete Hasenlattich (*Prenanthes purpurea*) und als nächstverwandte die sehr artenreiche Gattung der Habichtskräuter (*Hieracium*).

2. Für alle ausschließlich zungenblütigen *Compositen* ist das Vorkommen von Milchsaft charakteristisch. Er tritt aus der Pflanze aus, sobald man Blatt, Wurzel oder Stengel anschneidet. (Die Produktion von Milchsaft findet man bei verschiedenen Familien, manchmal bei allen Vertretern, manchmal nur bei einem Teil der Gattungen.)

Zu der Unterfamilie der *Liguliflorae* gehören 18 in Europa heimische Gattungen. Fünf der eingangs aufgeführten Merkmale unserer Pflanze genügen, um sie von 15 Gattungen auszuschließen. 1. Die gelbe Blütenfarbe (blau oder rot: *Cichorium*, *Mulgedium*, *Prenanthes*, 2 Arten von *Cicerbita*). 2. Die zahlreichen Blütenköpfe (mit nur wenigen oder nur einem einzigen: *Willemetia*, *Arnoseris*, *Hypochoeris*, *Taraxacum*, *Leontodon*). 3. Die zahlreichen Einzelblüten im Blütenkopf (wenigblütig: *Lapsana*, *Chondrilla*, 1 *Cicerbita*-Art). 4. Der verhältnismäßig kleine Durchmesser des Blütenkopfes (größere Blütenköpfe: *Scorzonera* und *Tragopogon*). 5. Die fast vollständige Haarlosigkeit von Stengel und Blattflächen (steifhaarig: *Picris*).

Abb. 2. Pflanze an der Mauer eines Hofes. Direkte Sonne nur einige Stunden am Vormittag. Am Ende der Hauptachse, die von den Seitensprossen überwachsen ist, Blütenköpfe im Verwelkungsstadium 3 und 4 (vgl. Abb. 88). Aus den Achseln der Rosettenblätter haben sich drei sekundäre Triebe entwickelt. Höhe der Pflanze 84, Breite der Rosette 65 cm.

Um die Pflanze noch von den drei restlichen Gattungen auszuschließen, ist es nötig, die bisher nicht erwähnten Früchte (Abb. 4, 5), d. h. die ausgereiften

Fruchtknoten der einzelnen Blüten genau anzusehen. Man findet sie in den Köpfen der Hauptachse zuerst reifend (Abb. 2, 3), etwa 3 Wochen nach Blüh-

Abb. 3. Topfpflanze, 47 cm hoch. Am Ende der Hauptachse, welche von zwei Seitenästen sowie einer aus der Rosette entspringenden Seitenachse (rechts) überwachsen ist, 7—8 Köpfe mit ausgereiften Achaenen mit ausgebreitetem Pappus. An den übrigen Stengeln außer noch geschlossenen und geöffneten Blütenköpfen Verwelkungsstadien, wie sie zur Untersuchung der Embryobildung und -entwicklung benötigt werden (vgl. Abb. 88). Links und rechts oben leicht angewelkte Kopfknospen (siehe S. 92).

beginn. Die früher im geschlossenen Zustand schmalen, zylindrischen Blütenköpfe haben sich während dieser Zeit zu dicken, zwiebelförmigen Fruchtköpfen entwickelt. Bei der Reife sind jetzt die Hüllblätter bis zum Stengel hinuntergebogen, die Pappushaare strahlenförmig ausgebreitet (Abb. 3, 5). Die vorher grünen und zarten Wände der Fruchtknoten haben sich nach starker Verbreiterung sowie Verlängerung um das Dreifache zu bräunlichen, festen Hüllen umgebildet. Die etwa 2 mm langen Früchte selbst bleiben geschlossen und werden wie alle trockenhäutigen, bei der Reife sich nicht öffnenden, als Schließfrüchte bezeichnet.

Abb. 4. Achaenen nach dem Einsammeln in größeren Mengen. Pappus abgefallen; beachte die weißen Ansatzstellen desselben und die gegenüberliegenden dunklen Enden. Größere Anzahl leicht gekrümmter, geringere Anzahl gerader Früchte (vgl. S. 11). Etwa 8fach vergrößert.

Mit der Lupe erkennt man, daß jede Frucht am unteren Ende und, auf eine etwas größere Strecke, am oberen Ende schwach verschmälert ist (Abb. 4); in ihrem mittleren Teil sind die Früchte zylindrisch. Schließlich zählt man noch die in der Längsrichtung verlaufenden Rippen; es sind meistens 10. Die Pappushaare sind schön weiß und unverzweigt (Abb. 5). Bei den Gattungen *Sonchus* und *Lactuca* dagegen sind die Früchte tangential zur Peripherie des Blütenkopfes verbreitert; bei *Hieracium* sind sie anstatt oben verschmälert abgestutzt, und der Pappus ist grau- oder schmutzigweiß. Unsere Pflanze gehört zu der Gattung *Crepis*. Das griechische Wort bedeutet Halbstiefel und war im Altertum der Name für eine uns heute nicht bekannte Pflanze. Erst in späterer Zeit wurde er für die Gattung gewählt, welche auf deutsch Pippau heißt.

Von *Crepis* sind bis jetzt 196 Arten bekannt. Sie wachsen fast ausschließlich in den gemäßigten Zonen von Asien, Europa, Afrika und Nordamerika, nur wenige in den Tropen. In Europa kommen nur etwa 20 Arten vor. Die Entscheidung darüber, ob die gesuchte Art vorliegt, ist nicht schwierig. 8 Arten lassen sich leicht ausschließen, weil sie, wie die bekannte *Crepis aurea* der Bergwiesen, nur einen oder doch nur einige wenige Blütenköpfe bilden, ferner 2 mit blattlosem Stengel und 3, deren Früchte am oberen Ende dünn schnabelartig verlängert sind, schließlich noch 4 Arten, bei welchen die stengelständigen Blätter nicht mit pfeilförmigem, sondern höchstens öhrchenförmigem Grund den Stengel umfassen. Von den nächsten Verwandten, *C. parviflora*, *C. neglecta* und *C. nicaeensis*, unterscheidet sich *C. capillaris* außer durch eine ganze Reihe von Merkmalen durch die gelbe Griffelfarbe. Diese ist bei *C. parviflora* und *C. neglecta* grün, bei *C. nicaeensis* grünlich-braun. Ferner sind die Rosettenblätter von *C. parviflora* im Gegensatz zu denen von *C. capillaris* dicht behaart. *C. neglecta* besitzt anstatt der aufrechten Blütenköpfe vor dem Aufblühen nickende (in Abb. 3 sind die Stiele der Kopfknospen leicht angewelkt). Diese drei nächstverwandten Arten sind in südlichen Gegenden, vor allem in den Mittelmeer-

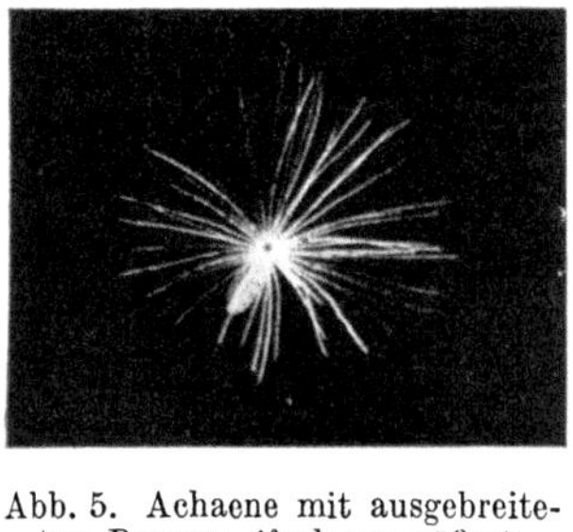

Abb. 5. Achaene mit ausgebreitetem Pappus, 4fach vergrößert.

ländern heimisch. Nur *C. nicaeensis* kommt gelegentlich als eingeschleppte Art in Zentraleuropa und Nordamerika vor. *Crepis capillaris* selbst ist in Nordamerika nicht ursprünglich vorhanden gewesen, sondern eingeschleppt worden.

Schließlich sei hier noch auf eine Methode hingewiesen, durch welche man *Crepis capillaris* mit Sicherheit von allen anderen europäischen Compositen, einschließlich aller *Crepis*-Arten (ausgenommen die mediterrane *Crepis Zacyntha* und die in Griechenland heimische *Crepis fuliginosa*) unterscheiden kann. Man findet dieselbe S. 84f. beschrieben. Sie sollte jedoch nicht als Ersatz für die genaue morphologische Untersuchung, die hier im Vordergrund steht, benutzt werden, sondern nur zur Kontrolle. Noch nicht blühreife Rosetten der Pflanze lassen sich stets einwandfrei mit dieser Methode als *Crepis capillaris* identifizieren.

Im folgenden sind, außer einigen anderen, alle Merkmale zusammengestellt, welche die Zugehörigkeit der Pflanze zu einer der 18 europäischen Gattungen der Unterfamilie ausschließt und sie unter den 20 europäischen *Crepis*-Arten als *Crepis capillaris* charakterisiert.

20—100 cm hohe (unter normalen Bedingungen einjährige oder überwinternd einjährige) Composite mit Milchsaft und ausschließlich zungenförmigen, gelben Einzelblüten zu 30—50 im Blütenkopf; dessen Durchmesser beträgt voll geöffnet 1,5—2 cm. Frischer Griffel rein gelb (nicht bräunlichgrün, schwärzlich-grün, grünlich oder braun). Die Blütenköpfe sind ihrerseits auf dünnästigem Stengel zu lockeren Ständen vereinigt. Zahlreiche Blütenköpfe; an Pflanzen von mittlerer Größe insgesamt 50—100. 2 Reihen von Hüllblättern, die auf der Außenfläche (dagegen nicht auf der Innenfläche) spärlich mit anliegenden, weißen und außerdem meistens längs der Mittelrippe mit (1—3 Reihen) abstehenden, etwa 0,7 mm langen, schwärzlichen Haaren besetzt sind. Die 6—8 äußeren Hüllblätter viel schmäler und halb so lang als die meistens 13 inneren. Der deutlich kantige und feingeriefte Stengel sowie alle Laubblätter fast kahl. Rosettenblätter je nach Individuum mehr oder weniger buchtig gezähnt oder fiederartig zerteilt. Stengelblätter mit ausgesprochen pfeilförmigem, stiellosem Grunde stengelumfassend, die oberen ebenso, aber nur im unteren Teil buchtig gezähnt oder fiederig und schnell kleiner werdend. Früchte 2 mm lang, bräunlich, 10rippig, in der Mitte zylindrisch; nicht in tangentialer Richtung zum Blütenkopf verbreitert, oben und unten verschmälert (nicht abgestutzt, nicht geschnäbelt). Pappus aus rein weißen (nicht schmutzig-weißen), leicht abbrechenden Haaren. (Außer dem Pappus kein anderer Saum; Pappushaare nicht verzweigt.)

Zweiter Teil.

Im Vorstehenden haben wir alle für unsere Pflanze charakteristischen, nicht allzu schwer feststellbaren Merkmale hervorgehoben, auf Grund deren sie zu einer bestimmten Familie, Gattung und Art gehört. Die Konstanz dieser Merkmale war ausschlaggebend. Nachdem die gesuchte Art gefunden und identifiziert worden ist, wollen wir uns umgekehrt mit der Inkonstanz einiger Merkmale befassen. Dabei beschränken wir die Beobachtungen zunächst auf wildgewachsene Pflanzen, beginnen aber anschließend mit Sammeln, Aussaat und Kultur. Einmal erhalten wir dadurch Material, an welchem das Studium über die Variabilität der Organe später vervollständigt werden kann (S. 93f.). Außerdem führen uns die Ergebnisse der Aussaatversuche die Variabilität von Vorgängen vor Augen.

Variabilität der Individuen und Organe.

Variabilität der Größe. Man sammelt die Art an möglichst verschiedenen Standorten, sonnigen und schattigen, mehr trockenen und mehr feuchten, von gutem und von schlechtem Boden. Es zeigt sich, daß die Stengelhöhe, Breite der Rosette und die Größe der Blütenköpfe sehr stark von den Bedingungen abhängig sind, unter welchen die Pflanze aufwächst. So finden sich die ausgedehntesten Rosetten mit 35 und sogar 45 cm langen Riesenblättern im Halbschatten auf gutem und nicht zu trockenem Boden (Abb. 6). Der Stengel kann 140 cm hoch und an der Basis 1 cm dick werden. Aus den Achseln der Rosettenblätter können sich 20—30 blühende Seitentriebe entwickeln. Solche Riesenpflanzen bringen mehrere tausend Früchte hervor. Das andere Extrem finden wir auf magerem und trockenem Boden, besonders nach einem warmen Frühjahr: Rosetten von 6 cm Durchmesser mit höchstens 10 oder gar nur 7 cm hohem Stengel, welcher nur einige wenige Blütenköpfe bildet (Abb. 1 links vorne und Abb. 7). Derartige zierliche Miniaturindividuen können wie die Riesen grundsätzlich bei jeder Pflanze unter entsprechenden Bedingungen vorkommen. Wir überzeugen uns davon, daß die Zwerge einjährig sind. Die Pfahlwurzel ist sehr dünn, oft sind die Keimblätter, und immer die zuerst gebildeten Laubblätter (Primärblätter, S. 93) noch vorhanden (Abb. 7*a*). Im Gegensatz zu den Zwergindividuen befinden sich die Riesenpflanzen wohl stets im zweiten Entwicklungsjahr. Wie wir festgestellt haben, werden die Früchte etwa von Mitte Juni ab reif und, wie wir noch nachweisen, in kurzer Zeit auch keimfähig (S. 14). Während 3—4 Monaten können demnach noch Rosetten gebildet werden. Licht und Wärme genügen aber nicht mehr zur Entwicklung von Stengel und Blütenständen. Diese Rosetten, welche je nach den Witterungsverhältnissen sehr verschieden groß werden können, überwintern und blühen dann im zweiten Jahr. Solche ,,einjährig überwinternde'' Individuen bilden schon viel früher kräftige Laubblätter, als die erst im Frühjahr keimenden, die, von spät gereiften Früchten stammend, im November und Dezember nicht mehr zur Entwicklung kommen (vgl. Nachreife S. 14). Das Auftreten dieser zweierlei Rosetten läßt sich an einem ungestörten Platz gut beobachten, wenn man sie, einmal mit Gestalt des Blattes vertraut geworden, als zu *Crepis capillaris* gehörig erkennen kann. (Es sei hier nochmals auf die früher erwähnte Methode hingewiesen, mit welcher man die Rosetten leicht und sicher als zu der Art gehörig zu identifizieren vermag, S. 7 und 84.) Die im zweiten Jahr stehenden Pflanzen sind außer durch die größeren Blätter vor allem durch die viel dickere Pfahlwurzel gekennzeichnet.

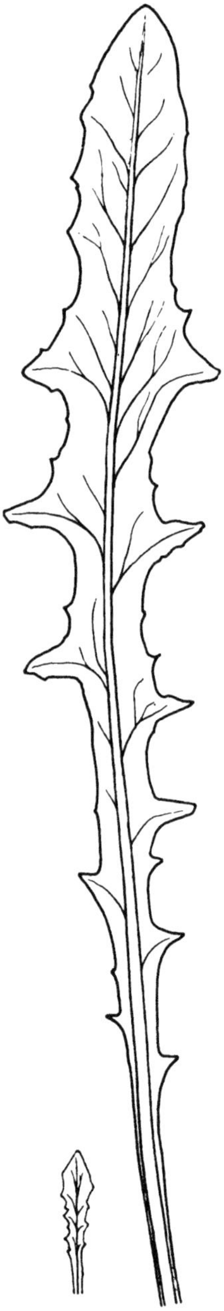

Abb. 6. Größtes Rosettenblatt einer Zwerg- und einer Riesenpflanze. $1/2$ der natürlichen Größe.

Im Hochsommer und Herbst kann man häufig niedrige Pflanzen mit wenigen, dünnen Stengeln finden, welche einige schmächtige Blütenstände mit kleinen Köpfen und Blüten bilden. Sie sind mit den eigentlichen Zwergindividuen nicht zu verwechseln und kommen dadurch zustande, daß durch Mähen, Abpflücken oder Fraß alle Stengel mit blühenden oder bereits verblühten Köpfen entfernt wurden. Dieses „Zurückschneiden" bewirkt, daß ruhende Knospen in den Achseln der Rosettenblätter austreiben. Zuerst bilden sie meistens eine kleine Rosette, aus welcher dann die schmächtigen Stengel hervorwachsen. Zu dieser Zeit ist die Pfahlwurzel der Mutterpflanze bereits recht dick.

Abb. 7*a*. Zwergindividuum. Die 6 cm breite Rosette hat nur den primären, 9 cm hohen Hauptstengel gebildet. An der Rosette sind drei intakte Primärblätter, vgl. S. 93 (das eine aufrecht links neben dem Stengel; die zwei anderen horizontal, vorne und rechts), und zwei verdorrende Primärblätter (links unten) sichtbar. Natürliche Größe.

Für die Größenunterschiede zwischen den einzelnen Individuen haben wir somit auf jeden Fall e i n e Ursache aufgefunden. Die Verschiedenheit der Ernährungsverhältnisse im weitesten Sinne sowie Entfernung von bestimmten Organen. Sät man die Früchte von Zwergen und Riesen aus, so werden unter entsprechenden Kulturverhältnissen aus ersteren Riesen, aus letzteren Zwerge entstehen. Mit anderen Worten: In welcher Weise sich immer eine Pflanze (und ein Organismus überhaupt) unter dem Einfluß äußerer Bedingungen entwickeln mag, wirkt sich n i c h t entsprechend auf seine Anlagen aus. Es ist also nicht möglich, durch Kulturbedingungen eine Pflanze so umzugestalten, daß auch die Anlagen in den Früchten in entsprechender Richtung abgeändert sind.

Blattvarianten. In anderem Licht erscheint die Frage nach den Ursachen der Gestaltung, wenn wir eine größere Anzahl von Individuen auf die Unterschiede in der Blattform, welche bereits bei der einleitenden Beschreibung erwähnt wurden, untersuchen. Bei einem Vergleich der jeweils größten Blätter von bereits blühenden Pflanzen ergibt sich, daß an ein und demselben Individuum e n t w e d e r fiederig ausgeschnittene o d e r buchtig gezähnte Blätter (bzw. Übergangsformen zwischen den beiden Extremen) vorkommen. Aber immer werden wir — den Vergleich von Blättern derselben Größe und desselben Alters vorausgesetzt — nur den einen Blatttypus in einer Rosette finden. Ferner kann man Unterschiede beobachten in der Richtung, welche die Fiedern einnehmen, im Charakter der Bezahnung des Blattrandes, in der Form der Blattspitze, in der Behaarung der Rippe (Abb. 67, 68), im Vorhandensein oder Fehlen von Rotfärbung in den Buchten und anderes mehr. Für diese Merkmale gilt dasselbe wie für die Unterschiede in der Blattform. Am besten kann man an Rosetten, welche man aus Samen selbst aufgezogen hat, beobachten, daß derartige Merkmale (von welchen sich sicher einige oder auch noch andersartige bei ausgiebigem Suchen auffinden lassen) auch dann zur Ausbildung kommen, wenn die Kultur unter vollkommen gleichen Bedingungen in ein und demselben Beet oder in nebeneinander gestellten Töpfen vorgenommen wird (vgl. S. 94).

Abb. 7 *b*. Entstehung einer 6-blätterigen Rosette am Stengel aus Blattachsel nach Entfernen von 2 Blütenständen (Stümpfe noch vorhanden) und Weiterkultur im Schatten (vgl. S. 13). Etwas unter natürlicher Größe.

Einen sehr eindrücklichen Merkmalsunterschied treffen wir an den Blütenköpfen. Die bei der Beschreibung der Pflanze angeführte Behaarung der Hüllblätter kann, was die abstehenden schwärzlichen Haare anbelangt, von sehr verschiedener Ausprägung sein. Am häufigsten kommen zwei Typen vor. Entweder stehen im unteren Teil der inneren Hüllblätter diese Haare in mindestens 2—3 Reihen; die Behaarung erstreckt sich der Mittellinie des Blattes entlang bis fast in die Blattspitze, so daß die Haare im geschlossenen Kopf oben auf diesem senkrecht stehen (Abb. 8 links). Bei dem anderen, ebenfalls häufigen Typus ist an der Blattbasis nur eine einzige Haarreihe vorhanden; selten kommt es vor, daß einzelne Haare nebeneinander stehen; ferner reicht die Behaarung höchstens bis zur Blattmitte, selten noch etwas höher. Gegen die Blattspitze zu sind nie mehr Haare anzutreffen. Weniger häufig ist der dritte Behaarungstypus. Um ihn aufzufinden, muß man sich schon zahlreiche Pflanzen und außerdem von möglichst vielen Standorten ansehen. Weder auf den inneren noch auf den äußeren Hüllblättern kommen abstehende Haare vor; nur der dünne Flaum der anliegenden Haare ist vorhanden (Abb. 8 rechts).

Abb. 8. Verbreitete Form mit Köpfchenhaaren auf dem Hüllkelch und weniger häufige Form ohne dieselben. Direktaufnahme auf Kopierpapier. Doppelt natürliche Größe.

Auch für diese Behaarungstypen gilt wie für die Varianten der Laubblätter: 1. Sämtliche Köpfe eines Individuums zeigen denselben Charakter. 2. Die Bedingungen, unter welchen die Pflanzen aufgewachsen sind, spielen keine Rolle. Man kann kleine Köpfe schmächtiger Pflanzen finden mit dichter Behaarung vom zuerst beschriebenen Typus, und umgekehrt kräftige Pflanzen mit großen Blütenköpfen, welchen diese Art der Behaarung vollständig fehlt.

Die Beobachtungen an Laubblättern und Hüllblättern zeigen, daß die untersuchten Verschiedenheiten im Gegensatz zu den Größenunterschieden nicht unter dem Einfluß äußerer Bedingungen zustande kommen, sondern ausschließlich durch die Wirkung der hierfür in jedem Individuum vorhandenen, jeweils verschiedenen Anlage. Die beobachtete Art ihres Auftretens läßt den Schluß zu, daß diese Anlagen von jedem Typus auf die Nachkommen übertragen werden.

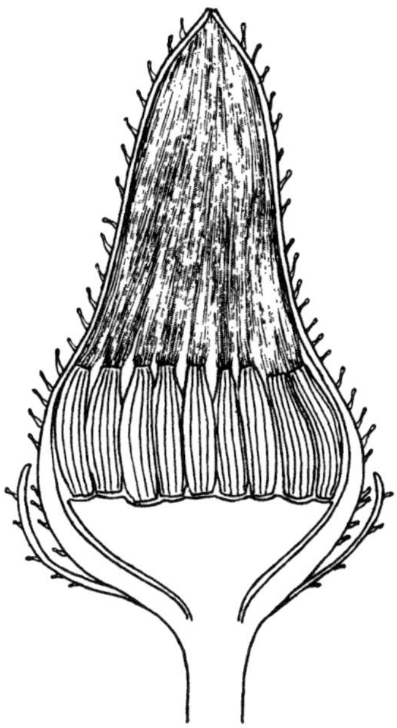

Abb. 9. Medianer Längsschnitt durch einen geschlossenen Kopf mit noch unreifen Früchten (Achaenen). Äußere und innere Hüllblätter mit den Köpfchenhaaren. Heterokarpie; an der Peripherie die bananenförmigen, im Zentrum die flaschenförmigen Achaenen. Vergrößerung etwa 12fach.

Wir wenden uns nun nochmals den Unterschieden in der Größe der Individuen zu. Neben solchen von uns beobachteten phänotypischen, d. h. durch die äußeren Bedingungen hervorgerufenen, gibt es wie bei vielen Pflanzen und Tieren auch den Blattvarianten entsprechende, genotypische Größenunterschiede, d. h. durch Anlagen bedingte. Letztere werden wie dort auf die Nachkommen übertragen, sind aber unter dem Einfluß der Außenbedingungen natürlich der phänotypischen Variabilität unterworfen.

Variation der Früchte. Eine sehr eigentümliche Verschiedenheit zeigt die Form der Früchte. Wir untersuchen dieselben mit der Lupe. Während die meisten ausgesprochen bananenförmige Gestalt besitzen, sind in jeder Probe eine geringe Anzahl von geradegestreckten vorhanden (Abb. 4). Der Unterschied wird besonders deutlich, wenn man die beiden Formen in zwei Gruppen sortiert. Man hat den Eindruck, die einen stammten von Pflanzen, welche die Anlage besitzen, nur gebogene Früchte auszubilden, die anderen von Pflanzen mit der Anlage zur Ausbildung geradegestreckter. Die Früchte sind jedoch in derselben Weise verschieden, wenn sie von einer einzigen Pflanze, und ebenfalls, wenn sie von einem einzelnen Kopf eingesammelt wurden. Die Ursache für die Variation in der Form wird uns an einem vorsichtig in zwei gleiche Hälften mit Rasierklinge oder Rasiermesser (*14*)[1] zerteilten Kopf klar: Die größere Zahl der mehr oder weniger gekrümmten Früchte steht am Rande und gegen den Rand der Blütenscheibe zu, die wenigen geraden im Zentrum derselben (Abb. 9). Es sind demnach, wie bei den Unterschieden in der Größe der Pflanzen, auch hier Verschiedenheiten der äußeren Bedingungen, welche die beiden Fruchtformen verursachen; mit dem Unterschied, daß diese äußeren Bedingungen in bezug auf die Fruchtausbildung von der Pflanze selbst hergestellt werden, nämlich im Blütenkopf.

[1] Alle eingeklammerten Kursivzahlen beziehen sich auf die entsprechenden im letzten Kapitel (S. 148).

(Die als Heterokarpie bezeichnete Erscheinung kommt bei nicht sehr vielen Pflanzen vor, ist aber bei Compositen häufiger anzutreffen und bei anderen *Crepis*-Arten viel ausgesprochener. Bei der Composite *Dimorphotheca pluvialis* sind die Unterschiede zwischen Rand und Scheibenfrüchten so beträchtlich, daß man, ohne die Herkunft zu kennen, die beiden Sorten als zu verschiedenen Arten oder sogar Gattungen gehörig ansehen würde.) Auf die — bis jetzt — noch nicht in Angriff genommene Frage nach den Ursachen im einzelnen wollen wir nicht eingehen, vielmehr nur nochmals hervorheben, daß die den Früchten aufgeprägte unterschiedliche Form auf die Anlagen der in der Frucht enthaltenen embryonalen Pflanze ebensowenig eine entsprechende Wirkung haben kann wie die gleicherweise phänotypisch bedingte Größe der Individuen. Aus geraden wie bananenförmigen Früchten werden stets Pflanzen hervorgehen, welche wieder beide Sorten hervorbringen. Es erübrigt sich, einen besonderen Versuch anzustellen, da dieser von der Pflanze selbst tausendfach ausgeführt wird.

Als Resultat unserer Beobachtungen ergibt sich: Es muß scharf unterschieden werden zwischen phänotypischen, durch äußere Bedingungen hervorgerufenen Varianten, deren Merkmale nicht als Anlage auf die Nachkommen übertragen werden, und genotypischen, durch Anlagen bedingten und als diese auf die Nachkommen übertragbaren. Es können demnach in der Gesamtheit der Individuen, welche zu einer Art gehören, Varianten mit verschiedenen, in der äußeren Gestaltung zur Wirkung kommenden und auf die Nachkommen übertragbaren Anlagen vorhanden sein (Varietäten, Formen, Rassen). Das Wesen der Gesamtheit der Vorgänge bei der Samenbildung, welche wir im einzelnen später untersuchen werden, ist die Ursache dafür, daß diese Anlagen in der Nachkommenschaft kombiniert auftreten können.

Einsammeln und Kultur. Variabilität der Entwicklung.

Unsere Gänge dienten vor allem dazu, möglichst zahlreiche Pflanzen zum Studium der Variabilität zu erhalten. Wir sammeln außerdem bei dieser Gelegenheit einzelne Organe, welche zum Teil für spätere Untersuchungen konserviert werden sollen.

In erster Linie benötigen wir lebende und keimfähige Früchte. Wir können dieselben (möglichst nicht in der Nähe staubiger Wege und Straßen) ohne großen Zeitaufwand folgendermaßen in genügender Menge einsammeln: Von kräftigen Individuen mit recht vielen ausgereiften und vollständig geöffneten Köpfen werden die Früchte in einen großen Briefumschlag abgeschüttelt. Dabei packt man, vorsichtig Erschütterung vermeidend, mehrere Stiele gleichzeitig und achtet darauf, daß alle oder doch die Mehrzahl der Früchte gut ausgereift sind, d. h. schön braun und prall, weder mißfarbig und dürr, noch von Insektenlarven ausgefressen. Auf diese Weise erhält man das unbedingt erforderliche hochprozentig keimende Saatgut. Sammelt man in einem dichten Bestand von Pflanzen, so sind in kurzer Zeit einige tausend Früchte beisammen. Eine kleine Anzahl mit dem Pappus, der leicht abbricht, wird für sich in einer flachen Schachtel oder Glasdose aufbewahrt (vgl. S. 146). Die verbleibende Hauptmasse reibt man innerhalb des Umschlages zwischen Handballen und Fingern. Dabei brechen die Pappushaare ab. Sie haften in Ballen aneinander und werden entfernt. Dann bläst man in die Masse der unten angehäuften Früchte, so daß dürre Hüllblätter und isolierte Pappushaare herausfliegen. Die Früchte werden in eine flache Schachtel gegeben und durch waagrechtes Hin- und Herschütteln und Blasen von noch verbliebenen Pappushaaren, Hüllblättern, tauben Früchten

u. a. m., nötigenfalls unter Zuhilfenahme einer Pinzette, vollkommen gereinigt. Tausend in dieser Weise gesäuberte Früchte wiegen rund 0,23 g, die einzelne Frucht demnach nur den fünften Teil eines Milligramms; sie ist aber, wie wir sehen werden, vollgepfropft mit für Keimung und erstes Wachstum nötigen Stoffen.

Wir sammeln ferner Rosettenblätter ein, welche fein zerschnitten und an der Luft getrocknet, zu Hause möglichst noch in einem Mörser zu Pulver zerrieben und im Dunkeln ebenfalls für spätere Verwendung aufbewahrt werden (S. 103). Ferner schneidet man mit dem Taschenmesser aus der unteren Hälfte kräftiger, schön aufrecht gewachsener Stengel Stücke von etwa 2 cm Länge heraus und bewahrt sie in 75%igem Alkohol gut verschlossen auf (S. 108).

In den nächsten Kapiteln werden wir für die verschiedensten Untersuchungen Keimpflanzen in bestimmter Menge und zu bestimmter Zeit brauchen und später Rosetten verschiedenen Alters. Unsere Pflanze läßt sich, außer im Garten, sehr gut im Blumentopf kultivieren und zur Blüte bringen (Abb. 3). Die Töpfe werden mit Gartenerde gefüllt. Je nach der Größe der Töpfe läßt man dann von den jungen Keimpflanzen jeweils nur einen bis höchstens drei stehen. Alle anderen werden herausgezogen und die übrigen in ihren Töpfen, ohne daß man sie versetzt, weiterkultiviert. Entsprechend dem Vorkommen am natürlichen Standort sollen die Kulturen ziemlich sonnig und eher zu trocken als zu feucht gehalten werden. Zu Versuchen über Bestäubung eignen sich Topfpflanzen besonders gut.

Für die Aufzucht von kleinen, 5—20blättrigen Rosetten, die man für verschiedene Zwecke benötigt, sind Kölbchen von 30—50 ccm Inhalt und Reagenzgläser von Normalgröße sehr brauchbar. Die Gefäße werden mit einem Gemisch von gut verrotteter Lauberde mit etwas Sand, welches feucht, aber noch bröckelig sein soll, gefüllt und dann auf die Innenseite des Handballens zum Zusammengehen der Erdteilchen leicht aufgestoßen. Man bepflanzt sie mit je 3—5 gekeimten Achaenen und läßt später nur *eine* am kräftigsten entwickelte Keimpflanze stehen. Beim Begießen ist darauf zu achten, daß die Erde nicht zu naß wird, vor allem darf sich nie Wasser am Boden des Glasgefäßes ansammeln.

Bei Kultur in kleinen (z. B. 10 cm hohen, oben 10, unten 5 cm breiten), mit einem Gemisch von Sand und etwas Torfmull gefüllten Töpfen erhält man, außer dauernd im Rosettenstadium weiterwachsenden und mehrjährig werdenden, die in der Natur (Abb. 7a) beobachteten zwergigen Individuen mit niedrigem Blütenstengel. Dieser Versuch bestätigt und erweitert unsere Feststellungen im Freien: Nicht nur die Größe der Pflanze, sondern auch Entwicklungsweise und Lebensdauer sind durch die Lebensbedingungen weitgehend abänderbar. Jene sind nicht von vornherein festgelegt (vgl. auch S. 92). In dem mageren Boden unterbleibt häufig die Blütenbildung ganz. Da die Fruchtbildung, in deren Folge die Rosette abstirbt, wegfällt, wächst dieselbe weiter. Aus der einjährigen kann eine mehrjährige Pflanze werden.

Instruktiv ist ferner folgender Versuch, durch welchen man Rosettenbildung aus Blattachseln des Stengels erhalten kann. An einer im Topf aufgezogenen Pflanze wird bei Beginn des Blühens der zuerst erschienene Blütenstand entfernt und ebenso während mehrerer Wochen alle aus den Blattachseln des Stengels (Abb. 1 und 2) neu sich bildende Stände bald nach ihrem Erscheinen. Außerdem hält man die Pflanze schattig. Nach einiger Zeit entwickeln sich aus den Blattachseln anstatt der Blütenstände kleine 4—14blättrige Rosetten (Abb. 7b).

Variabilität von Vorgängen.

Nachreife. Sät man Achaenen anschließend an das Einsammeln aus, so tritt nur vereinzelt Keimung ein, trotzdem doch vollkommen „reife", sich bereits loslösende Früchte vorliegen. Wird die Aussaat dagegen mit demselben Saatgut einige Wochen später wiederholt, so erhält man reichlich Keimpflänzchen. Diese weitverbreitete Erscheinung, daß Samen aus vollkommen reif aussehenden Früchten je nach der Art der Pflanze verschieden lange Zeit lagern müssen, bevor sie keimfähig sind, wird als Nachreife bezeichnet. Wir wollen die Verhältnisse etwas genauer untersuchen.

Zu diesem Zweck werden von frisch geernteten Achaenen jeweils 200 (= 0,04 g, s. o.) in Abständen von 1 oder 2 Wochen während anderthalb Monaten auf vier Lagen von feuchtem Filtrierpapier (*47*) in Petrischalen, deren Deckel mit einem angefeuchteten gefalteten Stück Filtrierpapier ausgelegt ist, gesät. Zum Feuchthalten benutzt man einen Zerstäuber (*21*). Alle 2—4 Tage wird die Summe der insgesamt gekeimten notiert, die Prozentzahlen ausgerechnet und etwa wie in der hier wiedergegebenen Tabelle zusammengestellt.

Tabelle 1.

Aussaatzeitpunkt nach der Ernte	Summe der gekeimten Samen in Prozent nach Tagen			
	2. Tag	4. Tag	8. Tag	12. Tag
2 Tage	0	3,4	10,6	27
21 Tage	0,75	17	50	80
28 Tage	1	33,5	78,5	97
35 Tage	4,5	66	96	99,5
42 Tage	4,5	75,5	96	99,0

Die besten Ergebnisse erhält man bei möglichst gleichbleibender Witterung und Temperatur. Bei *Crepis capillaris* vollzieht sich die Nachreife ziemlich rasch. Bereits nach einem Monat keimt das Saatgut fast 100%ig. Gleichzeitig mit der Höhe des Keimprozents steigt auch die Keimgeschwindigkeit an (vgl. Tabelle 1). Bei anderen Pflanzen kann die Nachreifezeit einige Monate betragen. Wahrscheinlich wird man übrigens bei unserer Pflanze je nach der Herkunft des Materials verschiedene Nachreifegeschwindigkeiten finden.

Keimung und Licht. Bei den bisherigen Keimungsversuchen waren die Schalen bei Tageslicht aufgestellt worden. Wir setzen nun nochmals einen Versuch mit eben oder seit kurzem geernteten Achaenen an, der aber vom Quellen ab während 10—14 Tagen dauernd verdunkelt bleibt. Nur wenige Prozent findet man nach dieser Zeit gekeimt. Licht wirkt auf die Keimung von Samen einer ganzen Anzahl von Pflanzen verschieden ein, bei den einen fördernd, bei den anderen hemmend. Wiederholt man den Dunkelversuch mit nachgereiften Samen, so zeigt sich, daß jetzt die Keimung gleich gut wie im Licht erfolgt. Bei *Crepis capillaris* wirkt demnach das Licht nur auf noch nicht nachgereifte Samen keimungsfördernd. Auch bei anderen Pflanzen wurde entsprechendes gefunden. Im Rahmen unserer Anleitung würde es zu weit führen, auf die interessante Frage über das Wesen der Nachreife und der fördernden Wirkung des Lichtes auf die Keimung näher einzugehen.

Variabilität der Keimungsgeschwindigkeit. Dagegen wollen wir uns noch über den Keimungsverlauf, wie er an Aussaaten einiger hundert nachgereifter Achaenen während mehrerer Tage zu beobachten ist, nicht zuletzt aus praktischen Gründen, orientieren. Während 10—14 Tagen werden, dieses Mal die neu gekeimten, alle 24 Stunden gezählt und dann aus der Schale entfernt. Eine „Variationskurve“ für die Keimungsgeschwindigkeit der Samen wird folgendermaßen erhalten: Auf der Abszisse trägt man in gleichen Abständen die Tage, auf der Ordinate die Prozentzahlen der täglich neu gekeimten auf und erhält eine Kurve, welche grundsätzlich der hier wiedergegebenen entsprechen wird (Abb. 10). Sie ist stark asymmetrisch. Die Hauptmenge der Samen keimt während der ersten 5 Tage mit einem ausgesprochenen Maximum am 3.—4. Tag.

Für die breite Variabilität der Keimungsgeschwindigkeit kommen verschiedene Ursachen in Betracht. Wird z. B. an den trockenen Früchten (mit Rasierklinge, vgl. S. 25) das obere oder untere Ende um 0,2—0,4 mm gekappt,

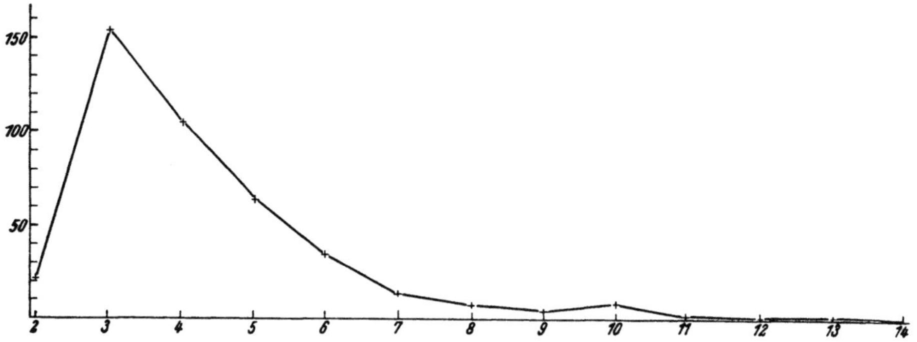

Abb. 10. Variationskurve der Keimungsgeschwindigkeit. Abszisse: Tage; Ordinate: Anzahl der neugekeimten (457 Achaenen; Zahl der gekeimten nach 13 Tagen 92%). Aussaat anfangs September 8 bis 10 Wochen nach dem Einsammeln. Durchschnittstemperatur 21° (19,5—22°).

so erhält man 90%ige Keimung schon am 2. Tage. Das Wasser, welches für die der Keimung vorausgehende Quellung benötigt wird, dringt so leichter ein. Die den Samen umgebenden Hüllen (S. 17) bilden wegen ihrer „Hartschaligkeit“ ein Hindernis. Diese Hartschaligkeit kann, wie die Größe der Pflanze (s. o.) phänotypisch oder genotypisch bedingt sein. Im erstgenannten Falle käme sie durch irgend eine verhältnismäßig selten vorhandene äußere Bedingung (bzw. seltene Kombination verschiedener) zustande.

In praktischer Hinsicht ist es für uns wichtig zu wissen, daß wir vom dritten Tag ab nach der Aussaat mit größeren Mengen Keimlingen rechnen können, daß aber immer eine beträchtliche Anzahl von Achaenen ausgesät werden muß, damit zu dem gewünschten Zeitpunkt eine genügende Menge von Keimpflanzen im annähernd gleichen Entwicklungsstadium zur Verfügung steht.

Frucht und Samen.

Erster Teil.

In den folgenden Untersuchungen wollen wir durch unsere Pflanze zunächst mit einem Elementarbaustein und einem Grundvorgang alles Lebendigen bekannt werden. Den Ausgangspunkt bildet die Frucht, welche wir dabei morphologisch kennenlernen.

Vorbereitung des Atmungsversuches. In einer Schale liegen die geernteten, hellbraunen und schwach samtig glänzenden Früchte. In einer zweiten haben wir etwa 100 (= 0,02 g) seit einer Stunde mit Wasser bedeckt. In einer dritten wurden je 0,03—0,06 g vor 3 und vor 4 Tagen auf gut angefeuchtetes Filtrierpapier ausgelegt. Hier soll jetzt die Keimung bei der Mehrzahl schon weiter fortgeschritten sein (Wurzelspitze 2—4 mm vom unteren Fruchtrand entfernt), bei einer kleineren Anzahl eben mit dem bloßen Auge erkennbar; bei einigen ist noch keine Keimung eingetreten (s. o.). Ferner stehen bereit: 2 Röhrchen der Sorte B_2 (*43*), beide vor 4 Tagen folgendermaßen hergerichtet: In dem einen liegen am geschlossenen Ende 40 Früchte auf feuchtgehaltenem Filtrierpapier, in dem anderen dieselbe Zahl, aber 1 cm hoch mit Leitungswasser überschichtet. Außerdem sind vorhanden: Röhrchen der Sorte A (*41*), und zwar 6 von 4 cm und 1 von 8 cm Länge, sowie 3 in den Kolben montierte (Abb. 13) B_1-Röhrchen (*42*); außerdem 20%ige Kalilauge, Paraffinum liquidum, 10%iges Wasserstoffsuperoxyd und ein Platindraht.

Zuerst werden mit den Früchten aus den drei Schalen folgende Versuche vorbereitet, die man dann etwa 3—4 Stunden sich selbst überläßt. In 3 A-Röhrchen kommen je 40 gequollene bzw. ungequollene, in die anderen 3 je 20 und in das siebente 40 gekeimte Samen. Dies ist weniger schwierig und zeitraubend, als es zunächst aussieht, und geschieht folgendermaßen: Mit der linken Hand wird das Röhrchen am geschlossenen Ende mit einer kräftigen und unten breiten Pinzette, um Erwärmung zu vermeiden, festgehalten. Mit der rechten Hand nimmt man eine oder mehrere Früchte mit einer feinen Pinzette auf, bringt sie in das offene Ende des Röhrchens und schiebt außerdem die feuchten und die keimenden jedesmal anschließend mit der 1 mm dicken und 4 cm langen (*11*) Nadel gegen das geschlossene Ende zu. Das muß sorgfältig geschehen, damit besonders die gekeimten Achaenen nicht zerdrückt werden. Hierbei schiebt man die zuerst eingeführten bis 4 cm in das Röhrchen ein. Nachträglich wird noch mit einem Streifen Filtrierpapier von entsprechender Breite mit Hilfe der feinen Pinzette und des Drahtes das Innere der Röhren bis zu 2 cm hinauf gut getrocknet.

Im einzelnen füllt man wie folgt:

1. 40 ungequollene in 4-cm-Rohr 2. 40 gequollene in 4-cm-Rohr 3. 40 gequollene, durch kurzes Erhitzen auf 70° oder Aufkochen vorher abgetötet, in 4-cm-Rohr	zusammen in B_1-Rohr mit 1 cm hoher Kalilauge
4. 20 2—4 mm gekeimte in 4-cm-Rohr 5. 20 2—4 mm gekeimte in 8-cm-Rohr	zusammen in B_1-Rohr mit 1 cm hoher Kalilauge
6. 20 2—4 mm gekeimte in 4-cm-Rohr 7. 40 2—4 mm gekeimte in 4-cm-Rohr	zusammen in B_1-Rohr in 1 cm hohem Wasser

In 1 werden die ungequollenen durch ein sehr kleines nachgeschobenes Stückchen Filtrierpapier am Herunterfallen gehindert. Die in 3 einzufüllenden werden nach dem Abkochen in Leitungswasser von Zimmertemperatur abgekühlt. Die für die Röhrchen 4—7 bestimmten Keimlinge sollen sich alle im möglichst gleichen Stadium befinden. Falls nicht genügend davon vorhanden sind, wird dafür Sorge getragen, daß jede Gruppe immer die gleiche Zahl von verschiedenen Stadien enthält.

In dieser Weise vorbereitet (Abb. 13), bleibt der ganze Versuch bei Licht oder, falls die Keimlinge bereits grüne Färbung zeigen, bei Dunkelheit stehen. Wir wenden uns währenddessen der

Abb. 11. Embryonen in ihrer Samenschale aus den in 45%iger Essigsäure gekochten Früchten herauspräpariert. (Die Zweizahl der Keimblätter ist nur zu erkennen, wenn das eine Keimblatt das andere nicht verdeckt.) Etwa 10fach vergrößert.

Untersuchung der Früchte zu. Einige derselben werden, trocken wie sie eingesammelt wurden, zum Teil ganz, zum Teil mit der Rasierklinge vorher auf einem Objektträger in zwei gleiche Teile quer halbiert, zusammen in einem Reagenzrohr (*34*) mit 3—4 ccm 45%iger Essigsäure (= 1,5—2 cm hoch) übergossen und dann die Flüssigkeit über der großen Flamme des Bunsenbrenners erwärmt. Sowie die Essigsäure ins Kochen kommt, wird sie bei kleiner Flamme rund 1 Minute ohne Unterbruch kochend gehalten. Man läßt abkühlen und schüttet hernach die Flüssigkeit mit sämtlichen Früchten in ein kleines Schälchen aus. Nun werden die ganzen Früchte (die halbierten bleiben im Schälchen) in einem Tropfen der Essigsäure auf einem Objektträger unter der Lupe so orientiert, daß das obere Ende mit dem weißen Ring, an welchem der Pappus saß, vom Beschauer weg, das untere, etwas dunkler braune, mit welchem die Früchte auf der Blütenscheibe befestigt waren, auf den Beschauer zu gerichtet ist. Die dünne, braune, lederartige Haut ist, wie man ohne weiteres erkennt, die vormals grüne Wand des Fruchtknotens. Diese Fruchtschale, auch Perikarp genannt, läßt sich jetzt leicht mit zwei Nadeln abpräparieren, indem man sie von dem einen Ende der Frucht her in Streifen auseinandertrennt. (Letztere werden in einem Tropfen Wasser auf einem zweiten Objektträger oder in einem Uhrschälchen, S. 18, beiseite gestellt.) Auf diese Weise kommt aus den Früchten ein farbloser, durchsichtiger Sack zum Vorschein. Es ist die Samenschale. In jeder sieht man ein kleines, schön gerade gewachsenes Pflänzchen, den Embryo, liegen (Abb. 11). Er besteht aus der Wurzel und den zwei noch parallel aneinander genäherten Keimblättern oder Kotyledonen. Diese sind rund doppelt so lang wie die Wurzel. Mehr kann man an dem unzerteilten Embryo nicht beobachten. Beim Präparieren wird gleichzeitig festgestellt, daß die Wurzel im unteren, meistens deutlich dunkelbraunen Ende der Frucht liegt, die Keimblätter gegen das obere Ende der Frucht hin, an welchem sich der weiße Ansatz des Pappus befindet (Abb. 4). Die Samen, d. h. die Embryonen mit der sie umgebenden Samenschale, stehen demnach aufrecht auf dem Fruchtboden der Mutterpflanze, welche sie hervorbrachte (Abb. 9). Wie diese gesetzmäßige Stellung zustande kommt, werden wir später untersuchen. Schließlich drückt man aus einigen lebenden, vom Atmungsversuch übriggebliebenen Früchten die gekeimten Embryonen mit der Wurzelspitze nach vorne in einem Tropfen Wasser heraus und stellt fest, daß sie vollkommen farblos sind. Auf diese Beobachtung wird später zurückzukommen sein (S. 35, 56).

Auf dem Wege, Einsicht in den Bau der Frucht zu erhalten, haben wir zunächst allgemeingültige morphologische Begriffe kennengelernt und sind außerdem mit weiteren und wesentlichen systematischen Merkmalen bekanntgeworden. Durch die Bildung von Samen ist die Art als Samenpflanze, durch das Vorhandensein von zwei Keimblättern als Dikotyle charakterisiert. Der einfächerige Fruchtknoten mit einem einzigen geraden und aufrechtstehenden Samen ist allen *Compositen* eigentümlich. Schließfrüchte mit nur 1 Samen und lederartiger Fruchtschale, mit welcher die Samenschale nicht verwachsen ist, werden als Achaenen bezeichnet.

Im Gegensatz hierzu haben die *Campanulaceen*, welche durch die bei einigen Gattungen vorkommende Köpfchenbildung, die Bildung von Milchsaft, sowie andere Merkmale gewisse Beziehungen zu den Compositen aufweisen, einen 2—5fächerigen Fruchtknoten und bilden eine Kapsel mit zahlreichen Samen. Die durch die Köpfchenbildung verwandten *Dipsaceen* haben zwar ebenfalls einen einfächerigen Fruchtknoten mit nur einem Samen. Wie die *Campanulaceen*, ist aber auch diese Familie durch das Vorhandensein eines besonderen Nährgewebes im Samen ausgezeichnet, das bei den *Compositen*, wie wir bei unserer Pflanze noch nachweisen werden (S. 143), zwar angelegt, aber früh aufgebraucht wird. Bei den *Valerianaceen* schließlich, die sonst keine Merkmale besitzen, welche sie in die Nähe der *Compositen* stellen würden, erinnern die achaenenartigen Früchte mit einem Pappus an diejenigen der *Compositen*. Allerdings ist der Fruchtknoten dreifächerig, aber zwei Fächer sind leer, so daß auch hier nur ein einziger Same ausgebildet wird. Mit solchen Bezugsetzungen zwischen Familien muß man recht vorsichtig sein, da das Vorhandensein einzelner entsprechender Merkmale noch nichts darüber aussagt, ob dieselben bei der einen anzunehmenden Ausgangsform schon vorhanden waren, oder ob sie erst später in den einzelnen Familien ganz unabhängig voneinander aufgetreten sind.

Wir stellen nun folgende zwei Präparate her: **1.** Die auf dem Objektträger (oder Uhrschälchen) zur Seite gestellten Streifen der Fruchtschale werden in dem Wassertropfen mit Rasierklinge oder Skalpell noch mehrfach durch Querschnitte zerkleinert und mit Deckglas bedeckt. **2.** Aus den halbierten, im Schälchen zurückgelassenen Achaenen (S. 17) sind durch das Kochen in der 45%igen Essigsäure die beiden Kotyledonen freigeworden. Man bringt deren etwa 6 auf einen trockenen Objektträger, wo die noch anhaftende Essigsäure mit Filtrierpapier sorgfältig abgesaugt wird. Dann schwenkt man den Objektträger, an welchem die Keimblattstücke von selbst haften bleiben, ganz kurz hin und her zur Verdunstung der noch anhaftenden Flüssigkeit, bedeckt mit einem Tropfen Paraffinum liquidum oder Nelkenöl, und legt ein Deckglas auf.

Zelle und Zellteilung.

Wir legen Präparat **1** unter das Mikroskop. Bei schwacher Vergrößerung erscheint die Fruchtschale wie ein feines Netzwerk, in dessen Maschen große Kugeln liegen. In Wirklichkeit kann es sich jedoch nicht um ein Netz handeln, da die gelben Kugeln, deren Durchmesser kleiner als die Maschen ist, bei der Präparation in die Flüssigkeit hätten austreten müssen. Bei stärkerer Vergrößerung erkennt man, daß dies allerdings gelegentlich der Fall ist, aber nur an den Riß- und Schnitträndern des Perikarp, welche beim Präparieren entstanden sind. Hie und da kann man die gelben kugeligen Körper noch neben den Fruchtschalen liegen sehen. Diese muß demnach aus einer sehr großen Anzahl winziger Kästchen bestehen, deren Wände so dünn sind, daß sie nur in der Seitenansicht (d. h. bei paralleler Lage der Wände zur Blickrichtung), nicht aber in der Aufsicht auf die Fläche als solche erkennbar sind. Nur wenn die Kästchen mit den Nadeln aufgerissen werden, können die Kugeln in die umgebende Flüssigkeit gelangen.

Damit haben wir die Elementarbausteine der pflanzlichen Organisation kennengelernt, die Zellen; allerdings noch nicht in ihrer Ganzheit, und nicht ihre wesentlichen und lebenden Bestandteile, sondern, wie ihr Entdecker und Namengeber ROBERT HOOKE vor fast drei Jahrhunderten, nur die Umhüllung, die Zellwand; außerdem mit den Kugeln noch einen — ebenfalls nicht lebenden — Inhaltskörper der Zelle. Die Wände der Zellen bestehen im wesentlichen aus einer organischen, nur aus Kohlenstoff, Wasserstoff und Sauerstoff zusammengesetzten Verbindung, welche entsprechend dem Vorkommen in der pflanzlichen Zellwand als Zellulose bezeichnet wird. Diese ist aus einer Kette von zahlreichen Molekülen des Monosaccharids Traubenzucker, $C_6H_{12}O_6$, aufgebaut und wird entsprechend als Polysaccharid bezeichnet. Ihre Formel ist $(C_6H_{10}O_5)_n$, da beim Zusammenschluß der Zuckermoleküle Wasser frei wird. Andere Inhaltsstoffe der Zellen sind nicht zu erkennen und in der Tat auch nicht vorhanden. Sämtliche Zellen der Fruchtschale sind abgestorben. Diese dient nur als schützende Hülle. Die Zelle ist auch bei den Tieren die letzte, nicht mehr teilbare Einheit.

Wir untersuchen die toten Zellen noch etwas genauer, um uns im mikroskopischen Beobachten zu üben, und dabei zugleich Aufschluß über die genauere Gestalt der Zellen und deren Inhaltskörper zu erhalten. Je nachdem, ob wir die Fruchtschale von außen, von Innen oder — an schmalen Stücken — seitlich zu Gesicht bekommen, haben die Zellen verschiedenes Aussehen. Man versuche die drei Ansichten zu erhalten und zu interpretieren. Das ist nicht allzu schwierig. Dann wird mit Hilfe der Mikrometerschraube noch festgestellt, aus wieviel übereinanderliegenden Zellschichten die Fruchtschale besteht. Über die Natur der großen Kugeln erhält man folgendermaßen Aufschluß. Wie wir sahen, mischen sie sich nicht mit Wasser, auch nicht, wenn jetzt das mit dem Deckglas bedeckte Präparat über der kleinen Flamme vorsichtig aufgekocht wird. Nach dem Aufkochen nimmt man das Deckglas ab und läßt den Rest des noch vorhandenen Wassers verdunsten. Dann wird ein Tropfen Paraffinum liquidum oder Nelkenöl zugesetzt und kurz aufgekocht: Die Kugeln mischen bzw. lösen sich in beiden Flüssigkeiten. Es handelt sich demnach um Öl. Wie Zellulose und Zucker besteht auch Öl nur aus Kohlenstoff, Wasserstoff und Sauerstoff, ist jedoch viel weniger sauerstoffhaltig (während C und H im gleichen oder annähernd gleichen Verhältnis wie bei den Sacchariden vorhanden sind). Ferner ist Öl (und ebenso Fett, von welchem es sich nur durch die Konsistenz unterscheidet) keine einfache, sondern eine zusammengesetzte Verbindung, nämlich aus Fettsäuren, z. B. Palmitinsäure $CH_3 \cdot (CH_2)_{14} \cdot COOH$, und Glyzerin $CH_2OH \cdot CHOH \cdot CH_2OH$. Während das Öl in den toten Zellen der Fruchtschale für den Stoffwechsel des Samens natürlich bedeutungslos ist, spielt es in den Zellen des Samens, wo wir es später ebenfalls finden werden (S. 26) eine wichtige Rolle (s. u.).

Ist Präparat 2 mit den Keimblattstücken gelungen, so kann man bei mittelstarker Vergrößerung durch dieselben hindurch mikroskopieren (Abb. 12). Die Essigsäure-Paraffin- bzw. Essigsäure-Nelkenöl-Behandlung hat den Inhalt aller Zellen durchsichtig gemacht, und man kann nun, den Tubus mit der Mikrometerschraube langsam senkend, bis zu 7 übereinanderliegende Zellschichten ermitteln.

Der ganze, kaum 2 mm lange und $^1/_2$ mm dicke Embryo besteht demnach bereits, wie man sich annähernd ausrechnen kann, aus vielen zehntausend Zellen. Die Frage, auf welche Weise er entsteht und zu der Größe heranwächst, wie er in der reifen Achaene vorhanden ist, werden wir erst beantworten können, wenn wir unsere Pflanze nach den verschiedensten Richtungen hin untersucht haben. Aber die genaue Betrachtung besonders der äußersten Zellschicht der Keimblätter, die als Epidermis bezeichnet wird, gibt bereits einen Hinweis zur Beant-

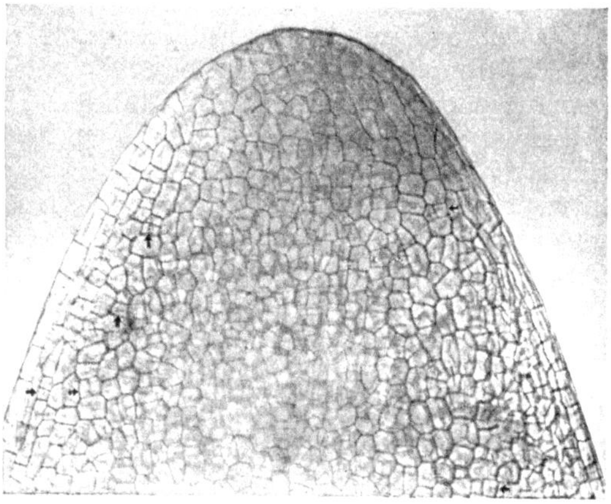

a

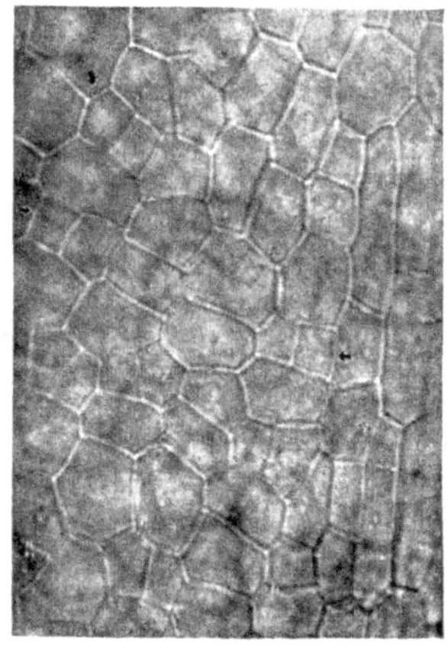

b

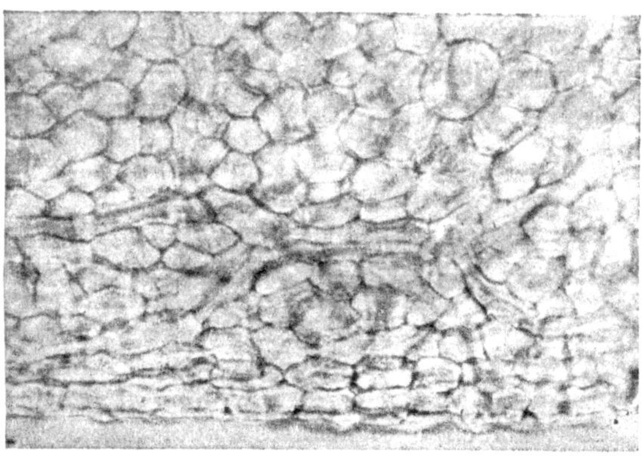

c

Abb. 12 *a—c*. Drei Aufnahmen durch Totalpräparat des Keimblattes. *a*) In Wasser gequollen, 1—$^1/_2$ Stunde mit 20%iger Kalilauge behandelt, dann in Eisessig photographiert. Objektiv C. *b*) Stück aus demselben Keimblatt. Objektiv E. In *a* und *b* sind die Zellpaare (vgl. Text) durch Pfeile bezeichnet (vgl. Abb. 25). *c*) Ungequollen nach Essigsäurebehandlung in Paraffinum liquidum aufgenommen; durch zwei Zellschichten hindurch sind die bereits vorhandenen Anlagen der Gefäßbündel zu erkennen. Objektiv E.

wortung der sehr grundsätzlichen Frage, wie Zellen entstehen: Man bemerkt zwischen den zahlreichen größeren Zellen einzelne, oft ziemlich genau um die Hälfte kleinere. Sie liegen ganz auffallend paarweise zusammen; die sie trennende Wand bildet mit den beidseitig angrenzenden einen rechten Winkel (Abb. 12*a* und *b*, sowie Abb. 25*a*). Der Gedanke liegt nahe: Die beiden kleinen Zellen sind dadurch entstanden, daß in der Mitte einer vorher vorhandenen, doppelt so großen Mutterzelle eine neue Wand gebildet wurde. In der Tat gilt für Pflanzen wie für Tiere das Gesetz, daß eine Zelle nur aus einer bereits vorhandenen durch Teilung entstehen kann. Eben dadurch erweist sich die Zelle als die obenerwähnte, unzerlegbare Einheit eines jeden Organismus, daß sie nur aus einer ganzen Zelle und nie aus einzelnen Teilen derselben hervorgeht. Wir müssen zuerst den lebenden Inhalt der Zelle kennenlernen, bevor wir die Zellteilung genau untersuchen. Die Keimblattpräparate in Paraffin werden zur späteren Benutzung in einer Petrischale zurückgelegt (S. 43). Sie halten sich so tage- und wochenlang, nur mit dem Deckglas bedeckt. Diejenigen in Nelkenöl verschließt man mit flüssig gemachter Vaseline.

Atmung.

Nachdem inzwischen 2—4 Stunden verstrichen sind, sehen wir uns den eingangs vorbereiteten Versuch an (Abb. 13) und können bei einer Zimmertemperatur von 20—22° folgendes feststellen: In allen A-Röhrchen, die mit lebendigen Achaenen (gequollenen oder bereits keimenden, 2 und 4—7) gefüllt worden waren, ist die äußere, im B_1-Röhrchen befindliche Flüssigkeit — Kalilauge bzw. Wasser — aufgestiegen, in jedem einzelnen Versuch verschieden hoch. Keine Veränderung ist dagegen eingetreten in den zwei Röhrchen, welche die ungequollenen, im Ruhezustand befindlichen und die gequollenen, aber abgetöteten Früchte enthalten (1 und 3). Das Aufsteigen der Kalilauge und des Wassers hängt also damit zusammen, daß eben zum aktiven Leben übergehende Samen (die eine Stunde lang gequollenen), bzw. in voller Lebenstätigkeit befindliche (die bereits keimenden) in den A-Röhrchen vorhanden sind. Hierbei ergibt sich die Abhängigkeit der Steighöhe von der Menge der gekeimten (Vergleich der Röhren 6 und 7 mit 20 und 40 keimenden).

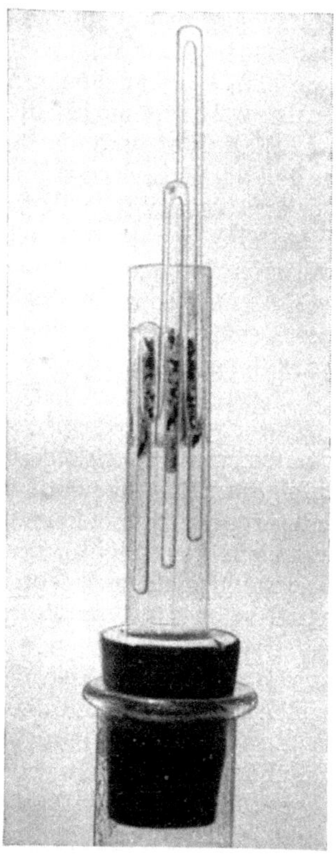

Abb. 13. Beispiel für einen Atmungsversuch. In drei A-Röhrchen von 4, 5,9 und 7,9 cm Länge sind je 20 2—4 mm lang gekeimte Achaenen eingeführt. Die drei Röhrchen stehen mit der Öffnung nach unten in einem B_1-Rohr, in welchem sich 20%ige Kalilauge befindet. Das B_1-Rohr ist mit dem äußersten unteren Ende in einen Kork eingesetzt, welcher in einem Kölbchen befestigt ist. Resultat des Versuches nach 3 Stunden bei 23° C. Die Kalilauge ist in den drei verschieden langen Röhrchen verschieden hoch gestiegen. Vgl. Text. Natürliche Größe.

Die in die B_1-Gläser eingefüllte Kalilauge besitzt die Eigenschaft, Kohlensäure stark zu absorbieren. Der Grund für das Aufsteigen der Lauge in die Röhrchen, welche lebende Achaenen enthalten, muß darauf beruhen, daß diese Kohlensäure bilden, welche dann von der Lauge absorbiert wird. Abgetötete und im Ruhezustand befindliche Achaenen besitzen diese Fähigkeit nicht. Gleichzeitig mit der Produktion von Kohlensäure muß aber von den Achaenen aus der Luftsäule in den Röhrchen Gas verbraucht worden sein, da sonst nach Absorption der Kohlensäure keine Ursache zum Steigen der Lauge vorläge.

Auf Grund eines Vergleiches der Steighöhe in den verschiedenartig angesetzten Versuchen läßt sich Genaueres über den Vorgang aussagen. Zunächst erinnern wir uns an die bekannte Tatsache, daß die Luft aus rund 80 Volumteilen Stickstoff und 20 Volumteilen Sauerstoff besteht (nur etwa 0,03% Kohlensäure sind außerdem noch vorhanden). In den zwei verschieden langen Röhrchen von 4 und 8 cm erreicht demnach das Volumen des Sauerstoffes, wenn wir uns diesen für sich von Stickstoff getrennt denken, die Höhe von 8 bzw. 16 mm. (Von der Höhe des Luftvolumen der Röhrchen muß die Höhe des Volumen, welches die jeweils eingeführten gequollenen bzw. eben gekeimten Achaenen einnehmen, abgezogen werden. Um diese Differenz zu ermitteln, füllt man mit einer sehr fein ausgezogenen Pipette Wasser in eine Atmungsröhre ein, beispielsweise 2 cm hoch. Darauf werden 40 vorher gequollene [bzw. 2—4 mm gekeimte] und kurz zwischen Filtrierpapier abgetrocknete Achaenen hinzugefügt. Die Wassersäule erreicht bei den gequollenen jetzt eine Höhe von 2,4 cm. Es sind demnach bei Verwendung von z. B. 40 gequollenen Achaenen immer 0,4, bei Verwendung von 20 Achaenen immer 0,2 cm abzuziehen, bevor die maximale Steighöhe der Kalilauge berechnet wird.) Mißt man die Steighöhe der Kalilauge in den zwei, keimende Samen enthaltenden Röhrchen 4 und 5, so ergibt sich, daß dieselbe der jeweiligen Höhe des errechneten Sauerstoffvolumen entspricht (Abb. 13), trotzdem beide Röhrchen dieselbe Menge von Achaenen enthalten und in beiden noch genug Platz zum weiteren Steigen der Lauge vorhanden ist. Hieraus geht hervor, daß das gleichzeitig mit der Produktion von Kohlensäure verbrauchte Gas der Sauerstoff der Luftsäule sein muß und ferner, daß die Kohlensäurebildung aufhört, wenn kein Sauerstoff mehr vorhanden ist.

Ein entsprechender Vorgang, bei welchem Kohlensäure gebildet und Sauerstoff verbraucht wird, ist uns als Verbrennung z. B. von Papier, Holz oder Kohle wohlbekannt. Durch die Versuche ist also festgestellt, daß in Samen, welche infolge von Wasseraufnahme eben zum aktiven Leben übergehen und, bedeutend intensiver in bereits keimenden (Vergleich von 2 mit 4; größere Steighöhe in 4, trotzdem nur halb so viele Achaenen vorhanden sind wie in 2), ein der Verbrennung analoger Vorgang abläuft. Dieser wird als Atmung bezeichnet und ist ein Grundgeschehen alles pflanzlichen und tierischen Lebens. Dasselbe Ergebnis hätten wir erhalten, wenn von einer fertig ausgebildeten Pflanze von *Crepis capillaris* irgendwelche Organe oder Stücke (Wurzeln, Blütenknospen, Teile von Blättern) in die Röhrchen eingelegt worden wären.

Aus der Tatsache, daß auch das Wasser (Versuch 6, 7) infolge der Atmung im Röhrchen aufsteigt, muß ferner geschlossen werden, daß das Verhältnis von abgegebener Kohlensäure zu verbrauchtem Sauerstoff in unserem Versuch nicht gleich 1, sondern kleiner als 1 ist. Es wird mehr Sauerstoff verbraucht, als der ausgeschiedenen Kohlensäure entspricht. Bei sehr vielen Pflanzen ist dagegen dieses Verhältnis gleich 1. Der Grund hierfür (hier müssen wir uns mit der Interpretation begnügen) liegt darin, daß bei diesen Pflanzen als Atmungsmaterial Zucker vorhanden ist. Für dessen Veratmung werden ebensoviele Sauerstoffmolekule benötigt, wie Kohlenstoffatome im Zucker vorhanden sind, wobei die Gleichung gilt: $C_6H_{12}O_6 + 6\,O_2 = 6\,CO_2 + 6\,H_2O$. Bei der Untersuchung des Zellinhaltes des Samens von *Crepis capillaris* werden wir dagegen finden (S. 26), daß die Zellen Öl in großen Mengen enthalten, sauerstoffärmere Verbindungen als Zucker (s. o.). Das Öl wird zuerst in seine Komponenten Fettsäure und Glyzerin gespalten, und erstere dann direkt veratmet oder vorher in Zucker umgewandelt. Für beide Vorgänge wird zusätzlicher Sauerstoff benötigt. So ist es zu erklären, daß mehr Sauerstoff verbraucht wird, als der abgegebenen Kohlensäure entspricht.

In den sich bildenden wie ausgewachsenen Blättern und Stengeln dagegen ist auch bei *Crepis capillaris* als Atmungsmaterial in der Hauptsache Zucker vorhanden (vgl. 50). Dies ergibt sich daraus, daß bei einem Atmungsversuch z. B. mit herausgeschnittenen Stücken aus einer Blattrippe, die sich leicht in die A-Röhrchen einführen lassen, das Wasser (im Gegensatz zur Kalilauge) kaum aufsteigt, das Verhältnis $CO_2 : O_2$ also annähernd $= 1$ ist.

Der Versuch 6 erlaubt noch eine weitere wesentliche Feststellung. Beobachtet man, nachdem das Wasser den höchsten Stand nach 2—4 Stunden erreicht hat (je nach Anzahl der Keimlinge 4—7 mm hoch), weiter, so ergibt sich, daß dasselbe im Gegensatz zur Kalilauge wieder zu sinken beginnt. Es muß demnach von diesem Zeitpunkt ab Kohlensäure produziert, geatmet werden, ohne daß Sauerstoff aus der Luft daran beteiligt ist. Benutzt man wie bei den Versuchen mit Kalilauge verschieden lange A-Röhrchen, so stellt man fest, daß das Wasser um so bälder zu sinken beginnt, je kürzer die benutzten Röhrchen waren. Diese Art der Atmung setzt also ein, sobald nicht mehr genügend Sauerstoff vorhanden ist und wird deshalb als anaerobe oder, weil der nötige Sauerstoff aus dem Atmungsmaterial selbst stammt, als intramolekulare Atmung bezeichnet. Als Endprodukt treten nicht Kohlensäure und Wasser, sondern Kohlensäure und Alkohol bzw. organische Säuren auf.

Der weitere Versuch (S. 16), in welchem Achaenen in zwei B_2-Röhrchen das eine Mal mit Wasser bedeckt, das andere Mal auf feuchtes Filtrierpapier vor vier Tagen ausgelegt worden waren, zeigt auf das deutlichste die Folge von Sauerstoffmangel und dadurch verringerte Atmung: Bei den mit Wasser überschichteten Achaenen unterbleibt die Keimung. (Diese setzt ein, wenn man die Früchte nachträglich auf mit demselben Wasser angefeuchtetes Filtrierpapier bringt.) Keimung ist, wie wir sehen werden, in der Hauptsache Wachstum. Ohne Atmung ist kein Wachstum möglich. Die Samen unserer Pflanze sind gegen Sauerstoffmangel besonders empfindlich: Der in Wasser mit maximal 3% gelöste Sauerstoff genügt nicht, um das Keimungswachstum in Gang zu setzen. Die Samen zahlreicher anderer Pflanzen sind viel weniger empfindlich.

Die Bedeutung der Atmung besteht in dem für Wachstum, Bewegung, Stoffaufnahme und Stofftransport zwischen lebenden Zellen und für zahlreiche andere Vorgänge notwendigen Energiegewinn. Wie bei der Verbrennung von Papier, Holz usw. Wärme entsteht, die zur Erzeugung von Energie benutzt werden kann, so wird bei der „Verbrennung“ in der lebenden Pflanze Energie frei. Sie wird jedoch nur zum geringsten Teil in Wärme übergeführt, sondern in einer uns unbekannten Energieform für die Ingangsetzung und Inganghaltung der genannten Vorgänge verwandt. Der fehlende Betrag an Sauerstoff läßt sich nicht etwa durch Erwärmung ersetzen, so daß auf diese Weise die Keimung in Gang zu bringen wäre.

Nachweis eines an der Atmung beteiligten Enzyms. Wir haben gefunden, daß der Same aus Zellen aufgebaut ist und daß trockene und tote Samen nicht atmen. Die Atmung, welche wir am ganzen Samen beobachteten, muß sich in jeder einzelnen wasserhaltigen und lebenden Zelle abspielen. (Man kann die jungen Keimlinge in Stücke zerlegen und wird genau so starke, wenn nicht noch stärkere Atmung feststellen. Die Teile atmen also unabhängig davon, daß sie zu einem harmonischen Ganzen zusammengesetzt sind.) In jeder einzelnen Zelle muß die lebende Substanz so beschaffen sein, daß sich die Verbrennung oder besser Oxydation des hier vorhandenen Atmungsmaterials bei einer Temperatur abspielt, bei welcher die Zellen nicht getötet werden. Es zeigte sich ja, daß die Embryonen schon bei 70° absterben. Die Pflanze und ebenso das Tier besitzen eine ganze Anzahl komplizierter Stoffe, welche bei gewöhnlicher Temperatur chemische Reaktionen in Gang setzen, ablaufen machen und beschleunigen, die sich außerhalb des Lebendigen nur bei viel höherer Temperatur und oft noch anderen unphysiologischen Bedingungen vollziehen. Diese Stoffe sind die Enzyme oder Fermente. Eine ganze Reihe von Fermenten sind an der Atmung beteiligt. Diese hat sich als sehr kompliziert und aus mehreren Teilvorgängen zusammengesetzt erwiesen. Wesentlich ist, daß das Atmungsmaterial nicht einfach wie bei der gewöhnlichen Verbrennung oxydiert, sondern zuerst mit Hilfe von Fermenten in einfachere Stoffe zerlegt wird. Aus letzteren wird darauf, ebenfalls vermittelst Fermenten, Kohlensäure und Wasserstoff abgespalten. Erstere entsteht demnach nicht wie bei einer gewöhnlichen Verbrennung, und oxydiert wird nicht wie bei dieser das Atmungsmaterial selbst, sondern der aus ihm (bzw. den Teilprodukten) abgetrennte Wasserstoff. Hierbei wird Wasserstoffsuperoxyd gebildet, welches sofort von einem weiteren Enzym in Wasser und Sauerstoff zerlegt wird. Der Vorgang der Atmung ist bei Pflanze und Tier derselbe und die beteiligten Enzyme sind dieselben. Wir benutzen unsere Keimlinge zum Nachweis des zuletzt genannten Enzyms, welches sich in wohl allen pflanzlichen und tierischen Organen vorfindet, der Katalase. Man legt einen der in Wasser isolierten Embryonen oder eine Samenschale in einen kleinen Tropfen von 10%igem Wasserstoffsuperoxyd. Sofort beginnt eine intensive Gasentwicklung. Daß es sich dabei um Sauerstoff handelt, nehmen wir als gegeben an. Hat man dagegen die Embryonen vorher in einem Reagenzglas bzw. die Samenschalen unter dem Deckglas kurz aufgekocht oder auch nur einige Zeit auf 70° erhitzt, so geht die Wirksamkeit der Katalase verloren. Es läßt sich aber zeigen, daß diese Wirksamkeit nicht etwa, wie man hieraus schließen könnte, an den lebenden Zustand der Zelle gebunden ist. Werden die Keimlinge oder Samenschalen durch Einlegen in Glycerin oder 95%igen Alkohol zuerst getötet und anschließend mit Wasser kurz gewaschen, so zerlegen sie Wasserstoffsuperoxyd ebensogut wie die lebenden.

Man kann viele Enzyme aus dem lebenden pflanzlichen und tierischen Organismus herauslösen, reinigen und ihre Wirkung im Reagenzglas untersuchen. Lange bevor man von Enzymen etwas wußte, waren aus der Chemie anorganische Stoffe bekannt, welche Reaktionen in Gang setzen und beschleunigen, ohne dabei selbst verbraucht zu werden. Man bezeichnet sie als Katalysatoren. Wir haben einen solchen Stoff neben uns auf dem Tisch liegen. Tauchen wir die Platinöse in die Wasserstoffsuperoxydlösung ein, so wird dieselbe durch das Platin ebenso zerlegt wie durch die Katalase der Samen, die wie alle Enzyme und Fermente ein organischer Katalysator ist.

Zweiter Teil.

Für die folgenden Untersuchungen werden von der Pflanze wiederum nur trockene und einige zum Keimen auf feuchtem Filtrierpapier ausgelegte Achaenen benötigt. Aus letzteren sollen die Wurzeln zum Teil noch nicht, zum Teil 1—2 mm weit aus der Fruchtschale hervorgetreten sein. Außer den üblichen Reagenzien stehen die Utensilien für die Nuklealreaktion bereit (S. 154).

Wir haben festgestellt, daß nur lebende Samen atmen. Die lebendige Substanz muß also in jeder einzelnen Zelle, als der letzten Einheit des Organismus, enthalten sein. Diese Substanz wollen wir jetzt kennenlernen. Andererseits ist, wie wir ebenfalls gefunden haben, weder Atmung noch Keimung ohne vorherige Wasseraufnahme seitens der Samen möglich. Deshalb soll zuerst diese Erscheinung etwas genauer beobachtet werden, bevor wir zum Studium des Inhaltes der lebenden Zelle übergehen.

Quellung und Membranstruktur.

Bei einem Vergleich von trockenen und länger feucht gelegenen Früchten beobachtet man, daß letztere etwas dicker und prall geworden sind, eben bedingt durch die Wasseraufnahme. Besser als an den ganzen Achaenen kann man die Verbreiterung an Querschnitten in Wasser unter der Lupe und unter dem Mikroskop wahrnehmen und den Vorgang direkt verfolgen. Wir lesen aus den trockenen heteromorphen Früchten die mittelständigen, geraden aus und bringen sie einzeln auf je einen Objektträger. Die trockene Frucht wird, nachdem der Objektträger auf das Lupenstativ gebracht ist, mit einer feinen, dem Objektträger anliegenden Pinzette am dunkelbraunen Wurzelpol festgehalten: Darauf stellt man mit einer längsgeteilten (noch unbenutzten!) Rasierklinge (*14*) unter der Lupe dünne Querschnitte her. Zuerst wird das obere konische Viertel abgeschnitten und dann die Klinge vollkommen senkrecht direkt an die entstandene Kante aufgesetzt und ohne zu ziehen abwärts bewegt. Solchermaßen wird fortgefahren. Bei nur ein wenig Übung ist es nicht schwer, durch die zylindrische Keimblattregion Querschnitte zu erhalten, die nicht dicker sind als 0,05 mm und noch weniger. Von den 15—20 (nötigenfalls von verschiedenen Achaenen) auf diese Weise erhaltenen Schnitten legt man mehrere trocken mit Hilfe einer Nadel, an welcher sie leicht haften bleiben, in ein Uhrschälchen für spätere Verwendung (S. 26) zurück. Von den übrigen werden die einen mit eben angefeuchtetem Pinsel in einen Tropfen Paraffinum liquidum oder Nelkenöl übertragen und, mit Deckglas bedeckt, ebenfalls zur Seite gestellt (s. u.). Die anderen bringt man ebenso, aber unter gleichzeitiger Beobachtung unter der Lupe oder unter dem Mikroskop und ohne ein Deckglas aufzulegen in einen Tropfen Wasser. Lupe bzw. Mikroskop werden vor der Manipulation auf die Objektträgeroberseite eingestellt. Man bemerkt dann innerhalb weniger Sekunden eine deutliche Verbreiterung der Schnitte, ohne daß Luftblasen austreten. (Bei Verwendung frischer Klingen werden die Schnitte trotz der senkrechten Abwärtsbewegung nicht zusammengedrückt. Man kann die Schnitte, nachdem sie Wasser aufgenommen haben, kurz trocknen. Bei erneutem Wasserzusatz breiten sie sich wiederum aus.)

Dieser Vorgang der Wasseraufnahme muß in seinem Wesen verschieden sein von dem Eindringen von Wasser in einen trockenen Backstein oder Gipsblock: Beide vergrößern sich hierbei nicht, gleichzeitig treten Luftbläschen in das Wasser aus. Ganz offenbar dringt das Wasser in die feinen Lufträume ein, dabei die Luft verdrängend. Die Früchte dagegen vergrößern sich und es erscheinen keine Luftblasen.

Die Volumvergrößerung von Körpern durch Wasseraufnahme wird als Quellung bezeichnet und ist eine sehr charakteristische Eigenschaft vieler pflanzlicher und tierischer Stoffe, wie auch der lebendigen Substanz selbst. Die pflanzliche Zellwand besteht aus mikroskopisch nicht mehr sichtbaren, zu einem lockeren räumlichen Netz zusammengeschlossenen Zelluloseteilchen (vgl. S. 19), den Mizellen. Diese sind, wie man heute auf Grund vielfacher Untersuchungen weiß, in einer trockenen, ungequollenen Membran bis zur Berührung einander genähert. Bei Einlegen in Wasser dringt dasselbe zwischen die Mizellen ein und drängt dieselben auseinander. Auf diese Weise kommt die Volumzunahme und die Änderung der Konsistenz zustande.

Reservestoffe; Dickenwachstum der Zellwand.

An den dünnsten dieser tadellos senkrecht geführten Querschnitte zeigt sich der Aufbau der Frucht nochmals klar (Abb. 14): Zu äußerst die Fruchtschale mit den 10 Rippen und braunen Zellwänden. (Die Zweischichtigkeit ist an den Querschnitten weniger gut zu erkennen.) Darauf folgt die deutlich zweischichtige, sehr dünne und niedrigzellige Samenschale, welche die beiden plankonvexen Keimblätter direkt umschließt. Auch deren zellulare Struktur ist gut zu erkennen. Am auffallendsten in den Schnitten sind die großen, dichtgelagerten und lichtbrechenden Kugeln in den Zellen der Keimblätter. (Die Zellen der Samenschale sind mit zahlreichen sehr kleinen Körnern angefüllt.) Falls zellularer Aufbau und Zellinhalt im Wasserpräparat nicht deutlich hervortreten, benutzt man die in Paraffinum liquidum oder Nelkenöl eingelegten Schnitte, welche die Verhältnisse besonders schön zeigen.

Die großen, kugeligen Inhaltskörper der lebenden Zellen der beiden Keimblätter werden als Reservestoffe bezeichnet. Wir werden beobachten, daß sie während der Keimung und anfänglichen Weiterentwicklung des Samens verschwinden (S. 54). Sie werden gelöst und bilden, in ihre Bestandteile gespalten (s. u.) das Ausgangsmaterial für den Aufbau der lebenden Substanz des jungen Keimlings während des beginnenden Wachstums. Um über die Natur dieser Reservestoffe Aufschluß zu erhalten, werden einige der zurückgelegten trockenen Schnitte (S. 25) in Jod-Jodkali (S. 152) eingelegt. Während die Zellwände, auch wenn sie beträchtlich dick sind wie in der Samenschale, vollkommen farblos bleiben, werden die Reservestoffe intensiv gelbbraun. Es handelt sich um Eiweißkörper, die bei allen Samenpflanzen, in jeweils verschiedener Menge, als Speicherstoffe vorkommen. Der wesentliche Bestandteil des Eiweiß

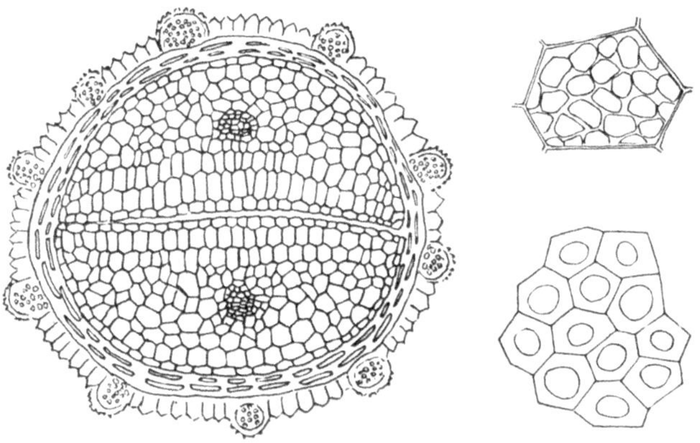

Abb. 14. Querschnitt durch die obere Hälfte der Achaene (Technik vgl. Text S. 25). Zu äußerst die Fruchtschale mit den 10 Rippen. Im Inneren die beiden Keimblätter von der Samenschale umschlossen. In der Mitte eines jeden Keimblattes erkennt man die Anlage der Gefäßbündel. Ferner sind deutlich differenziert: Die Epidermis und zwei subepidermale Schichten mehr oder weniger länglicher Zellen an der zukünftigen Oberseite der beiden Keimblätter. Objektiv A. Rechts: Reservestoffgefüllte Zelle des Keimblattes und verdickte Zellen mit Mittellamellen aus den Rippen. Objekt E.

ist der an organische Säuren (Fettsäuren) gebundene Stickstoff. Die in solcher Form als Aminosäuren bezeichneten Verbindungen bilden, zu einer Kette (analog den Zuckermolekülen der Zellulose, S. 19) aneinandergeschlossen, das Grundgerüst von jedem Eiweiß. In den einfachsten Eiweißkörpern sind sie die einzigen Bestandteile.

Außer diesen kompakten Eiweißkörpern ist wie bei vielen Pflanzen Öl als Reservestoff vorhanden. Von der Gegenwart desselben in den Samen kann man sich auf folgende Weise leicht überzeugen. Bei auffallendem Licht unter der Lupe (Verdunkelung oder Ausschaltung des Spiegels), noch besser auch hier unter dem Mikroskop (Einstellung auf die Oberseite des Objektträgers vor der Beobachtung), sieht man aus trockenen Schnitten, welche in Wasser gebracht werden, sofort ganze Ströme von Öl in den Wassertropfen austreten. Es stammt aus den angeschnittenen Zellen, in welchen es in winzig kleinen, mikroskopisch nicht mehr sichtbaren Tröpfchen angehäuft ist. Beim Öffnen der Zelle treten sie im Wasser zu größeren einheitlichen Massen zusammen und breiten sich dann aus. (An den Schnitten in Paraffin treten natürlich keine Schlieren auf, weil das Öl sich wie dasjenige aus der Fruchtschale, S. 19, in diesem Medium löst.) Im Gegensatz zu dem Reserveeiweiß dient dieses Öl, nach Umwandlung in Zucker, als Baumaterial für die neu entstehenden Zellwände in dem keimenden Embryo und vor allem als Atmungsmaterial (S. 22). Eiweiß wird unter normalen Verhältnissen nicht veratmet.

Bei der Spaltung und Umwandlung der Reservestoffe und ebenso umgekehrt bei ihrer Bildung sind wie bei den stofflichen Vorgängen bei der Atmung spezifische Fermente beteiligt. Und zwar werden die Vorgänge in beiden Richtungen jeweils durch ein und dasselbe Ferment bewerkstelligt. In welcher Richtung der betreffende Vorgang verläuft, hängt lediglich von dem Konzentrationsverhältnis der beiden in Wechselbeziehung stehenden Stoffe ab.

Wir betrachten an den in Paraffin liegenden Schnitten das Zellnetz noch etwas genauer (Abb. 14). In beiden Keimblättern erkennt man, besonders in der Mitte, den aus schmalen Zellen bestehenden Anlagekomplex der stoffleitenden Elemente, der „Blattnerven". Deren Seitenäste haben wir bereits am Rande der Totalpräparate aufgefunden (Abb. 12*c*). Sie erscheinen, da sie schräg seitlich in dem Keimblatt verlaufen, gelegentlich auch an den Querschnitten in Längssicht. Schließlich fallen im Innern der 10 Rippen der Fruchtschale Gruppen von Zellen auf, deren Wände sehr dick sind im Vergleich zum Zellraum, auch Zelllumen genannt. An dünnen Schnitten sieht man genau in der Mitte der Verdickungen feine, helle Linien, die in den Ecken, wo drei Zellen aneinandergrenzen, zusammenstoßen (Abb. 14). Diese Linien entsprechen den ursprünglichen Wänden der noch nicht verdickten Zellen. Sie werden als Mittellamellen bezeichnet. Die Verdickungen müssen demnach so entstanden sein, daß an diese Wände neues Baumaterial vom Innern der Zelle her angelagert wurde. Diese Wachstumsweise wird entsprechend als Appositionswachstum bezeichnet. Eine besonders deutliche Schichtung der Membran werden wir später in bestimmten Zellen des Stengels beobachten.

Plasma, Zellkern und Vakuole.

Wir benutzen jetzt ausschließlich die lebende Samenschale, welche nach Entfernung des Embryo aus der Achaene leicht von der Fruchtschale getrennt werden kann, und stellen folgendermaßen vier Präparate her:

A. An 12—24 Stunden lang gequollenen, aber noch nicht gekeimten Achaenen lockert man in einem Tropfen Wasser unter der Lupe die Fruchtschalen am äußersten dunklen Ende (Abb. 4 und S. 17f.), in welchem die Wurzel liegt, mit Hilfe von zwei Nadeln durch ganz oberflächliches Ritzen leicht auf. Dann wird die linke Nadel flach auf das äußerste obere helle Ende, wo die Keimblätter liegen, aufgelegt und mit der rechten, ebenfalls flachgehaltenen, der vollkommen farblose Embryo (vgl. S. 18) mit der Wurzel voran aus der Fruchtschale herausgeschoben. Hierbei bewegt man die linke Nadel schiebend, aber mit möglichst schwachem Druck, hinter der rechten her. Bei diesem Vorgehen bleibt die (lebende!) Samenschale in der Fruchtschale zurück. Letztere läßt sich nun leicht entfernen. Man sticht mit den zwei Nadeln in das obere helle Ende ein und zieht die derbe Haut, die Nadeln nach der Seite auseinander bewegend, von der hierbei zum Vorschein kommenden dünnen Samenschale ab. Das Präparat wird einschließlich der Fruchtschalenreste, die als Stützen dienen, mit einem Deckglas abgeschlossen (Präparat **1**).

B. In derselben Weise werden etwa 6 Samenschalen aus Achaenen mit deutlicher Keimung (Wurzeln 0,5—1 mm lang) freigelegt. Auflockerung am Wurzelpol ist bei diesen Achaenen natürlich nicht nötig. Dabei achtet man, am Wurzelpol anlangend, besonders darauf, daß der unterste Teil der Samenschale, auf den es hier ankommt, nicht an der Fruchtschale haften bleibt. Eine Anzahl der erhaltenen Schalen wird in Wasser ebenfalls mit einem Deckglas bedeckt (Präparat **2**). Der Rest wird in einem B_1-Röhrchen mit Korkschwimmer (*42*)

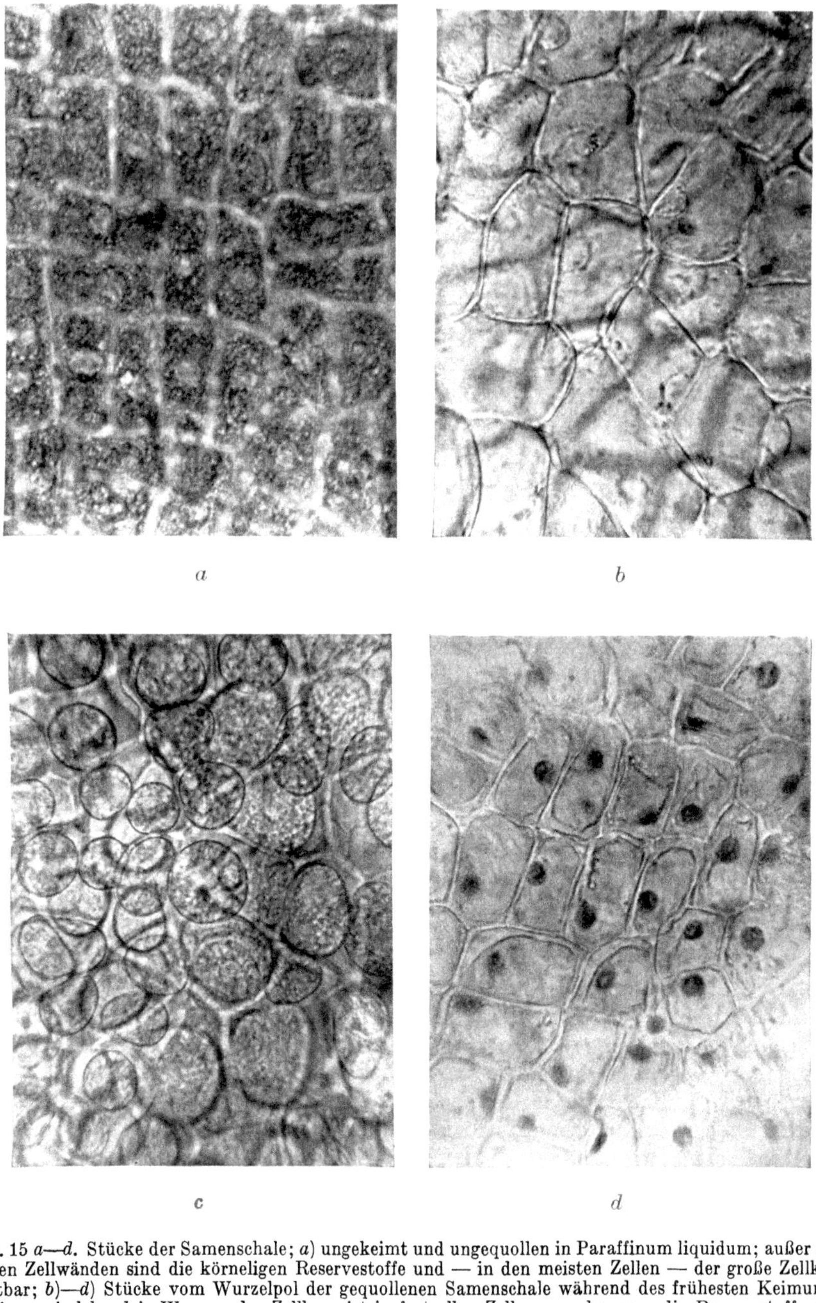

Abb. 15 *a—d*. Stücke der Samenschale; *a*) ungekeimt und ungequollen in Paraffinum liquidum; außer den dicken Zellwänden sind die körneligen Reservestoffe und — in den meisten Zellen — der große Zellkern sichtbar; *b*)—*d*) Stücke vom Wurzelpol der gequollenen Samenschale während des frühesten Keimungsstadiums; *b*, lebend in Wasser; der Zellkern ist in fast allen Zellen zu erkennen; die Reservestoffe sind verschwunden, die Zellen bei gleichzeitiger Abnahme der Wanddicke vergrößert. (Die schwarzen, unscharfen Konturen sind die Zellwände der zweiten Schicht.) *c*, wie *b*, aber mit plasmolysierten Zellen, so daß jetzt die von den Zellwänden abgehobenen Plasmaschläuche gut sichtbar sind; verschiedentlich sind die Protoplasten der beiden übereinanderliegenden Zellschichten zu erkennen; *d*) vor der Präparation in Carmin-Essigsäure gekocht; die Zellkerne sind intensiv gefärbt und die Plasmaschläuche unter leichter Schrumpfung teilweise von den Zellwänden abgehoben. Alle Figuren Objektiv E.

10—15 Minuten lang in Alkohol-Eisessig fixiert, darauf in demselben Röhrchen nach Abschütten der Fixierungsflüssigkeit in Salzsäure hydrolysiert und der Nuklealreaktion unterworfen (S. 154), nach 30 Minuten in C. E.-hell auf einen Objektträger gebracht und mit Deckglas bedeckt (Präparat 3).

C. Andere Achaenen mit bereits hervortretenden Wurzeln kommen ohne vorherige Präparation direkt in ein Reagenzglas mit C. E.-dunkel und werden wie früher angegeben (S. 17) gekocht. Nach dem Abkühlen präpariert man die Samenschalen in C. E.-hell frei, auf dieselbe Weise wie in **B**; Deckglas; (Präparat 4).

Es ist zweckmäßig, mit **B** und **C** vor **A** zu beginnen. Bei Zeitmangel kann Präparat 3 fortfallen.

In Präparat 1 (Abb. 15*a*) tritt der Zellverband der Samenschale mit großer Klarheit hervor, ebenso die dichtgelagerten kleinkörnigen Reservestoffe, welche wir bereits in den Querschnitten durch die Frucht in der Samenschale auffanden. Die Membranen sind wie bei den Samenschalen vieler anderer Pflanzen recht dick. Außerdem kann man bei genauer Beobachtung in diesem Präparat fast in jeder Zelle einen in der Mitte liegenden runden glasigen Körper feststellen: Es ist der Zellkern (Nucleus). Es ist der erste lebende Zellbestandteil, den wir kennenlernen. Er fehlt keiner pflanzlichen und tierischen Zelle, ausgenommen derjenigen der Blaualgen und Bakterien. Seine Bedeutung für den Organismus wird uns erst klar werden, wenn wir die Zellteilung und die Entstehung des Embryo im einzelnen untersuchen.

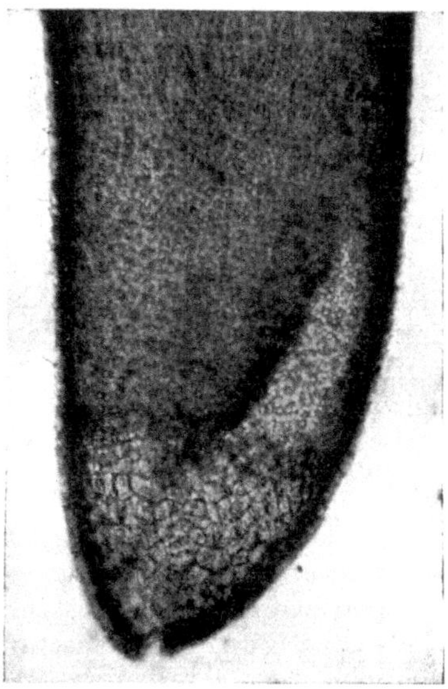

Abb. 16. Untere Hälfte der lebenden Samenschale kurz vor und während der Keimung. Der Embryo ist mit der Wurzelspitze voran durch den Wurzelpol der Schale (unten) herausgedrückt. Im größten Teil der Figur kleinlumige Zellen mit hellen Kernen. Im unteren Drittel die weitlumigen Zellen, welche für die Beobachtung des lebenden Kerns, des Plasma, der Plasmolyse und zur Feststellung des Verschwindens der Reservestoffe benutzt werden (vgl. Abb. 15). Objektiv A.

In Präparat 2 sehen wir uns die etwa 7 Zellagen hohe Gewebspartie am Wurzelpol an (Abb. 16 und 15*b*). Während die Zellen der Samenschale des ungekeimten Embryo untereinander keine Unterschiede aufwiesen, sind beim gekeimten Embryo in dieser Region auffallende Veränderungen eingetreten. Von den vorher noch vorhandenen Reservestoffen ist nichts mehr wahrzunehmen. Sie sind in eine lösliche Verbindung verwandelt und wahrscheinlich veratmet oder anderweitig verbraucht worden. (Wir lassen es hier dahingestellt, welche Bedeutung diese Veränderungen im Wurzelpol der Samenschale haben mag. Bei Besprechung der Keimung werden wir auf die Frage zurückkommen [S. 34].) Für uns ist die eingetretene Veränderung — abgesehen davon, daß wir eindrücklich das Verschwinden der festen Reservestoffe zu Gesicht bekommen — deshalb wichtig, weil die lebende Grundsubstanz, das Protoplasma, vorher durch die Körnchen verdeckt, jetzt sichtbar geworden ist. Es liegt in jeder Zelle der Wand als äußerst dünner Belag an, hat demnach die Form eines geschlossenen Schlauches oder Sackes, wie wir sogleich deutlich auf zweierlei Weise erkennen werden. Man stellt in den lebenden Zellen dieses Präparates nochmals den jeweils in der Einzahl vorhandenen lebenden Kern fest. Mindestens in einer größeren Zahl von Zellen ist er ohne Schwierigkeit aufzufinden (Abb. 15*b*). Schließlich saugt man Jod-Jodkali durch das Präparat hindurch. Kern und Plasma werden gelbbraun. Die beiden lebenden Bestandteile der Zelle bestehen wie die Reservestoffkugeln aus Eiweiß, zum Teil aber von wesentlich komplizierterer chemischer Zusammensetzung.

Sehr viel deutlicher als im Lebendpräparat sind Protoplasma und Kern im Präparat **3** und **4** wahrnehmbar. In Präparat **4** (Abb. 15*d*) sind durch das Kochen in Essigsäure die Protoplasmaschläuche etwas geschrumpft und dadurch zum Teil von den Zellwänden abgehoben, durch den Zusatz von Carmin sind die Zellkerne intensiv gefärbt, so daß sie nicht mehr übersehen werden können. Der Plasmaschlauch hat viel weniger Farbe angenommen. Carmin-Essigsäure ist in der Tat ein ausgezeichnetes Färbungsmittel für pflanzliche und tierische Kerne. Die jetzt deutlich hervortretende, mehr oder weniger körnelige Struktur des Kerns wird wegen ihrer starken Anfärbbarkeit als Chromatin bezeichnet. Dieses Chromatin ist, wie sich bei der Untersuchung der Zellteilung zeigen wird, der wesentliche Bestandteil des Kerns; es ist in die (nicht gefärbte) Kernflüssigkeit (Karyolymphe) eingebettet. Gelegentlich ist noch ein dritter Bestandteil des Zellkerns zu erkennen, der im Gegensatz zum Chromatin kaum gefärbte, homogene Kernkörper (Nucleolus). Er kann als spezieller Reservestoff des Kerns bezeichnet werden. Alle drei Bestandteile sind für pflanzliche und tierische Zellkerne charakteristisch.

Besonders instruktiv ist Präparat **3**. Das Plasma mit seinen Einschlüssen (und ebenso Karyolymphe und Nucleolus) sind vollkommen farblos geblieben, der Zellkern dagegen hat eine intensiv blaustichig-rote Farbe angenommen. Diese kommt dadurch zustande, daß die fuchsinschweflige Säure mit einer bestimmten und wesentlichen, nur im Zellkern-Eiweiß, nicht aber im Plasma-Eiweiß enthaltenen Substanz (der Thymonukleinsäure) unter Bildung eines gefärbten Produktes reagiert hat. (Die Thymonukleinsäure ist an einen einfachen Eiweißkörper, mit dem sie zusammen ein Proteid bildet, gebunden.) Mit Hilfe der fuchsinschwefligen Säure läßt sich demnach das Eiweiß im Zellkern vom Eiweiß des Protoplasma chemisch unterscheiden.

Die Reaktion beruht auf der Anwesenheit von $\mathrm{C}\begin{smallmatrix}\diagup\!\!\diagup\,\mathrm{O}\\ \diagdown\,\mathrm{H}\end{smallmatrix}$ -(Aldehyd-) Gruppen. Wir werden später (S. 112) Rotfärbung von bestimmten Zellwänden durch direktes Einlegen in fuchsinschwefliger Säure erhalten. Die Zellkerne dagegen hätten ohne vorherige Behandlung mit n-Salzsäure mit der fuchsinschwefligen Säure nicht reagiert, sie wären wie das Plasma farblos geblieben. Dies ist darauf zurückzuführen, daß in der betreffenden Substanz des Kerns (im Gegensatz zu den Verhältnissen in den erwähnten Zellwänden) die reagierenden Gruppen nicht frei zutage liegen und erst reagieren können, nachdem durch Salzsäurebehandlung die Bindungen freigemacht worden sind. In der Thymonukleinsäure des Zellkerns ist die Aldehydgruppe in einem Zucker enthalten, der einerseits an Phosphorsäure, andererseits mit der Aldehydgruppe an einen stickstoffhaltigen organischen Ring gebunden ist. Durch die Behandlung mit Salzsäure werden die Ringkörper abgespalten und dadurch die Aldehydgruppe frei.

Auch die Färbung mit Carmin beruht nach einer heute vielfach vertretenen Auffassung auf einer chemischen Reaktion. Darnach würde eine salzartige Bindung dieses basischen Farbstoffes an die Säuregruppen der Thymonukleinsäure vorliegen.

Plasmolyse und Permeabilität.

Durch die Behandlung mit Essigsäure sind Kern und Plasma getötet, letzteres in recht grober Weise von der Membran abgehoben worden. Wir wenden nun ein anderes, bewährtes Mittel an, um den Plasmaschlauch von der Zellwand abzulösen, ohne daß er dabei abstirbt und ohne daß er schrumpft. Dazu wird von Präparat 2 vom Deckglasrand her mit einem Stück Filtrierpapier alles Wasser abgesaugt und durch 4—5%ige Kaliumnitratlösung ersetzt, indem man einen Tropfen an den Rand des Deckglases gibt. Nach 10—15 Minuten sind sämtliche Plasmaschläuche von den zugehörigen Zellwänden stellenweise oder vollständig abgehoben, dabei aber prall geblieben (Abb. 15c). Es ist Plasmolyse, d. h. Ablösung des Plasma eingetreten. Gibt man jetzt an den einen Rand des Deckglases bei gleichzeitiger mikroskopischer Beobachtung wieder einen Tropfen Wasser und saugt von der gegenüberliegenden Seite die Kaliumnitratlösung ab, so dehnen sich die Schläuche allmählich wieder aus und liegen schließlich der Zellwand wie vor der Behandlung an. Die Zelle ist deplasmolysiert. Plasmolyse und Deplasmolyse können mehreremal hintereinander wiederholt werden, ohne daß das Plasma abstirbt. (Die Plasmolyse kann man benutzen, um nachzuweisen, daß eine Zelle noch am Leben ist. Damit ist nicht gesagt, daß durch die Plasmolyse das Plasma nicht intra vitam geschädigt wird. So hat sich z. B. herausgestellt, daß die Plasmolyse die Atmungsintensität herabsetzt.)

Der Versuch zeigt zunächst, daß die Salzlösung ungehindert durch die feste Wand der Zelle hindurchgeht (permeiert); anderenfalls könnte sie ja nicht die so auffallende Wirkung auf das Zellinnere ausüben. Die Zellwand ist für viele anorganische Stoffe ebenso durchlässig (permeabel) wie für Wasser. Daß das Plasmolyticum, d. h. die Moleküle bzw. die Ionen des benutzten Salzes in die Zellwand ein- und durch dieselbe hindurchwandern, beruht darauf, daß ein Konzentrationsgefälle zwischen Außenlösung und dem Quellungswasser der Membran besteht. (Letztere enthält nur die geringen Spuren von Salzen, die im eingedrungenen Leitungswasser gelöst sind.) Auf Grund des bekannten physikalischen Gesetzes tritt Konzentrationsausgleich dadurch ein, daß infolge der Bewegung der Moleküle (vgl. S. 123) und Ionen diese vom Ort der höheren zum Ort der niederen Konzentration wandern, in unserem Falle demnach Kaliumnitrat in das Wasser der Zellwand hinein und umgekehrt, dieses in die Außenlösung. Ganz dasselbe müßte nun geschehen, wenn das gelöste Kaliumnitrat solchermaßen den Plasmaschlauch erreicht hat; und in diesem Falle wäre kein Grund vorhanden, daß die beobachteten Veränderungen am Zellinhalt auftreten, gleichgültig ob die Konzentration der Außenlösung oder umgekehrt diejenige des Zellinhaltes, d. h. der Flüssigkeit im Plasmaschlauch und in der Vakuole höher wäre. Daß sich die Plasmaschläuche verkleinern, muß darauf beruhen, daß das Plasma für das Wasser zwar ähnlich permeabel ist wie die Zellwand, aber im Gegensatz zur Wand impermeabel (undurchlässig) für das Kaliumnitrat. Der Konzentrationsausgleich kann deshalb nur in einer Richtung stattfinden: Wasser wandert durch das Plasma und die Zellwand in die Außenlösung, das hier gelöste Kaliumnitrat dagegen nur bis zum Plasma und nicht durch dieses hindurch in die Vakuole hinein. Der „Wasserentzug" und damit die Verkleinerung der Vakuole wird so lange anhalten, bis die Konzentration innerhalb und außerhalb dieselbe geworden ist. Der Plasmolysegrad ist also von der Konzentration der Außenlösung und derjenigen der Vakuolenflüssigkeit abhängig, und es leuchtet ein, daß gerade eben sichtbare Plasmolyse (Grenzplasmolyse) die annähernde Gleichheit der Konzentration des Zellsaftes mit der Konzentration des gewählten Plasmolyticum anzeigt. Entsprechende Beobachtungen werden wir bei der Untersuchung der Wurzel anstellen (S. 75). Bringt man plasmolysierte Zellen aus dem Plasmolyticum wieder in Wasser, so nimmt, wie beobachtet, das Volumen der Vakuole wieder zu; und eben dieser Vorgang, zusammen mit dem Stillstand der Plasmolyse anstatt des vollkommenen Verschwindens der Vakuole, zeigt an, daß in derselben Stoffe gelöst sein müssen. Die Konzentration des Zellsaftes ist jetzt höher als diejenige des Außenmedium: Konzentrationsausgleich kann wieder nur in einer Richtung stattfinden. Nur das außerhalb des Plasmaschlauches (in höherer Konzentration als im Zellsaft) befindliche Wasser tritt durch das Plasma ein, welches wie für das Kaliumnitrat, so auch für die im Innern der Vakuole gelösten Stoffe impermeabel ist. Hierbei berührt das Plasma schließlich wieder die Zellwand und der Konzentrationsausgleich muß in dem Augenblick zum Stillstand kommen, in welchem die feste Membran die weitere Wasseraufnahme und dadurch bedingte Ausdehnung des Plasmaschlauches verhindert. Infolge der Wasseraufnahme wird demnach ein Druck auf die Zellwand ausgeübt. Dieser Turgordruck ist also abhängig von der Konzentration der Vakuolenflüssigkeit, in welche nur so lange Wasser einströmen („eingesaugt" werden) kann, bis der Wanddruck entgegenwirkt. Dem Gesagten zufolge ist die Konzentration des Zellsaftes bei gespannter Zellwand niedriger als bei entspannter, der Turgor dagegen höher. Im Verlauf unserer Untersuchungen werden wir auf die Bedeutung dieser Verhältnisse für die Lebensvorgänge der Pflanze noch verschiedentlich zurückkommen.

Die auffallende Eigenschaft des Plasma, für die einen Stoffe (im ausgeführten Versuch Wasser) durchlässig zu sein, für andere (im ausgeführten Versuch Kaliumnitrat) nicht, wird als Semipermeabilität (Halbdurchlässigkeit) bezeichnet. Die Impermeabilität des Plasma für viele plasmolysierende Stoffe ist jedoch keine absolute, was an dem Rückgang der Plasmolyse bei schwachem Plasmolysegrad zu erkennen ist. Zwischen den chemisch-physikalischen Eigenschaften des Plasma einerseits und der verschiedenen Stoffe andererseits muß eine bestimmte Beziehung bestehen, welche die Ursache für die unterschiedliche Permeierung der letztgenannten ist. In der Tat hat sich ergeben, daß wenigstens für nicht dissoziierte Stoffe zwei Eigenschaften des Plasma hierfür wesentlich sind. Erstens die Größe der (wie in der Zellwand, s. o.) vorhandenen ultramikroskopischen Hohlräume: Von einer bestimmten Größe ab können die Moleküle der genannten Stoffe nicht permeieren. Das Plasma wirkt demnach als Sieb. Zweitens die Anwesenheit von Lipoiden (fettähnlichen Substanzen) im Plasma: Nicht dissoziierte Stoffe aus so großen Molekülen, daß sie das Sieb nicht passieren können, treten durch nach Maßgabe ihrer Löslichkeit in den Lipoiden. Für den Eintritt von in Ionen gespaltenen Stoffen, zu denen die unentbehrlichen Nährsalze gehören (S. 56), ist schließlich noch die Fähigkeit des Plasma, diese Ionen zu adsorbieren (locker zu binden) und damit zu speichern, von Bedeutung.

Der Keimling.

Erster Teil.

Mit der Entwicklung eines keimenden Samens steigert sich die Mannigfaltigkeit der Formen, Strukturen und Lebensvorgänge. Manche wesentliche Einblicke konnten wir an der trockenen Frucht, dem trockenen und gequollenen, sowie eben keimenden Samen erhalten. Botanische Kenntnisse allgemeingültiger

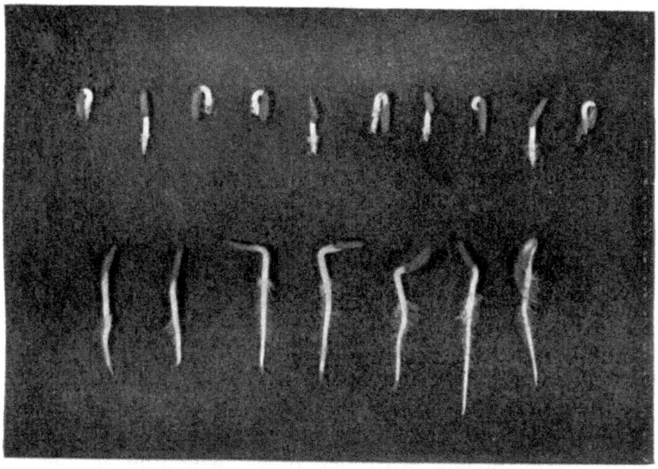

Abb. 17. An aufrecht stehender Glasplatte auf feuchtem Filtrierpapier bei Tageslicht keimende, vertikal orientierte Achaenen, zufallsmäßig mit dem Wurzelpol nach oben oder nach unten (obere Reihe): Die 6 in dieser Reihe mit dem Wurzelpol nach oben gerichteten zeigen die abwärts gekrümmten Hypokotyle. In der unteren Reihe waren alle Achaenen mit dem Wurzelpol nach unten orientiert. Die Hypokotyle krümmen sich dann ebenfalls, aber erst später (vgl. die zwei Keimlinge links). Lebende Keimlinge für die Aufnahme auf nasses, schwarzes Papier gelegt. Vergrößerung etwa 2fach.

Art in erstaunlicher Fülle kann uns die so einfach aussehende Keimpflanze bereits im Alter von 1—14 Tagen vermitteln.

Man sorgt dafür, daß für die jeweiligen Beobachtungen und Versuche stets Keimlinge im gewünschten Alter und auf dem erforderlichen Substrat gezogen vorhanden sind. Benötigt werden Kulturen auf Filtrierpapier (Abb. 17) entweder in senkrecht gestellten Petrischalen (*37*) oder auf senkrecht stehenden Glasplatten (*25*) unter der großen Glasglocke (*30*) oder auf Objektträgern (*24*) in der Küvette (*31, 32*); ferner solche auf Erde im Confitureglas (Abb. 21), Reagenzglas und Blumentopf. Die Kulturen hält man zum Teil bei vollem, zum Teil bei schwachem Tageslicht und zum Teil bei Dunkelheit. Die Aussaat erfolge stets reichlich, unter Berücksichtigung des früher gefundenen Keimprozents (S. 14), damit genügend brauchbare Keimpflanzen ausgelesen werden können.

Übersicht über Vorgänge bei der Keimung und ersten Entwicklung.

Wir betrachten zunächst in großen Zügen die ersten Stadien der Keimung und anschließenden Entwicklung. Schon beim Ansetzen der Atmungsversuche war sicher aufgefallen, daß, wie allgemein bei der Keimung, immer zuerst die Wurzel hervorwächst. Nur bei wenigen Angiospermen treten die Keimblätter normalerweise zuerst hervor; als Ausnahme jedoch auch bei unserer Pflanze bei Embryonen, deren Wurzeln nicht mehr keimfähig sind. (Bei *Crepis capillaris* wird das Auskeimen der Wurzel vor den Kotyledonen durch Verdünnung und Ausweitung des Zellnetzes am Wurzelpol der Samenschale — S. 29 — herbeigeführt.) Man stellt ferner fest, daß die hervortretenden Wurzeln sofort nach abwärts wachsen, gleichgültig in welcher

Abb. 18. Drei mit der Wurzel nach oben gekehrte, keimende Samen. Deutliche Abgrenzung von Wurzel und Hypokotyl durch die Zone der eben gebildeten Wurzelhaare. Zeigt die Abwärtskrümmung von Wurzel und Hypokotyl. Lebend; etwa 12fach vergrößert.

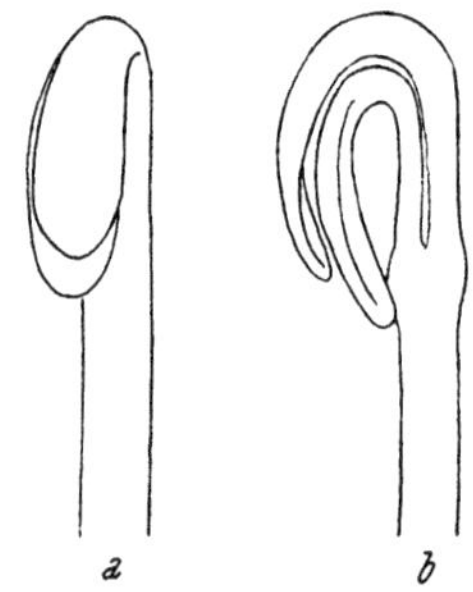

Abb. 19 *a* u. *b*. Die autonom bedingte Krümmungsrichtung der Keimblattstiele; 4—5 Tage alte, in Erde gewachsene Dunkelkeimlinge; nach dem Leben; *a*) in Aufsicht auf die Keimblattfläche, *b*) seitlich dazu. Vergr. etwa 8fach.

Richtung die Achaenen auf dem feuchten Filtrierpapier einer senkrecht stehenden Glasplatte ausgelegt worden waren. Mit der Lupe erkennt man, daß jede Wurzel wenige Millimeter hinter der Spitze von einem dichten Mantel von Haaren umgeben ist. Je weiter gegen die Wurzelbasis dieselben stehen, um so länger sind sie. Durch die stets erdwärts gerichteten Wurzeln und mit Hilfe der Wurzelhaare wird der junge Keimling in der Natur bald im Erdreich befestigt.

Die später erscheinenden beiden Keimblätter sind zunächst noch flach zusammengelegt und geradegestreckt, wie im ungekeimten Samen. Später krümmen sich beide nach derselben Seite um 180° nach der Wurzelspitze zu (Abb. 17, untere Reihe). Diese bei Pflanzen mit ursprünglich geraden Embryonen weitverbreitete Krümmung während der Keimung mag sehr wohl dazu dienen, die zwischen den Keimblättern liegende Partie, den noch winzigen Vegetationspunkt (oder Plumula), von welchem aus der oberirdische Teil der Pflanze sich bildet, beim Vordringen des Keimlings im Boden zu schützen. Zu gleicher Zeit beginnt an der Basis der Keimblätter eben die Entwicklung der Blattstiele. Bereits deutlich gestreckt ist der zwischen diesen und der Wurzel (am ungekeimten Embryo als solcher ebenfalls noch nicht erkennbare) winzige Stengel des Keimlings (Abb. 17, untere Reihe). Er wird allgemein, da er unter den Kotyledonen sitzt, als Hypokotyl bezeichnet. Die Grenze zwischen Hypokotyl und Wurzel ist durch den Beginn der Wurzelhaarzone (Abb. 17) scharf gekennzeichnet (so bei vielen, aber durchaus nicht allen Keimlingen der Dikotylen).

Die Krümmung des Keimlings erfolgt sehr früh, falls die Achaenen bei der Aussaat am Licht horizontal oder mit der Wurzel nach oben orientiert wurden. Sie wird in diesem Falle durch Hypokotyl und Wurzel ausgeführt (Abb. 17, obere Reihe, und Abb. 18). Werden die Achaenen mit der Wurzelspitze nach unten tiefer in Erde ausgesät, so erfolgt die Krümmung später und kommt durch entsprechende Bewegung der inzwischen entwickelten Blattstiele zustande. Hierbei zeigt sich dann, daß die Krümmungsrichtung stets dieselbe, also „autonom" oder „endogen" bedingt ist (Abb. 19). Die Krümmung erfolgt stets so, daß die zwei Keimblätter zusammen, das eine über dem anderen liegend, in derselben Richtung nach unten gebogen werden.

Schließlich spielt sich noch ein bedeutungsvoller Vorgang ab: Wie bei allen samenbildenden Pflanzen, sind die Embryonen vor der Keimung mehr oder weniger farblos. Das wurde beim Präparieren der lebenden Embryonen festgestellt (S. 18). Wir sehen nun, wie die Keimblätter alsbald zu ergrünen anfangen, im Gegensatz zu den Wurzeln, trotzdem diese in unseren Filtrierpapierkulturen ebenfalls dem Licht ausgesetzt sind. Bei Dunkelheit werden die vorher farblosen Keimblätter rein gelb. Der grüne Farbstoff, das Chlorophyll, wird nur am Licht gebildet. Bei keiner Blütenpflanze, außer bei den Gymnospermen, vermögen Keimlinge sowie die oberirdische Pflanze überhaupt bei Dunkelheit zu ergrünen, im Gegensatz z. B. zu den Moosen.

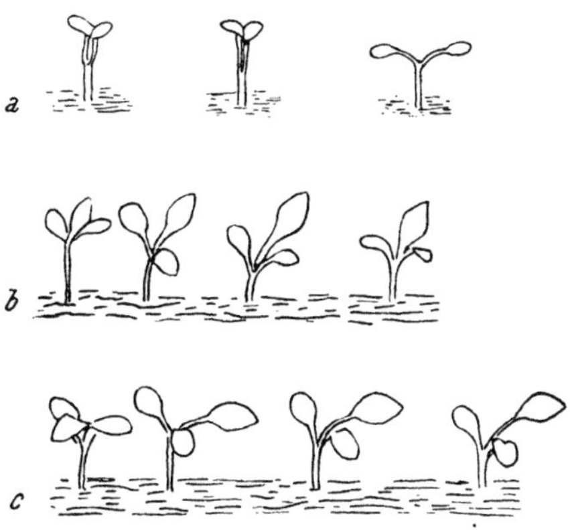

Abb. 20 *a*—*c*. Bewegungen der Keimblätter (*a*) und der ersten Laubblätter (*b*, *c*) während ihrer Entwicklung bei normalem Tag-Nachtwechsel; in *a* zwei Keimlinge mit Nachtstellung, einer mit Tagstellung der Kotyledonen; *b*) Nachtstellung des Laubblattes, *c*) Tagstellung bei denselben vier Keimlingen. (Mai, Kultur am Fenster.) Natürliche Größe.

Nach etwa 4 Tagen sind in belichteten Kulturen die beiden dauernd an Größe zunehmenden Keimblätter in entgegengesetzter Richtung horizontal ausgebreitet (Abb. 21, 22, 23 *a*). Dabei hat das in der Krümmungslage zu unterst liegende Keimblatt eine Bewegung um 90°, das obere eine solche um 270° ausgeführt. Die beiden Keimblätter behalten jedoch die horizontale Lage, welche sie im Verlauf ihrer „Entfaltungsbewegung" erreicht haben, nicht dauernd bei. Man findet sie vielmehr häufig, wenn auch nicht immer, am späten Abend wieder nach oben bis zur Berührung zusammengeklappt, am nächsten Morgen wieder ausgebreitet (Abb. 20 *a*).

Nach einigen weiteren Tagen, während welcher die Keimblätter fortgesetzt in die Breite und Länge gewachsen sind, beginnt — eben mit bloßem Auge erkennbar — von dem unsichtbaren Vegetationspunkt aus die Entwicklung des ersten Laubblattes (Abb. 23 *a*, *b*). Man findet dasselbe, so viele Pflanzen man auch untersuchen mag, immer genau mit 90° zu den beiden Keimblättern hervorwachsend. Im Verlauf seiner Weiterentwicklung führt auch das erste Laubblatt dieselben Bewegungen aus wie die Keimblätter (Abb. 20 *b*, *c*). Wir heben einen Keimling in diesem Stadium behutsam aus einer Kultur heraus, nachdem die Erde etwas aufgelockert worden ist. Diese umgibt vielfach die Wurzel wie eine Hülle. Die Erde wird offenbar von den Wurzelhaaren festgehalten, auch dann, wenn man mit Wasser gut abspült. Wir legen das Pflänzchen in eine Petrischale mit etwas Wasser. Die Wurzel ist jetzt bereits 4—6 cm lang und an der gegen das Hypokotyl zu gelegenen Basis derselben erscheinen hie und da die ersten

a

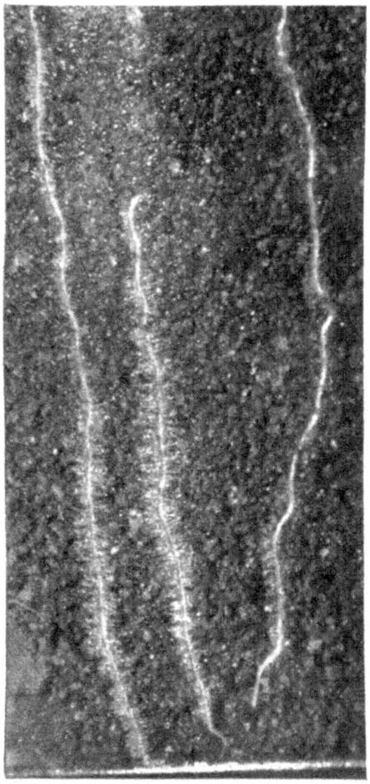

b

Abb. 21 *a b*. *a*) Kombinierter Versuch zur Beobachtung des Wurzelwachstums und der Wirkung von Licht und Dunkelheit. Am Rand bei voller Belichtung kultivierte Keimlinge mit fertig ausgewachsenen Keimblättern. In der Mitte gleich alte, bei Dunkelheit (unter Blechdose) entwickelte Keimlinge; sie besitzen alle Kennzeichen des Etiolements (siehe Text S. 53). Die Wurzeln der am Rande stehenden Pflänzchen sind infolge ihrer geotropischen Reaktionsfähigkeit der Glaswand angedrückt. Durch diese hindurch kann man die Wurzelhaare erkennen und das Wurzelwachstum messen (vgl. Text S. 67). Etwas unter natürlicher Größe. — *b*) Die drei mittleren Wurzeln aus *a* schwach vergrößert; zum Teil der ganzen Länge nach dicht mit Wurzelhaaren besetzt. Bei den beiden Wurzeln rechts sieht man die noch haarfreien Wurzelspitzen. Die „ageotropischen" Wurzelhaare wachsen stets senkrecht zur Wurzeloberfläche, auch dann, wenn ein Wurzelteil nicht senkrecht, sondern schräg steht.

Seitenwurzeln (Abb. 22 und 23 *a*). Diese wachsen im Gegensatz zu der Hauptwurzel nicht senkrecht, sondern schräg abwärts. Bei Betrachtung mit der Lupe findet man noch eine Reihe winziger Anlagen von Seitenwurzeln (Abb. 23 *b*).

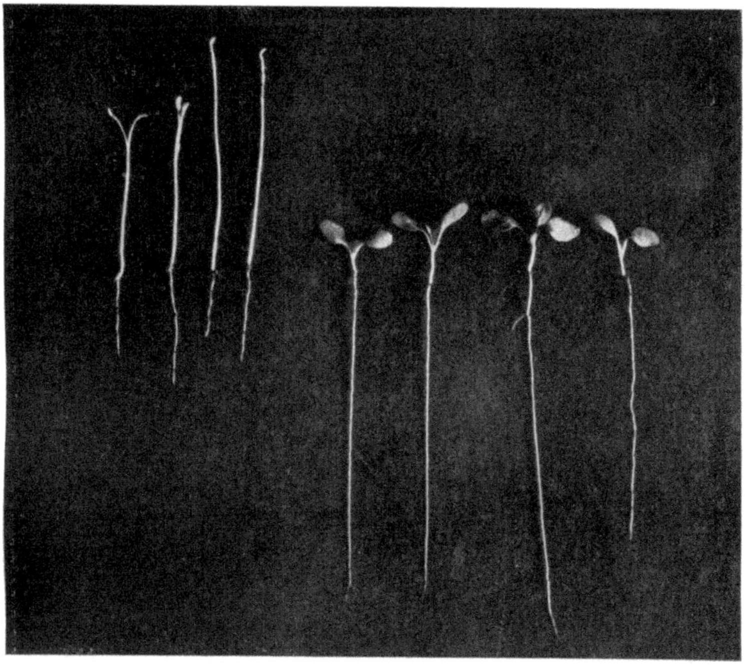

Abb. 22. Einzelne der Dunkel- und Lichtkeimlinge aus Abb. 21 *a*. Nicht ganz natürliche Größe. Näheres vgl. Text S. 54—56.

Eine letzte Beobachtung schließlich, die an feucht und warm gehaltenen Keimlingskulturen (in Glasdosen auf Erde oder Filtrierpapier) leicht gemacht werden kann, wollen wir uns nicht entgehen lassen und gleich etwas genauer untersuchen. Besonders bei Dunkelheit treten unter diesen Bedingungen an den Keimblättern oft recht große Wassertropfen auf. Saugt man dieselben mit Filtrierpapier ab, so erscheinen bei 22—24° nach etwa $1^1/_2$ Stunden wieder neue, und zwar auf der Unterseite an der Spitze des Keimblattes (vgl. S. 44 und 106). Dies läßt sich am besten an 6—10 Tage alten, bei Licht kultivierten Keimlingen beobachten (Lupe), deren Kotyledonen horizontal ausgebreitet sind. Man zieht die Pflänzchen zu höchstens 15—20 in größeren Abständen voneinander (damit die Keimblätter sich später nicht berühren) auf Filtrierpapier in senkrecht gegen das Fenster gestellter Petrischale heran. Werden die Hypokotyle (in Dunkelkulturen) in verschiedener Höhe mit einer Schere abgeschnitten, so tritt an der Schnittstelle nach einigen Stunden ebenfalls ein Tropfen auf, ein Vorgang, den man als Bluten bezeichnet. Es wird demnach Wasser aus der Pflanze ausgepreßt. Der Tropfen wird auch ausgeschieden, wenn wir die Hypokotyle, welche in Dunkelheit sehr lang werden (S. 53), an der Basis, ganz nahe beim Übergang zur Wurzel, abtrennen. Der zum Auspressen nötige Druck wird demnach mindestens zum Teil, wenn nicht gänzlich, von der Wurzel geliefert und deshalb Wurzeldruck genannt. Damit haben wir die eine Art der Bewegung und der Abgabe von Wasser seitens der Pflanze festgestellt; man bezeichnet diese Abgabe von Wasser in flüssiger Form als Guttation (Tropfung). Sie ist sehr weit verbreitet und nicht etwa auf Keimlinge beschränkt, sondern kommt vielfach und in erster Linie bei krautigen Pflanzen vor. Mancher hat sie sicher schon an Getreidekeimlingen in der Natur

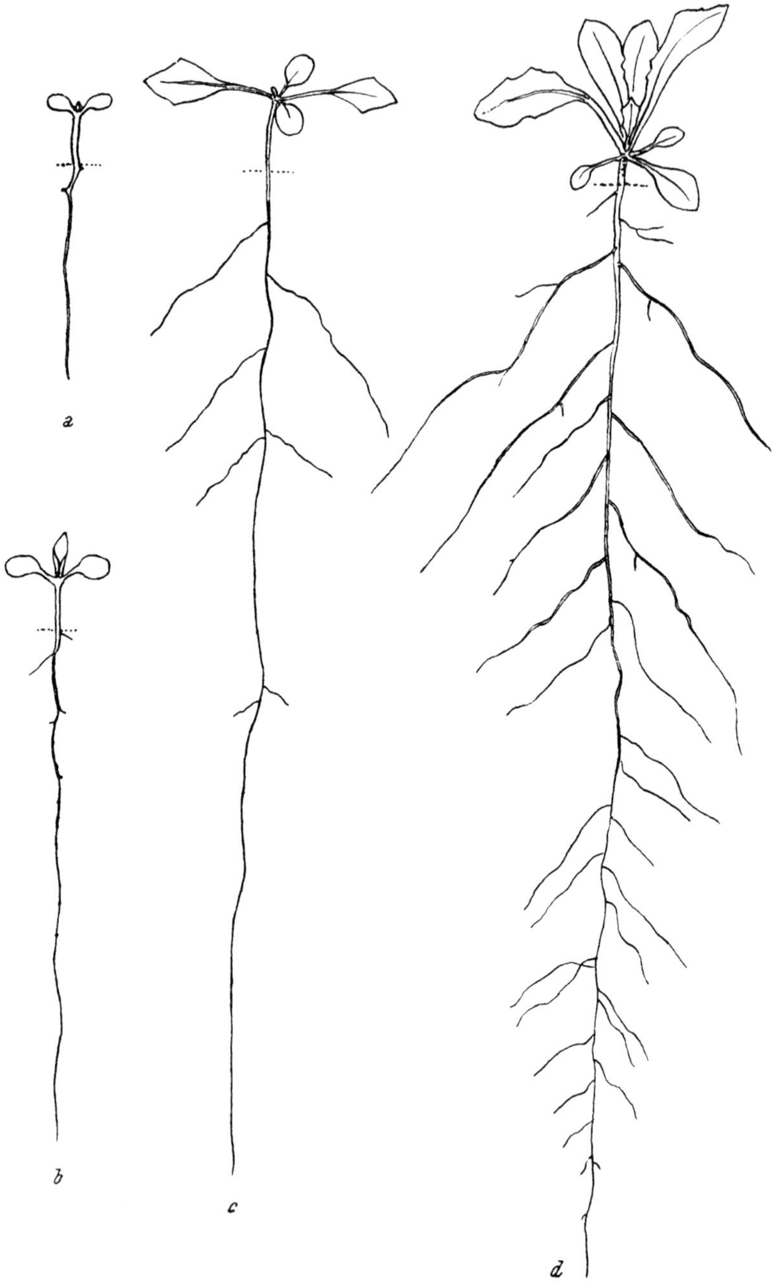

Abb. 23 *a*—*d*. Vier Keimlinge in verschiedenen Entwicklungsstadien; *a*) 5—6 Tage, *b*) 8—10 Tage, *c*) 16 bis 20 Tage (infolge wasserarmer Kultur sind wenig Seitenwurzeln gebildet worden), *d*) 4—6 Wochen nach der Keimung. Man erkennt unter anderem das Erscheinen des ersten Laubblattes vor dem zweiten (*a*, *b*), die Gegenständigkeit im ersten Laubblattpaar (*c*) sowie in den zwei folgenden Paaren (*d*), die zunehmende Differenzierung der Laubblattform (*c*, *d*); ferner die schnelle Entwicklung der Hauptwurzel und die Entstehung der Seitenwurzeln ersten und zweiten Grades, sowie das Dickenwachstum von Haupt- und Seitenwurzel in *d*. (In *b* sind die makroskopisch noch nicht sichtbaren und noch nicht ausgetretenen Seitenwurzeln durch Punkte angedeutet.) Etwas unter natürlicher Größe.

am frühen Morgen nach vorausgegangener warmer Nacht beobachtet bzw. das Bluten z. B. an Reben, welche während des Austreibens geschnitten wurden.

Diese wenigen Beobachtungen regen zu zahlreichen und verschiedenartigen Fragen an. Wir treffen zunächst einige

Vorbereitungen zur Untersuchung der inneren Entwicklung und Differenzierung der Keimblätter und der Organkrümmung. Zur Herstellung von drei mikroskopischen Präparaten werden jüngere Keimlinge mit nicht zu kurzem Hypokotyl und noch abwärts gekrümmten Kotyledonen (s. o.) aus einer schwach belichteten Filtrierpapierkultur (Glasglocke oder Küvette), ferner ältere Keimlinge aus vollbelichteter Erdkultur mit schon auseinandergebreiteten und nahezu oder ganz ausgewachsenen Kotyledonen folgendermaßen zubereitet: **A.** Von einigen der jüngeren Keimlinge schneidet man mit dem Skalpell die Kotyledonen nahe an ihrer Basis so ab, daß die Krümmungszone in ihrer ganzen Ausdehnung am Hypokotyl verbleibt. Die Keimblätter kommen in ein Reagenzglas mit etwas Alkohol-Eisessig. Die Hypokotyle dagegen werden in ein Uhrschälchen mit 20%iger Kalilauge eingelegt. — **B.** Von den älteren Keimlingen bringt man die hier etwa 3 × 5 mm großen Kotyledonen zum Teil in das Reagensglas zu den zuerst abgetrennten kleineren (A), zum Teil in ein zweites Reagenzrohr (B) ebenfalls in Alkohol-Eisessig. Ist dies geschehen, so werden die in Kalilauge liegenden Hypokotyle aus A in ein kleines Fläschchen (*44*) mit wenig Eisessig gebracht. Fläschchen und Reagenzröhren werden vorerst zur Seite gestellt.

Ferner wird noch folgender Versuch, jedoch nur bei wolkenlosem Himmel, angesetzt. Man stellt eine Erdkultur mit 2—3 Dutzend Keimlingen, bei welchen die Keimblätter bereits groß und flach ausgebreitet sind, in volles Sonnenlicht. In die Mitte des Topfes oder Glases wird ein festeres Papier senkrecht sc in die Erde gesteckt, daß etwa die Hälfte der Pflanzen beschattet ist. Nach rund einer Stunde kann dann mit der Untersuchung begonnen werden.

Die Chloroplasten.

Wir fertigen nun ein Präparat von lebenden, noch nicht ganz ausgewachsenen, bereits horizontal stehenden Keimblättern aus mäßig hell gehaltener Erdkultur an. Mehrere, etwa 2 × 4 mm große Blätter werden so weit wie möglich unten an der Ansatzstelle des Stiels am Hypokotyl abgeschnitten, mit der Oberseite nach oben in einen Tropfen Wasser gelegt und mit Deckglas bedeckt. Während man durch die Blattspreite (Blattfläche) des lebenden Blattes wegen der satten grünen Färbung höchstens stellenweise hindurchmikroskopieren kann (vgl. S. 43), gelingt das ohne weiteres beim Blattstiel. Wie schon mit dem bloßen Auge zu erkennen war, ist hier die Grünfärbung viel weniger intensiv. Dieser Umstand ermöglicht schon bei mittelstarker Vergrößerung folgende wesentliche Feststellung: Die grüne Färbung beruht nicht auf diffuser Verteilung des Farbstoffes über das ganze Organ oder etwa ausschließlich auf die Zellwand, das Protoplasma oder die Vakuole, was von vornherein denkbar wäre; vielmehr befindet sich der Farbstoff ausschließlich in kleinen rundlichen bis ovalen Körpern, die im Plasma liegen. Das läßt sich besonders deutlichmachen, indem man, etwa mit 10%iger Zuckerlösung, plasmolysiert (S. 30ff.): Der zurückweichende Plasmaschlauch führt alle Chloroplasten (Chlorophyllkörner) einer Zelle mit sich.

In günstigen Fällen läßt sich beobachten, daß das Chlorophyll (Blattgrün) auch in den Chloroplasten selbst nicht gleichmäßig verteilt, sondern in kleinen Körnchen, den Grana, allein enthalten ist (Abb. 24*a*). Die plasmatische farblose Masse des Chlorophyllkorns wird als Stroma (Lager) bezeichnet. (Steht eine Immersion zur Verfügung, so lassen sich diese Verhältnisse leicht feststellen.) Grana und

Stroma der Chloroplasten bestehen wie das Plasma aus Eiweiß. Bei Beobachtung von der Seite, also an den zur Blickrichtung parallel stehenden Zellwänden, bestätigt sich, wie schon die Aufsicht vermuten ließ, daß die Chloroplasten flach-linsenförmige Scheiben sind. Weiterhin läßt sich — allerdings nur mit der Immersion — erkennen, daß auch die winzigen, dem Stroma eingelagerten grünen Körper Scheiben sind. Sie liegen stets parallel zur Chloroplastenoberfläche.

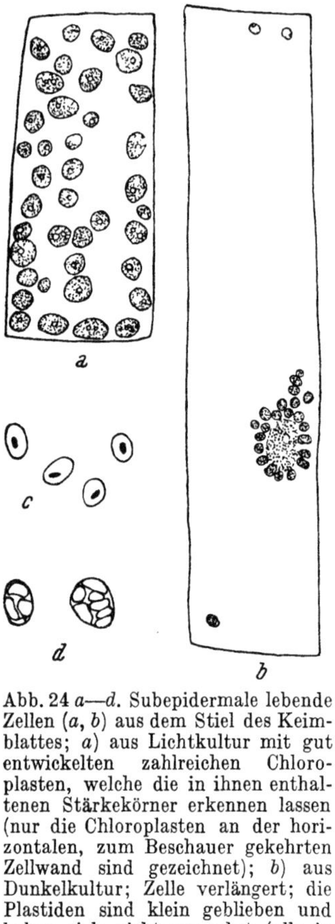

Abb. 24 *a*—*d*. Subepidermale lebende Zellen (*a*, *b*) aus dem Stiel des Keimblattes; *a*) aus Lichtkultur mit gut entwickelten zahlreichen Chloroplasten, welche die in ihnen enthaltenen Stärkekörner erkennen lassen (nur die Chloroplasten an der horizontalen, zum Beschauer gekehrten Zellwand sind gezeichnet); *b*) aus Dunkelkultur; Zelle verlängert; die Plastiden sind klein geblieben und haben sich nicht vermehrt (alle in der Zelle vorhandenen eingezeichnet). Charakteristische Lagerung um den in diesen Zellen gut sichtbaren Kern. Objektiv E, Okular 6. *c*), *d*) einzelne Chloroplasten bei stärkerer Vergrößerung. Objektiv E, Okular 12. *c* aus besonntem Keimblatt nach Auszug des Blattfarbstoffes mit Alkoholeisessig und Färbung der Stärke mit Jod-Jodkali; *d* aus Blattstielzelle nach Einlegen des Keimblattes in 7%ige Rohrzuckerlösung während 4 Tagen, prall gefüllt mit großen Stärkekörnern, lebend. Zu *b* vgl. S. 53 f., zu *c* und *d* S. 49.

Außer den zahlreichen winzigen, grünen Grana findet man bei genauem Zusehen in den meisten Chloroplasten ein oder zwei größere, farblose Körper (Abb. 24*a*). Sie treten besonders scharf hervor, wenn wir die Keimblätter aus dem Wasser in Jod-Jodkali (S. 152) bringen. Benutzen wir hierzu nicht die Stiele der lebenden, sondern diejenigen der vorher in Alkohol-Eisessig eingelegten, 3 × 5 mm großen und jetzt entfärbten Blätter (S. 39), so heben sich diese größeren Körner schwarzblau vom mehr oder weniger gelb gefärbten Stroma deutlich ab. Die Blaufärbung mit Jod-Jodkali ist für Stärke charakteristisch. Auf die Entstehung dieses bei Pflanzen, im Gegensatz zu den Verhältnissen bei Tieren weitverbreiteten, der Zellulose nahe verwandten Polysaccharide (S. 19), werden wir bei der Untersuchung der Funktion der Chloroplasten zurückkommen (S. 47).

Gelegentlich wird man nicht nur ovale und runde, sondern hantelförmige Chlorophyllkörner finden, ein Hinweis darauf, daß dieselben sich durch Teilung, und zwar durch Einschnürung vermehren. Einwandfreier zeigen das solche Hanteln, bei welchen die beiden Hälften durch eine helle Linie bereits getrennt sind. Hiermit haben wir zum ersten Male dem Plasma eingelagerte Körper kennengelernt, die sich wie die Zellen selbst (S. 20) durch Teilung vermehren. Eine Neubildung aus dem Plasma findet nicht statt.

Die Vorläufer der Chloroplasten sind als ungefärbte und sehr kleine „Proplastiden“ bereits in sämtlichen Zellen des jungen wie des ausgewachsenen, ungekeimten Embryo, jedoch nur mit komplizierter Technik, nachweisbar. Mit dem einsetzenden Wachstum des Embryo beginnen sie sich zu teilen und zu wachsen. Sie ergrünen dann, wie wir bereits festgestellt haben, in den Keimblättern und Hypokotylen am Licht. In den Wurzeln bleiben sie farblos und werden in diesem Zustand in ausgewachsenen Zellen auch anderer Organe als Leukoplasten (s. S. 77 und 124) bezeichnet. (Über Ergrünung der Plastiden auch in Wurzeln vgl. S. 57, 77 u. Abb. 44.)

Phototaxis der Chloroplasten. Wir betrachten nun noch die Keimlinge in der Kultur, welche zur Hälfte beschattet, zur anderen Hälfte dem Sonnenlicht ausgesetzt worden waren (S. 39). Bereits nach einer Stunde ist bei genauer Beobachtung zu erkennen, daß die beschatteten Keimblätter deutlich mehr sattgrüne, die besonnten mehr fahlgrüne Färbung besitzen. Die mikroskopische Untersuchung gibt die Erklärung: In den besonnten Blättern liegt die Hauptmenge der Chloroplasten nicht mehr an den horizontalen, sondern an den vertikalen Zellwänden, so daß man jetzt bequem durch das ganze Blatt hindurchmikroskopieren kann. Die untersuchten Blätter werden auf feuchtes Filtrierpapier in eine Glasschale gelegt und im Schatten auf dem Arbeitstisch stehengelassen. Nach einer Stunde ist die beginnende Rückwanderung der Chloroplasten an die horizontalen Wände zu erkennen.

Wie die als Phototaxis bezeichnete Verlagerung der Chloroplasten vor sich geht, ist noch nicht restlos aufgeklärt. Sie erinnert an die Bewegung von Einzellern, ist aber nicht wie diese selbständig, sondern kommt aller Wahrscheinlichkeit nach durch ein Zusammenwirken zwischen Chloroplasten und Plasma zustande. Grundlage für eine solche Auffassung sind bestimmte Modellversuche, sowie die Annahme, daß infolge der intensiven Bestrahlung besonders an der dem Licht zugekehrten Fläche des Chloroplasten eine Substanz entsteht. Die Modellversuche lassen sich jedoch, wie oft, nicht ohne weiteres auf das lebendige Protoplasma übertragen, und der Nachweis für die Bildung des erforderlichen Stoffes ist noch nicht erbracht.

Die Bedeutung der Bewegung wird wohl mit Recht darin gesehen, daß die „Profilstellung“ der Chloroplasten diese vor zu starker Besonnung schützt, die „Flächenstellung“ dagegen die volle Ausnutzung des schwachen Lichtes, welche sich, wie wir sehen werden (S. 47ff.), auf die Grundfunktion der Chloroplasten bezieht, möglich macht.

Zellwachstum und Zelldifferenzierung.

Wir wenden uns jetzt dem Wachstum und der inneren Differenzierung der Keimblätter zu. Aus den beiden Reagenzgläsern (S. 20) wird der Alkohol-Eisessig abgegossen. (Sollte der grüne Farbstoff noch nicht vollständig aus den Blättchen ausgezogen sein, so kocht man vor dem Abgießen vorsichtig noch etwas auf, bis zur vollständigen Entfärbung.) Alsdann wird in das Reagenzrohr A mit den Blättern von zweierlei Alter 45%ige Essigsäure, in das Rohr B Carmin-Essigsäure gegeben und die Flüssigkeiten in beiden Röhrchen 1 Minute lang gekocht. Nach dem Erkalten wird der Inhalt in Schälchen gegossen und in der gewohnten Weise in 45%iger Essigsäure von beiderlei Material je 1 Präparat angefertigt. Die mit Kalilauge vorbehandelten Hypokotyle (S. 39) montiert man in Eisessig und schließt das Präparat mit flüssig gemachter Vaseline mit Hilfe eines Pinsels oder Glasstabes ab.

Wir betrachten zuerst das mit Carmin gefärbte Präparat (aus Rohr B), in welchem wir seiner ganzen Dicke nach in jeder Zelle den zugehörigen Kern erkennen. Der Unterschied in der Struktur zwischen den ausgewachsenen und den früher untersuchten, noch unentwickelten Keimblättern ist sehr auffallend. Die vorher kleinen Zellen (Abb. 25*a*) sind stark, vor allem in die Länge und Breite gewachsen. Die Zahl der Schichten ist dieselbe geblieben. (Sollte diese Feststellung durch die rote Färbung verhindert sein, so nehme man das ungefärbte Präparat zu Hilfe.) In dem vorliegenden Fall ist das Wachstum fast ausschließlich durch das Streckungswachstum der Zellen bedingt.

Das Studium im einzelnen (Abb. 25) ergibt, daß gleichzeitig mit dem Zellwachstum Zelldifferenzierung stattgefunden hat. Bei der Betrachtung der äußersten Zellschicht, der Epidermis, beobachten wir eine sehr eigenartige Wachstumsweise der meisten Zellen (Abb. 25*c*). Sie sind nicht etwa gleichmäßig nach den 3 Richtungen des Raumes gewachsen, sondern haben sich

Abb. 25 *a*—*d*. Wachstum und Differenzierung der Zellen des Keimblattes von der Keimung ab bis zum Abschluß der Entwicklung. *a* und *b* ungekeimt; *c* und *d* gekeimt und ausgewachsen. *a*) Epidermis des Keimblattes mit den Anlagen für die Schließzellen (vgl. Abb. 12*a*, *b*); *b*) Zellen aus der Stielzone; *c*) fertiggestellte Spaltöffnung und fertiggestellte Epidermiszellen; *d*) ausgewachsene Zelle des Stieles. Alles nach Totalpräparaten von Keimblättern; *a* und *b* mit der im Text von Abb. 12 angegebenen Technik; *c* und *d* Alkohol-Eisessig-Essigsäure. Objektiv E.

an verschiedenen Stellen in der Breite und Länge ganz verschieden stark gestreckt. Wie dieses weitverbreitete, differentielle Wachstum der Epidermiszellen zustande kommt, ist unbekannt.

Ganz anders verhalten sich die kleinen, paarweise zusammenliegenden, ebenfalls zur Epidermis gehörigen Zellen, deren Vorhandensein uns den Hinweis gaben, daß die Vermehrung der Zellen durch Teilung erfolgt (S. 20). Sie sind hauptsächlich in der Längsrichtung gewachsen, außerdem viel weniger stark als die gewöhnlichen Epidermiszellen. Gleichzeitig sind die beiden benachbarten Wände jedesmal in ihrem mittleren Teil auf eine größere Strecke auseinandergewichen, so einen Raum bildend, der in das innere des Blattes führt. (Bau und Funktion dieser beiden, zusammen mit der Interzellulare als Spaltöffnung bezeichneten „Schließzellen“ werden wir am ausgewachsenen Blatt und Stengel untersuchen (S. 109). Hier haben wir nur ihre Entstehung kennengelernt, wie sie sich im wesentlichen bei allen Pflanzen mit „Stomata“ vollzieht.) Die Bildung derartiger Zwischenzellräume oder Interzellularen ist ein regulärer, weit verbreiteter Vorgang bei der Differenzierung embryonaler, pflanzlicher und tierischer Gewebe.

Während die Epidermiszellen, in ihrer Gesamtheit eine geschlossene, schützende Haut über dem Blatt bildend, eng aneinander schließen, sind im Innern des Blattes zwischen allen Zellen Interzellularen zu erkennen. Sie sind die Ursache dafür, daß man stellenweise — bei zufälliger mehr oder weniger genauer Über-

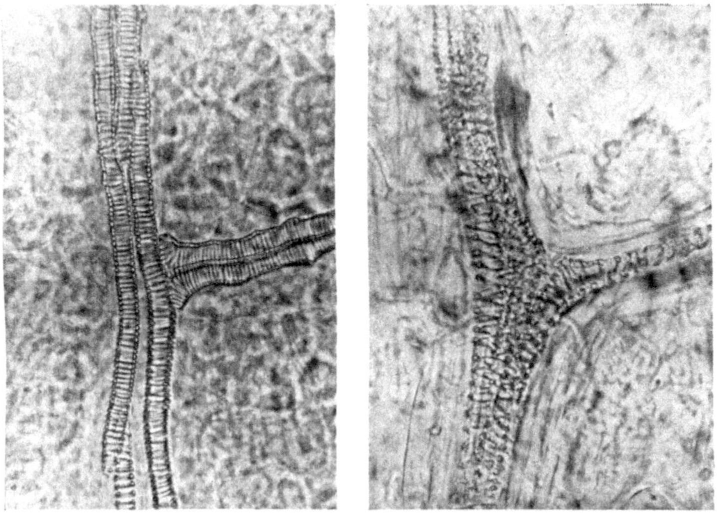

a b

Abb. 26 *a b*. Ausweitung der Spiralverdickungen der Gefäße infolge des einsetzenden Streckungswachstums der Zellen. *a*) Keimblatt im Stadium der Hypokotylkrümmung des Keimlings; *b*) vollständig ausgewachsenes Keimblatt. Jeweils mittlerer Gefäßstrang mit Seitenast. Totalpräparat nach Behandlung der Blätter mit Alkohol-Eisessig in 45%iger Essigsäure. Objektiv E.

einanderlagerung in mehreren Zellschichten — durch das lebende Blatt beim Mikroskopieren hindurchsehen kann (S. 39). In unserem Präparat sind sie natürlich mit der Essigsäure angefüllt.

Am stärksten ist das Wachstum der Zellen an der Basis des Blattes, welche den Stiel bilden (vgl. S. 95). Hier sind sie auch im ungekeimten Blatt am größten. Die Volumzunahme beträgt mehr als das Zehnfache (Abb. 25*b*, *d*). Die Untersuchung der stark verdickten Zellen in den Rippen der Fruchtschale ergab, daß das Dickenwachstum einer Membran zeitweise sicher durch Anlagerung von neuen Wandstoffen vor sich geht. Das jetzt beobachtete starke Flächenwachstum erfolgt nach der heute im Vordergrund stehenden, wohlbegründeten Auffassung durch Einlagerung (Intussusception). Darnach werden zuerst die Maschen des Mizellargerüstes (S. 25) durch den Turgor weiter und dann, oder zur gleichen Zeit, neue Teilchen von Wandsubstanz eingelagert.

Im Innern des Blattes finden wir eine weitere sehr ausgesprochene zellulare Differenzierung. Man betrachte zunächst nochmals das früher angefertigte Präparat der ungekeimten Kotyledonen in Paraffinum liquidum (S. 19, 27 und Abb. 12 *c*). Zwischen rundlichen oder polyedrischen Zellen waren hier verästelte Stränge aus länglichen Zellen vorhanden. In den ungefärbten, kleineren, noch im Wachstum befindlichen Keimblättern erkennen wir jetzt, außer der Streckung, über die ganze Länge der Zellen sich ausdehnende spiralige Verdickungen. Diese Stränge, die sich (außer anderen im Präparat nicht sichtbaren Elementen) aus Gefäßen zusammensetzen, dienen im ausgewachsenen Keimblatt, wie überhaupt, der Wasserleitung und dem Stofftransport.

Die Gefäße besitzen später keinen lebenden Inhalt mehr und müssen, um nicht zusammengedrückt zu werden, gegen den Turgordruck der umgebenden, lebenden Zellen geschützt sein. Die Betrachtung des ausgewachsenen Keimblattes zeigt uns, weshalb die hierzu nötige Verdickung in Spiralform und nicht gleichmäßig über die ganze Membran hin erfolgt: Nur so bleiben die Gefäße während ihres weiteren Wachstums streckungsfähig (Abbildung 26). Es gibt aber noch weitere Gründe für diese besondere Art der Verdickung. Einmal ist durch die dünn bleibenden Flächen der Durchtritt des herbeigeführten Wassers in das angrenzende Gewebe viel leichter, als wenn die Wände gleichmäßig verdickt wären. Außerdem stützen die zahlreichen, nahe beieinander liegenden Bögen der Spirale die Gefäße ebenso fest wie ein gleichmäßig verdicktes Gewölbe. Die Ersparnis von Baumaterial spielt demnach ebenfalls eine Rolle. Die Tatsache, daß die Verdickung in Form einer Spirale erfolgt, hat also eine dreifache Bedeutung.

Abb. 27. Das Zustandekommen der Hypokotylkrümmung durch Wachstum. Vergleiche die Länge der Zellen an der Konvex- und Konkavseite. Totalpräparat nach Vorbehandlung mit 20%iger Kalilauge, aufgenommen in Eisessig. Objektiv C. (Vgl. dazu Abb. 57, in welcher eine Wurzel wiedergegeben ist, die nach schrägem Wachstum an einem Hindernis entlang sich dann geotropisch gekrümmt hat; auch hier zeigen die auf der Konvexseite längeren Zellen, daß es sich um eine Wachstumskrümmung handelte.)

Schließlich sehen wir uns noch kurz die Anordnung der Gefäße in der Spitze des ausgewachsenen Keimblattes an. Hier spreizen die in der Blattfläche zu einem Bündel zusammengeschlossenen Elemente pinselartig auseinander. Es ist dies die Stelle, an welcher das Austreten von Wassertropfen stattfindet (S. 37, vgl. auch S. 48). Der Bau dieses Wasser in flüssiger Form abscheidenden Gewebes im einzelnen soll erst am Laubblatt untersucht werden (S. 105f.).

Das Studium des Keimblattes zeigt, daß das mit bloßem Auge erkennbare Organwachstum auf Wachstum der einzelnen Zellen beruht. Sämtliche Zellen sind bereits in dem fertigen Embryo in gesetzmäßiger Anordnung vorhanden. Sie strecken sich unter gleichzeitiger Differenzierung und reichlicher Interzellularenbildung. An den älteren Keimlingen sehen wir das erste Laubblatt auftreten; bald werden weitere erscheinen, schließlich Stengel und Blüten. Nichts hiervon war im Embryo angelegt. Da alle diese Organe aus Zellen bestehen, muß gleichzeitig mit der Entwicklung einer Pflanze dauernd Zellbildung stattfinden. Diese ist die wesentliche Ursache der Vermehrung der lebendigen Substanz. Die letzten Spuren einer Zellbildung fanden wir in den Keimblättern als Zellteilung der Mutterzelle der Spaltöffnung. Zellteilung, Zellwachstum und -differenzierung ist das wesentliche, direkt sichtbare Geschehen der pflanzlichen Entwicklung, hinter dem nur durch Versuche auffindbare und erst zu ganz geringem Teil aufgefundene, jeweils verschiedene chemische Vorgänge als auslösende Ursachen stehen.

Zellwachstum und Organkrümmung.

Zum Schluß sehen wir uns das Präparat des gekrümmten Keimlings in Eisessig an (S. 39). Die Zellen der Konvexseite sind 4—8mal länger als die der Konkavseite (Abb. 27). Die Krümmung ist demnach durch das viel stärkere Wachstum auf jener Seite bewerkstelligt worden. Wir haben diese Kenntnis durch direkte Beobachtung der die Krümmung bewirkenden Zellen gewonnen. Damit ist uns ein weitverbreiteter Mechanismus pflanzlicher Krümmungsbewegungen, die entsprechend Wachstumsbewegungen genannt werden, bekanntgeworden. Wer den immerhin möglichen Einwand macht, die Krümmung sei nicht durch Wachstum, sondern durch erhöhten Turgor (vgl. S. 32) der auf der Außenseite des Krümmungsbogens gelegenen Zellen zustande gekommen, der kann sich auf einfache Weise davon überzeugen, daß das nicht zutrifft. Durch Einlegen des lebenden Keimlings in eine plasmolysierende Lösung (S. 30) läßt sich die Krümmung nicht rückgängig machen. Es muß sich demnach um eine Wachstumsbewegung handeln. Wir werden später finden, daß es noch andersartige Krümmungsmechanismen gibt, und zwar einen an lebenden Zellen, wie der Einwand ihn eben andeutete (S. 109), einen dritten ganz anderer Art an nicht mehr lebenden (S. 144ff.).

Zweiter Teil.

Im Anschluß an die gewonnenen Kenntnisse sollen die verschiedenartigen, bereits von einem Keimling ausgeführten Krümmungsbewegungen (S. 34) genauer untersucht, sowie Versuche angesetzt werden, die Aufschluß über die Funktion der Chloroplasten geben. Das Studium der Krümmungsvorgänge wird uns mit einigen im Pflanzenreich weitverbreiteten Reizvorgängen bekanntmachen. In der Funktion der Chloroplasten werden wir einen zweiten Stoffwechselvorgang kennenlernen. Er verläuft umgekehrt wie die Atmung und spielt sich in allen grünen, niedrig wie hoch organisierten pflanzlichen Organen ab. Durch denselben wird die Existenz der meisten nicht grünen Pflanzen und aller Tiere überhaupt erst möglich.

Der positive Geotropismus.

Zuerst setzt man mit Keimlingen, die wie folgt erhalten wurden, einen Versuch zum genaueren Studium der Abwärtskrümmung der Wurzel an. Wir hatten diesen Vorgang bei Betrachtung der eben keimenden, nicht aufrecht stehenden Achaenen festgestellt (S. 34). Vier Tage vor dem Versuch werden 4 Objektträger beidseitig mit einem gefalteten Filtrierpapier entsprechender Größe überzogen und angefeuchtet. Auf die eine Seite eines jeden werden 40 Achaenen (Kenntnis des Keimungsprozents und der Keimungsgeschwindigkeit ist vorausgesetzt,

S. 14) in 3 Längsreihen mit 5 mm Abstand ausgelegt, alle senkrecht, aber ohne zu beachten, ob der Wurzelpol nach oben oder nach unten gekehrt ist. Die mit dem Zerstäuber (*21*) feucht zu haltenden Objektträger kommen in eine flache Küvette (*31*). Auf diese Weise erhält man — unter den überhaupt Keimenden — rund 50% in aufrechter Lage, 50% „auf dem Kopf stehende" keimend. Alle Pflänzchen, deren Wurzeln nach erfolgter Keimung nicht vollkommen gerade gewachsen sind oder vom Filtrierpapier abstehen, ohne daß man sie mit einem angefeuchteten Pinsel parallel zu den übrigen dem Filtrierpapier andrücken kann, werden entfernt und 3 der 4 Objektträger um 90° gedreht in die hohe Küvette (*32*) gestellt. Der vierte wird erst später gebraucht (S. 47). Nr. 1 bleibt dauernd so stehen, während Nr. 2 alle 10 Minuten so um 180° gedreht wird, daß die oberen und unteren Flanken der Wurzeln abwechselnd nach oben und unten zu liegen kommen. Nr. 3 läßt man nur 15 Minuten in der hohen Küvette und stellt dann wieder in die ursprüngliche Lage in die flache Küvette zurück.

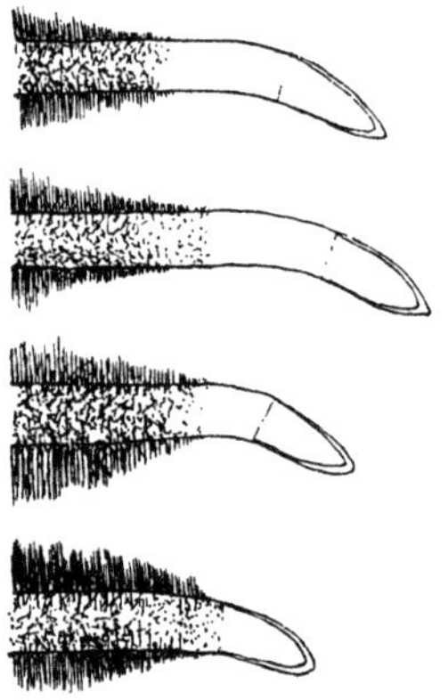

Abb. 28. Vier Keimlingswurzeln in geotropischer Reizlage nach 1 Stunde. Krümmungsbeginn in der an die meristematische Zone sich anschließenden Wachstumszone (S. 78). Die unterste Wurzel zeigt starke Hemmung des Streckungswachstums (vgl. S. 81 und Abb. 56) und entsprechend schwache geotropische Reaktion. Nach dem Leben, schwach vergrößert; alle Maße wie Dicke der Wurzel, Länge der Wurzelhaare usw. genau wiedergegeben.

Bei einer Temperatur von 20° und mehr betrachten wir die Wurzelspitzen nach 35—40 Minuten, bei 16° und weniger erst nach 45—60 Minuten. Dabei hält man den vorher mit dem Zerstäuber besprühten Objektträger zwischen Daumen und Zeigefinger aufrecht gegen das Fenster oder eine Lampe und untersucht mit der Lupe, um genau zu notieren, ob und wieviele Wurzeln sich in jedem einzelnen Versuch gekrümmt haben, ferner, in welcher Region die Krümmung liegt (Abb. 28). Es ist leicht zu beobachten, daß in Nr. 1 der größte Teil der Wurzelspitzen sich erdwärts = positiv geotropisch zu krümmen beginnt. Daß es sich, wie bei der Hypokotylkrümmung (s. o.), auch hier um eine Wachstumsbewegung handelt, wird sich später bei Untersuchung der Struktur der Krümmungszone ergeben (S. 78).

Auf der Erde existiert keine andere abwärts wirkende Kraft als die Schwerkraft. Wir müssen schließen, daß die Schwerkraft die aktiv erfolgende Krümmungsbewegung auslöst; die Schwerkraft wirkt nur als „Reiz". Die zur Bewegung nötige Kraft wird von der Pflanze selbst durch die Atmung geliefert.

Ein Reizvorgang ist dadurch gekennzeichnet, daß die betreffende Umweltsbedingung nicht so lange anhalten muß, bis der ausgelöste Vorgang abgelaufen, d. h. in unserem Falle, bis die Krümmung vollzogen ist. Diese Erkenntnis gewinnt man aus Versuch Nr. 3, in welchem die Wurzeln in horizontaler Lage nur während 15 Minuten gereizt und dann wieder senkrecht orientiert worden waren. Trotzdem ist auch an einer Reihe dieser Wurzeln eine im Sinne der Reizlage positiv geotropische (erdwärts gerichtete) Reaktion sichtbar geworden. Daß sie weniger deutlich ist und bei einer geringeren Anzahl von Keimlingen auftritt, hängt damit zusammen, daß durch die Rückkehr in die Normallage die Schwerkraft der im Gang befindlichen Reaktion entgegenzureizen beginnt. Die Zeit, welche vom Beginn der Reizung bis zur erkennbaren Reaktion verläuft, wird als Reaktionszeit, diejenige, während welcher ein Reiz wirken muß, um eine Reaktion auszulösen, als Präsentationszeit bezeichnet. Diese Begriffe gelten für alle Reizreaktionen, nicht nur für die Tropismen, wie man jede Reizbewegung nennt, bei der die Bewegungsrichtung zu der Richtung des Reizes in Beziehung steht. Gegensatz: Nastie, ohne derartige Relation (S. 35, 100, 117, 119).

In Versuch Nr. 2 schließlich stellt man fest, daß keine Reaktion eingetreten ist. Es ist klar, daß der Erfolg jeder 10 Minuten lang wirkenden Reizung der einen Flanke durch die anschließende Reizung der entgegengesetzten Flanke aufgehoben wird. Ebenso würde die Krümmung verhindert, wenn wir durch ununterbrochene Drehung dafür sorgten, daß die Schwerkraft in der Querrichtung dauernd aufeinanderfolgende Zonen der Wurzel reizt. Daß solche Reizungen unter der Dauer der Präsentationszeit (unterschwellige Reize, wie man sie nennt) Vorgänge in den Zellen auslösen, kann man in einfacher Weise dadurch zeigen, daß man diese Reize unter Einschaltung von Pausen summiert. Man hätte die Keimlinge etwa 3 mal hintereinander während 5 Minuten in derselben Richtung zu reizen unter jedesmaliger Einschaltung einer 5 Minuten dauernden Normalstellung und wird in einem solchen Versuch ebenfalls positiv geotropische Krümmungen erhalten (vgl. S. 69).

Assimilation der Kohlensäure.

Während die Untersuchung über den Geotropismus im Gang ist und man auf die Reaktionen der gereizten Wurzeln wartet, kann mit dem Ansetzen der Versuche über die Funktion der Chloroplasten begonnen werden. Wir benutzen einmal bei nicht zu starkem Licht (mit feuchtem Filtrierpapier ausgelegte Glasglocke) gezogene Keimpflanzen, an welchen wir die Chloroplasten untersucht haben; ferner in Erde gewachsene, von welchen die einen bei vollem Tageslicht, die anderen im Dunkeln kultiviert werden. Diese Dunkelkultur wird, um sie gleichzeitig noch zu einem anderen Zweck (S. 50) verwenden zu können, so orientiert, daß die Erdoberfläche nicht horizontal liegt, sondern um etwa 45° geneigt ist.

Man schneidet mit scharfer Schere **1.** 2 Paare der gelbgefärbten Keimblätter aus der Dunkelkultur mit einem Stück ihres Hypokotyls ab und legt sie zunächst in eine kleine Schale, welche mit feuchtem Filtrierpapier ausgekleidet ist. Dazu kommen **2.** 2 grüne Kotyledonenpaare derselben Größe von den Keimlingen, welche bei schwachem Licht aufgezogen worden waren, in derselben Weise abgeschnitten; **3.** 5 einzelne mit ihrem Stiel abgeschnittene, große Keimblätter aus der vollbelichteten Erdkultur; **4.** fügen wir noch 2 oder 3 in der Länge von 1 cm abgeschnittene Wurzelspitzen von Objektträger 4 (S. 46) hinzu. Von den einzelnen, großen Keimblättern (3) tötet man 2 durch kurzes Aufkochen oder durch Einlegen in 95%igen Alkohol während 3—4 Minuten ab und legt die nach der Behandlung noch schön grünen Blätter in eine Schale mit Wasser. Dann wird auf 4 Objektträger je 1 größerer Tropfen einer mit Leitungswasser von Zimmertemperatur frisch bereiteten 1%igen Natriumbicarbonatlösung gegeben, auf 3 weitere gewöhnliches (oder gekochtes und wieder auf Zimmertemperatur abgekühltes) Leitungswasser. Die vorbereiteten Blattpaare bzw. Blätter und Wurzeln werden dann wie folgt in die einzelnen Tropfen verteilt:

1. Tropfen: Zwei Blattpaare mit Hypokotylstück, lebend grün, lebend gelb; $NaHCO_3$-Lösung.
2. Tropfen: Zwei einzelne Blätter, lebend grün, tot grün; $NaHCO_3$-Lösung.
3. Tropfen: Ein Blattpaar oder einzelnes Blatt, lebend grün; $NaHCO_3$-Lösung.
4. Tropfen: Ein einzelnes Blatt, lebend grün; Leitungswasser.
5. Tropfen: Wurzel; $NaHCO_3$-Lösung.
6. Tropfen: Ein einzelnes Blatt, tot grün; Leitungswasser mit Luftblasen.
7. Tropfen: Wurzel; Leitungswasser mit Luftblasen.

Auf die 4 ersten Tropfen legt man Deckgläser so auf, daß keine Luftblasen mit eingeschlossen werden (tadellos gesäuberte und staubfreie Deckgläser und Objektträger; kleinere Luftblasen lassen sich durch leichtes Beklopfen des senkrecht gehaltenen Objektträgers (wobei das Deckglas zugleich festgehalten wird) heraustreiben. Auf Tropfen 6 und 7 dagegen werden die Deckgläser so aufgelegt, daß 1 oder 2 kleine Luftblasen mit eingeschlossen werden. Bei allen 7 Präparaten wird überschüssige Flüssigkeit abgesaugt, fehlende hinzugesetzt und der Objektträger am Rand mit Filtrierpapier vorsichtig abgetupft. Darauf werden die Präparate mit flüssig gemachter Vaseline mit Hilfe eines kleinen Pinsels verschlossen.

Die Objektträger 1, 2, 4, 5 kommen an ein helles, aber nicht von der Sonne beschienenes Fenster. Zimmer- und Außentemperatur sollen möglichst gleich sein; 3 und 6 werden neben den anderen liegend in einer Schachtel verdunkelt gehalten. Nach 5—10 Minuten (Abb. 29) kann man beobachten, daß an den lebenden grünen und belichteten Blättchen in 1 und 2 kleine Gasblasen erscheinen. Dagegen nicht an den gelben (1), an dem grünen abgetöteten (2), in denselben Präparaten und an dem grünen, dunkel gehaltenen (3); ebenfalls nicht an den

Abb. 29. Beispiel für einen Assimilationsversuch unter Deckgläsern, halbschematisch. Zuerst: Die beiden 3 × 5 mm großen grünen Keimblätter eines 10 Tage alten Keimlings aus Erdkultur; links das in 95%igem Alkohol abgetötete, rechts das lebende Blatt. In der Mitte: Mit einem Teil des Hypokotyl abgeschnittene Keimblätter aus 4—6 Tage alter Filtrierpapierkultur; die einen gelb (punktiert) bei Dunkelheit, die anderen grün bei schwachem Licht unter einer mit Filtrierpapier ausgelegten Glasglocke in 1,5 m Entfernung vom Fenster aufgewachsen. Zuletzt: Spitzenstück einer 2 cm langen Wurzel aus Filtrierpapierkultur.

Wurzeln (5) und an den lebenden grünen in Leitungswasser (4). Nebenbei stellt man fest, daß in 1 je eine Gasblase an der Spitze des Blattes auftritt. Das weist darauf hin, daß das Gas nicht im Wasser außerhalb des Blattes etwa durch von diesem ausgeschiedene Stoffe gebildet wird, sondern daß es im Blatte selbst entsteht und an einer Stelle des geringsten Widerstandes in das Wasser aus der Blattspitze austritt. (Es ist dies die gleiche Stelle, an welcher wir im ausgewachsenen Keimblatt die merkwürdige, pinselartige Verbreiterung der Gefäße gefunden haben (S. 44) und an welcher durch Guttation Wasser abgegeben wird (S. 37).

Die vorher belichteten Präparate werden nun am Fenster in einer Schachtel ebenfalls verdunkelt und nach 20—30 Minuten wieder angesehen. Überall sind die Gasblasen bedeutend kleiner geworden — man kann die Differenz mit der Lupe auf dem Millimetermaßstab (*5*) messen — oder bereits ganz verschwunden. In dem Präparat des mit einer Luftblase eingeschlossenen toten Blattes (*6*) ist keine Veränderung eingetreten. Dagegen findet man in dem Wurzelpräparat (*7*) etwa 1 Stunde nach der Montierung die von vornherein mit eingeschlossenen Luftblasen ebenfalls verkleinert.

Die Versuche zeigen: Im lebenden grünen Blatt spielt sich bei Belichtung und gleichzeitiger Gegenwart von Kohlensäure in genügender Menge ein chemischer Vorgang ab, bei welchem ein Gas entsteht. An der farblosen, lebenden Wurzel dagegen ist, ebenso wie in dem nur gelb gefärbten lebenden und dem grünen abgetöteten Blatt, unter denselben Bedingungen nichts hiervon festzustellen. Über die Natur des Gases erhält man Auskunft durch das Wurzelpräparat (7) und durch den Erfolg der Verdunkelung der zuerst belichteten lebenden und grünen

Blätter. Hier werden die Gasblasen allmählich kleiner bzw. verschwinden wieder. Es muß sich also um Sauerstoff handeln,[1] der, wie wir früher nachgewiesen haben, bei der Atmung der Wurzel verbraucht wird und ebenso auch bei der Atmung der verdunkelten Blätter. In dem Maße, wie in den Präparaten der im Wasser gelöste Sauerstoff, infolge der Atmung des Blattes, verschwindet und infolgedessen aus dem Wasser in das Blatt diffundiert, strömt er aus der Gasblase unter Verkleinerung derselben in das Wasser ein. (Dabei bleibt die gebildete Kohlensäure, welche in Wasser sehr stark löslich ist, in diesem.)

Bei Belichtung wird also vom lebenden grünen Blatt, und nur von einem solchen, Sauerstoff gebildet. Dieser muß aus der Kohlensäure stammen, da bei deren Fehlen oder Vorhandensein in nur geringer Menge die Gasbildung unterbleibt (4). In einem belichteten grünen Blatt spielt sich demnach noch ein der Atmung entgegengesetzter Vorgang ab, während die farblose (belichtete oder verdunkelte) Wurzel wie das verdunkelte Blatt nur atmen. Das belichtete, grüne Blatt allein spaltet — bei gleichzeitiger Atmung — aus Kohlensäure Sauerstoff ab. Wie bei der Oxydation jener kohlenstoffhaltigen Verbindungen (Zucker, S. 22) Energie frei wird, so ist umgekehrt bei der Reduktion der Kohlensäure Energie erforderlich. Diese Energie liefert das Licht dadurch, daß es im grünen Farbstoff der Chloroplasten absorbiert wird. Die Lichtenergie kann in den Chloroplasten nur wirksam werden, wenn sie hier absorbiert wird. In den Leukoplasten einer Wurzel kann infolge ihrer Farblosigkeit kein Licht absorbiert werden und deshalb keine Zerlegung der Kohlensäure stattfinden.

Stärkebildung.

Anschließend an die Versuche vergleicht man nun genau das Aussehen der Chloroplasten in ausgewachsenen Keimblättern, die seit 24 Stunden am Keimling verdunkelt, und in solchen, welche nach dieser Verdunkelung seit einigen Stunden wieder belichtet worden waren (bei trübem Wetter am besten mit künstlichem Licht); ferner in denjenigen einer dritten Serie, in welcher nach der 24stündigen Verdunkelung der Pflanzen die abgeschnittenen Keimblätter während 4 Stunden bzw. 2 Tagen in einer 5—7%igen Rohrzuckerlösung lagen. Die 3 verschieden behandelten Keimblätter werden in Jod-Jodkalilösung eingelegt und zur Untersuchung wie schon früher nicht die Blattflächen, sondern die Stiele der Blättchen benutzt. Man findet, daß in den Dunkelblättern die mit Jod-Jodkali sich blau färbenden Körper, die Stärkekörner, welche bei der erstmaligen Untersuchung der Chloroplasten festgestellt worden waren, restlos oder doch nahezu restlos verschwunden sind, ferner, daß sie sowohl bei erneuter Belichtung als auch bei Dunkelheit, aber gleichzeitiger Zuckerzugabe wieder neu gebildet wurden (Abb. 24 *c*, *d*). Für die letztgenannte Beobachtung sind die Schließzellen der Spaltöffnungen besonders geeignet. In ihnen findet man in den vorher entstärkten Chloroplasten bereits 4 Stunden nach Einlegen in die Zuckerlösung wieder Stärke gebildet. In den übrigen Zellen dauert dies mindestens 32—48 Stunden. Gleichzeitig mit der Zerlegung der Kohlensäure im belichteten Chlorophyllkorn tritt also in diesem Stärke auf, während bei Dunkelheit weder die Zerlegung der Kohlensäure noch die Bildung von Stärke stattfindet. Das legt den Gedanken an einen kausalen Zusammenhang zwischen beiden Vorgängen nahe.

Es ist nun nicht gut möglich, daß sogleich ein fester Körper entsteht. Vielmehr muß man annehmen, daß zunächst in den Chloroplasten ein löslicher Stoff auftritt, welcher erst bei Erreichung einer höheren Konzentration in ein festes

[1] Da in der Flüssigkeit Stickstoff gelöst ist, muß dieser sogleich in eine auftretende Sauerstoffblase hineindiffundieren. Letztere besteht also nicht aus reinem Sauerstoff.

Produkt verwandelt wird. Unser Befund, daß die Chloroplasten bei Dunkelheit aus Zucker Stärke bilden können, zeigt zunächst klar, daß das Auftreten letzterer mit der nur bei Belichtung erfolgenden Zerlegung der Kohlensäure nicht in direktem Zusammenhang stehen kann. Dagegen beweist der Versuch, daß mit Hilfe der absorbierten Lichtenergie zuerst eine einfachere Verbindung entstehen muß, aus welcher dann — bei Licht wie bei Dunkelheit — Stärke gebildet wird. Ob dies Zucker ($C_6H_{12}O_6$) ist, oder, wie man annimmt, ein weniger komplizierter Stoff derselben prozentualen Zusammensetzung (CH_2O, Formaldehyd), aus dem dann durch Zusammenschluß von 6 Molekülen der Zucker gebildet wird, konnte bis heute trotz vieler dahin gerichteter Bemühungen noch nicht nachgewiesen werden. Natürlich kann die Tatsache, daß bei Zuckergabe im Dunkeln im Chloroplasten derselbe Körper auftritt wie bei Belichtung ohne Zuckerzusatz, nicht als Beweis dafür gelten, daß etwa Zucker das erste, bzw. das Zwischenprodukt darstellt. Das erscheint aber mindestens sehr wahrscheinlich angesichts der Tatsache, daß es — besonders unter den Monokotylen — eine Anzahl von Pflanzen gibt, die bei Belichtung ausschließlich Zucker, aber überhaupt nie Stärke bilden, wenn man nicht künstlich eine anomal hohe Zuckerkonzentration herbeiführt. Die für die Kohlensäureassimilation gültige Gleichung $6\,CO_2 +$ $+ 6\,H_2O = C_6H_{12}O_6 + 6\,O_2$ ist die Umkehr der Atmungsgleichung. Die Stärke entsteht wie die Zellulose aus zahlreichen unter jedesmaligem Wasseraustritt miteinander verbundenen Zuckermolekülen: $(C_6H_{10}O_5)_n$. Die Stärke welche aus dem durch CO_2-Assimilation gebildeten Zucker im Chloroplasten entsteht, wird entsprechend als Assimilationsstärke bezeichnet. In Knospen, Knollen, Samen u. a. m. wird bei sehr vielen Pflanzen aus zugeleitetem Zucker Stärke in großen Massen gebildet. Sie ist wie das Öl in den Samen von *Crepis* ein Reservestoff: Reservestärke.

Wir werden uns in den folgenden Abschnitten in einer Reihe von verschiedenen Versuchen davon überzeugen, welche wesentliche Rolle dem Zucker für das embryonale Wachstum, also für den Aufbau der lebendigen Substanz zukommt (s. S. 56, 64, 65).

Negativer und positiver Geo- und Phototropismus; Plagiogeotropismus.

Zum Abschluß erweitern wir unsere Kenntnisse über die Tropismen. Dazu wird mit noch vollkommen geraden, aufrecht gekeimten Pflanzen (vgl. Abb. 17, die 4 Keimlinge in der oberen Reihe) der in Abb. 30 *A* und *B* dargestellte Versuch vorbereitet. Man kann auch die anfangs zum Studium des Geotropismus der Wurzeln benutzten Keimlinge verwenden (S. 46), und zwar Objektträger 1 und 2. Hierbei werden zusätzliche Beobachtungen möglich. Objektträger 1 (auf welchem die Wurzeln schon entsprechend *A* in Abb. 30 gekrümmt sind) bleibt in der hohen Küvette stehen; diese wird verdunkelt. Objektträger 2 (mit den geradegebliebenen Wurzeln) bleibt in der flachen Küvette und wird wie *B* in dem neu anzusetzenden Versuch einseitig belichtet. Die an den Keimpflanzen auftretenden Krümmungen werden in beiderlei Versuchen nach etwa 6, 12, 24 und, falls nötig, nach 48 Stunden festgestellt.

Zunächst betrachten wir die schräggestellte Dunkelkultur (S. 47). Hier fällt außer der Überverlängerung der Hypokotyle, die uns erst später beschäftigen soll (S. 53), vor allen Dingen auf, daß dieselben wie mit Hilfe eines Senkbleis gerichtet stehen, gleichgültig, wie die in die Erde eingetragenen Samen auch orientiert waren, und unabhängig von der Richtung der Erdoberfläche. Die Hypokotyle stehen in paralleler, aber entgegengesetzter Richtung zu den Wurzeln der Keimlinge und unbeeinflußt von der schrägen Erdoberfläche wie Tannenstämme an einem steilen Berghang. Dies zeigt, daß die Schwerkraft auf alle bei der Aussaat nicht senkrecht und aufrecht liegenden Embryonen so gewirkt hat, daß sie sich mit dem Hypokotyl umgekehrt wie die Wurzeln bis zur Erreichung der senkrecht aufrechten Lage gekrümmt haben. Daß es sich bei der Aufwärtskrümmung der Hypokotyle um eine aktive, durch die Schwerkraft lediglich ausgelöste Bewegung handeln muß, ist leicht einzusehen, da ja dabei die eigene Last — außerdem noch gegen den Widerstand der Erdpartikel — gehoben werden muß. Sehr viele Hauptachsen oberirdischer Pflanzenteile sind, wie die Hypokotyle, im Gegensatz zu den positiv geotropischen Hauptwurzeln, negativ geotropisch.

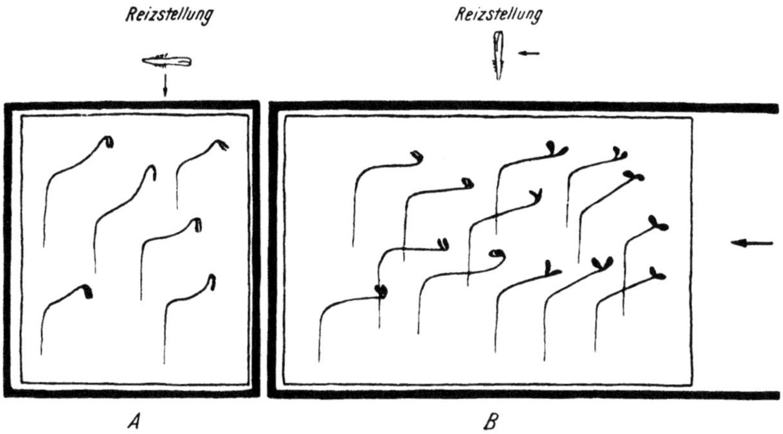

Abb. 30. Kombinierter Versuch bei Dunkelheit (*A*) und bei einseitig einfallendem Tageslicht (*B*) in $1^1/_2$ m Entfernung vom Fenster zur Demonstration des positiven Geotropismus der Wurzel, des negativen Geotropismus der basalen und des positiven Geotropismus der apikalen Hypokotylregion (*A*); in *B* positiver Phototropismus im basalen, negativer im apikalen Teil des Hypokotyl. Beachte außerdem das Ausbleiben der Entfaltungsbewegungen der Keimblätter bei Dunkelheit (*A*) und bei schwachem Licht (*B*, links). Nach dem Leben; etwas über natürlicher Größe.

In Abb. 30 *A* beobachtet man nach zirka 6 Stunden diese beiden entgegengesetzt gerichteten Reizbewegungen gleichzeitig. Außerdem ergibt sich, daß wenigstens bei der gewählten Versuchsanstellung die Krümmungsrichtung der beiden Keimblätter ebenfalls durch den Schwerereiz bedingt ist[1]. Man kann sich davon überzeugen, daß sowohl die noch kurzen Blattstiele wie das obere Ende des Hypokotyls die Bewegung ausführen. Auf Objektträger 1 läßt sich außerdem folgendes feststellen: Hier hatten 50% der Achaenen in umgekehrter Lage gekeimt und dabei hatten die hervortretenden Wurzeln (wie wir bereits zu Beginn der Untersuchungen sahen, S. 34) alsbald die Abwärtskrümmung ausgeführt. Nochmalige genaue Beobachtung an möglichst jungen Keimlingen mit Lupe oder Mikroskop ergibt, daß an dieser Bewegung außer der Wurzel auch das junge Hypokotyl beteiligt ist (Abb. 18). Im frühen Keimungsstadium ist also das Hypokotyl an der Basis positiv, in späteren Stadien dagegen negativ geotropisch. Hierbei muß sich ein Vorgang abspielen, der als Umstimmung bezeichnet wird. Umstimmungen dieser Art kommen während der Ent-

[1] Die früher festgestellte, autonom bedingte Krümmungsrichtung der Keimblattstiele (Abb. 19) macht dagegen wahrscheinlich, daß bei Ausschluß der geotropischen Reizung mittels einer rotierenden Achse (S. 47) diese Krümmung selbst — wie bei anderen Keimlingen — auch autonom zustande kommen kann.

wicklung der verschiedensten pflanzlichen Organe vor. Es sei nur an das durchaus aktiv zustande kommende Nicken mancher jungen Laub- und Blütensprosse bzw. Blütenköpfe (z. B. *Crepis neglecta*, S. 6) erinnert, welches ebenfalls durch den Schwerkraftreiz ausgelöst wird; später erfolgt dann eine Umstimmung zu negativem Geotropismus. Bei Keimlingen, bei welchen der gefundene Wechsel in der Reaktionsweise besonders verbreitet ist, leuchtet der Nutzen desselben ohne weiteres ein: Zu allererst kommt es darauf an, daß der Keimling in der Erde befestigt wird. Das bewerkstelligt die geotropische Abwärtskrümmung der Wurzel, die dabei eben von der gleichsinnigen Krümmung des Hypokotyls unterstützt wird. Dann müssen die Keimblätter, deren Reservestoffe schnell aufgebraucht sind, möglichst bald ans Licht gelangen (damit sie ergrünen und nun Zucker bilden können). Sind die Achaenen durch Regen etwas tiefer in den Boden eingeschwemmt worden, so wird nach erfolgter Keimung der jetzt negative Geotropismus des etiolierenden Hypokotyls dazu verhelfen. Hier dient wiederum, wie schon erwähnt, der positive Geotropismus des oberen Hypokotyls bzw. der Keimblattstiele dazu, den Vegetationspunkt beim Vordringen im Boden zu schützen. Eine unbeantwortete Frage bleibt bis jetzt, auf welche Weise die Pflanze solche Umstimmungen herbeiführt.

a *b* *c*

Abb. 31 *a*—*c*. *a*) Aufrecht gekeimter Embryo mit beginnender Hypokotylkrümmung so horizontal gelegt, daß die Krümmung entgegen der Richtung der Schwerkraft verläuft, *b*) etwa 6 Stunden, *c*) etwa 12 Stunden nach Beginn der Reizung. Nach dem Leben; etwas vergrößert.

Bei der Drehung von Objektträger 1 um 90° muß rund die Hälfte der Hypokotylkrümmungen am apikalen Ende zufallsmäßig nach oben zu liegen kommen. Hier läßt sich im Verlauf von 6—24 Stunden verfolgen, wie allmählich unter dem Einfluß des Schwerkraftreizes und infolge der positiv geotropischen Reaktionsweise die Krümmung sich zunächst wieder ausgleicht, bis die Kotyledonen schließlich, währenddem die negativ geotropische Reaktion des basalen Hypokotylteiles einsetzt, um 180° gedreht sind (Abb. 31).

Im Versuch *B* (Abb. 30) bzw. auf Objektträger 2 lernen wir bei einseitig einfallendem Licht einen zweiten, allgemein bei Pflanzen vorkommenden Tropismus kennen: Die Hypokotyle haben sich durch eine Krümmung an der Basis in die Richtung des einfallenden Lichts eingestellt. Je weiter hinten sie sich in der Küvette befinden, eine um so horizontalere Lage nehmen sie ein, weil hierher relativ mehr parallele Lichtstrahlen gelangen als in den vorderen Teil. Anders als bei der geotropischen Krümmung ist hier die auslösende Ursache ohne weiteres zu erkennen. Im Gegensatz zur Schwerkraftrichtung, welche ein für allemal gegeben und nur durch die gleichwertige Schleuderkraft mit Hilfe einer Zentrifuge ersetzbar ist, kann man die Lichtrichtung beliebig ändern und wird stets eine Beziehung zu derselben in der Reaktionsweise finden. Die Hypokotyle sind wie diejenigen der meisten anderen Pflanzen und viele andere oberirdische Achsenorgane positiv phototropisch. Im hinteren Teil der Küvette kommt die negativ geotropische Tendenz der Hypokotyle nicht mehr zur Geltung. Diese sind gegenüber dem Lichtreiz, der bei unserer Versuchsanstellung (s. o.) sicher nicht sehr intensiv ist, viel empfindlicher als gegenüber dem Schwerkraftreiz. Dasselbe gilt für viele positiv phototropische Organe. (Während der Nacht, bei ausfallendem Lichtreiz, krümmen sich die positiv phototropisch gekrümmten

Hypokotyle negativ geotropisch aufwärts. Die Abwechslung der beiden Bewegungen läßt sich besonders gut über mehrere Tage an einer Erdkultur in etwa 2 m Abstand vom Fenster verfolgen.)

Wie beim Geotropismus, so gibt es auch beim Phototropismus eine der positiven entgegengesetzte, d. h. negative Reaktionsweise. Man kann sie an den Keimlingen in *B* (Abb. 30) gleichzeitig mit ersterer beobachten. Die besonders hinten in der Küvette noch nicht entfalteten Keimblätter sind sämtlich vom einfallenden Lichtweg gekrümmt, d. h. negativ phototropisch. In diesem Falle kommt also genau wie bei der basalen Hypokotylkrümmung die hier, wie nachgewiesen, positive geotropische Tendenz nicht mehr zur Geltung. Hauptwurzel und Hauptsproß werden als orthotrope Organe bezeichnet, weil sie sich beide parallel in der Richtung oder entgegengesetzt zur Richtung des einfallenden Reizes orientieren.

Bei der erstmaligen Betrachtung sich entwickelnder Keimlinge haben wir festgestellt, daß die hervortretenden Seitenwurzeln im Gegensatz zur Hauptwurzel nicht senkrecht, sondern schräg abwärts gerichtet sind. Von vornherein wäre es möglich, daß sie einfach in der Richtung, in welcher sie von der Mutterwurzel angelegt werden (vgl. dazu S. 38, 82), weiterwachsen und auf den Schwerkraftreiz, dem sie durch die schräge Lage dauernd ausgesetzt sind, gar nicht reagieren. Sie sind jedoch nicht „ageotropisch" (wie die Wurzelhaare, S. 71); vielmehr ist die für sie charakteristische Lage ebenfalls durch den Schwerkraftreiz bedingt: Seitenwurzeln reagieren plagiogeotropisch, wie ein einfacher Versuch zeigt. Man verwendet eine in Erde im Reagenzglas herangezogene Keimpflanze im Alter von 12—14 Tagen mit 4—8 mm langen Seitenwurzeln (etwa zwischen *b* und *c*, Abb. 23). Das Glas wird mit Hilfe von gut befestigtem Leukoplast umgekehrt und — wieder etwas schräg — aufgehängt. Nach einiger Zeit krümmen sich die Seitenwurzeln abwärts und wachsen im gleichen Winkel zur Schwerkraftrichtung weiter wie an der normal orientierten Pflanze.

Dritter Teil.

Etiolement.

Wir stellen den folgenden Untersuchungen das vergleichende Studium von Keimpflanzen, welche bei Licht und bei Dunkelheit aufgezogen wurden, voran (Abb. 21, 22). Das vollkommen verschiedene Aussehen der beiden zeigt uns zunächst einmal mehr (S. 13 u. 92) auf das deutlichste, daß der Entwicklungsgang einer Pflanze nicht zwangsläufig festgelegt ist, sondern je nach den äußeren Bedingungen verschiedene Richtungen einschlagen kann. Das Auffallendste an den Dunkelkeimlingen schon 2 Tage nach der Keimung ist das schnelle Wachstum der Hypokotyle. Sie übertreffen die am Licht herangewachsenen um ein Vielfaches. Man kann sich am lebendigen (Abb. 24 *b*) wie in 45%iger Essigsäure gekochten Material (Abb. 55 *c*, oben und *f*) leicht davon überzeugen, daß die Ursache dieser Überverlängerung nicht auf Vermehrung der Zellen (embryonales Wachstum, S. 78), sondern auf stärkerem Streckungswachstum derselben beruht. Gerade umgekehrt verhalten sich die Keimblätter. Sie bleiben viel kleiner, als wenn sie sich bei Licht entwickeln. Die Blattstiele werden wie das Hypokotyl bei Dunkelheit etwas länger als unter „normalen" Bedingungen. Die Dunkelheit wirkt demnach auf das Wachstum der Zellen ganz verschieden, je nachdem, welchem Organ dieselben angehören. Wachstumssteigerung von Stengelgliedern, Wachstumshemmung von Blättern bei Dunkelheit ist eine für Dikotylen typische

Reaktionsweise. Daß außerdem der grüne Farbstoff in den Blättern nicht ausgebildet wird, ist ein Charakteristikum, welches wir früher schon feststellten. Sehen wir uns die Zellen an, so zeigt sich, daß als weitere Wirkung der Dunkelheit die Hemmung von Wachstum und Teilung der Chloroplasten hinzukommt (Abb. 24 *b*).

Die Gesamtheit der, wie wir sehen, im einzelnen sehr unterschiedlichen Reaktionen der Pflanze auf Lichtentzug wird als Etiolement bezeichnet. Über die wirksamen Ursachen ist noch recht wenig bekannt. Wir betrachten die Erscheinung vom Gesichtspunkt der Nützlichkeit aus: Für einen Keimling, dessen Samen tiefer in den Boden kommt, als es der Lichtlänge des Hypokotyls entspricht, ist es lebensnotwendig, daß er seine Reservestoffe (außer zur Atmung) nicht zur Entwicklung der Keimblätter (Wachstum, Chlorophyllbildung) verbraucht, welche ihm im Dunkeln doch nichts nützen, sondern für die Streckung des Hypokotyls. So gelangen die Keimblätter erst einmal ans Licht. Verhältnismäßig große Strecken können bei Einbringung der Samen tiefer in die Erde — ein einfach anzustellender Versuch — durchwachsen werden. Die Hypokotyle erreichen unter diesen Bedingungen oft eine Länge von 4 cm anstatt, wie bei Belichtung, nur 4 mm.

Die Notwendigkeit von Zucker als Baustoff.

Bei Dunkelheit entwickeln sich die Keimlinge nach 8—10 Tagen nicht mehr weiter. Das Wurzelwachstum hört bald auf. Nie entsteht auch nur das erste Laubblatt (Abb. 21 *a*, 22). Allerdings bleiben die Pflanzen erstaunlich lange am Leben, auf feuchtem Filtrierpapier 4—5 Wochen. Diese Feststellung, daß eine Weiterentwicklung des Keimlings einer grünen Pflanze im Dunkeln über eine bestimmte Stufe hinaus unter den gewählten Bedingungen in keinem Fall erfolgt, ist wesentlich. Wenn bei Dunkelheit überhaupt eine Entwicklung möglich war, so geschah das nur auf Grund der im ungekeimten Embryo gespeicherten Reservestoffe, die wir früher festgestellt haben. Sie wurden zum Aufbau der Zellwände und des Protoplasma und zur Atmung verbraucht.

Abb. 32. Kotyledonen von Keimpflanzen mit zunehmendem Alter. Gesetzmäßige Auflösung der Reservestoffe (punktiert) von Spitze und Rand des Blattes aus. Totalpräparat in 45%iger Essigsäure nach Fixieren und Kochen in Alkohol-Eisessig. Vergrößerung etwa 8fach.

Das **Verschwinden der Reservestoffe** kann man gut verfolgen. Verschieden alte Keimlinge aus einer Schwachlichtkultur, deren Wurzeln zwischen 4 und 10 mm lang sind, werden nach Fixierung und kurzem Aufkochen in Alkohol-Eisessig in 45%iger Essigsäure untersucht (Abb. 32). Dabei zeigt sich, daß die Auflösung an der Spitze und am Rand des Blattes beginnt und allmählich bis zur Basis und Mitte des Blattes fortschreitet. Der Sinn dieser Gesetzmäßigkeit wird verständlich, wenn wir uns vergegenwärtigen, daß vom Keimblatt zur Wurzel hin ein Konzentrationsgefälle der gelösten bzw. in Zucker umgewandelten Reservestoffe bestehen muß, damit diese an den Ort des zunächst intensivsten Verbrauchs diffundieren können.

Abnahme der Trockensubstanz bei Dunkelkultur. Da die Reservestoffe außer zum Aufbau des keimenden Embryo auch für den Energiegewinn verbraucht werden, muß bei Dunkelkultur trotz dem intensiven Wachstum eine Abnahme der organischen Substanz des Keimlings erfolgen. 250 Achaenen werden gewogen, gezählt und dann in mäßig feuchtem Sand in einem Blumentopf ausgesät und 4 cm hoch mit Sand überschichtet oder noch besser auf einem feinmaschigen Drahtnetz (nach vorheriger Quellung) in einer feucht gehaltenen Glasdose. Außerdem sät man eine gleiche, lediglich abgewogene Menge Achaenen auf Filtrierpapier aus, um rund dieselbe Anzahl Fruchtschalen zu erhalten. Nach 3—4 Wochen werden die Keimlinge aus dem Blumentopf bzw. vom Drahtnetz vorsichtig herausgenommen und die Wurzeln gut in Wasser abgespült, um anhaftende Sandkörnchen zu entfernen; das erübrigt sich bei der Drahtnetzkultur. Die erhaltenen Pflanzen müssen gezählt werden, da nicht alle ausgesäten Achaenen keimen. Darauf bringt man dieselbe Anzahl Fruchtschalen aus der Filtrierpapierkultur dazu und trocknet alles möglichst schnell, am besten in der Sonne oder in einem flachen Teller, der auf einen Topf mit siedendem Wasser gestellt wird. Das getrocknete Material wird so oft gewogen und dazwischen wieder getrocknet, bis das Gewicht konstant ist. Das zuerst bestimmte Gewicht der Achaenen ist noch auf die Anzahl der getrockneten Keimlinge umzurechnen, bevor man das Gewicht letzterer von ersterem abzieht. Es ergibt sich, daß 30—40% der Trockensubstanz durch Atmung verbraucht worden sind.

Ganz anders verhalten sich die Keimlinge bei Belichtung. Zu derselben Zeit untersucht, sind die zu breiten grünen Flächen herangewachsenen Kotyledonen ausgebreitet, die Hypokotyle sehr kurz geblieben. Teilweise

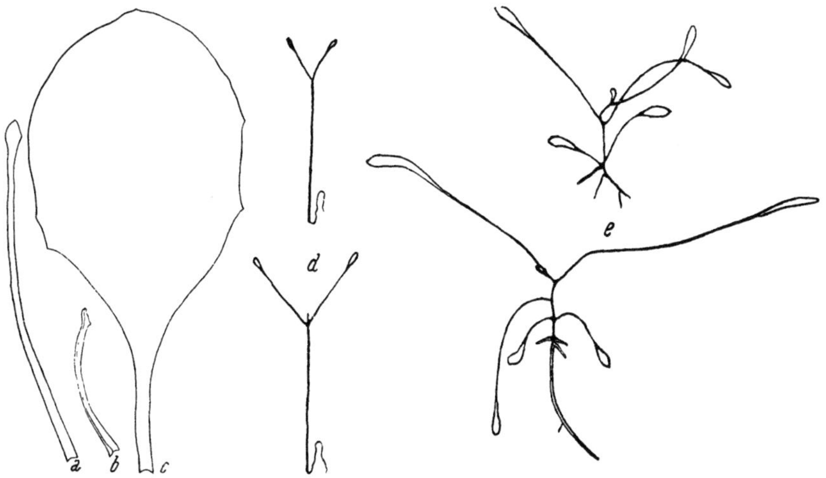

Abb. 33 *a—e*. Entwicklung des ersten Laubblattes an dem dunkel kultivierten Keimling infolge Zuckerzugabe. *a*) 1,5 cm langes, *b*) 0,6 cm langes Blatt nach 2—3wöchiger Kultur des Keimlings in 1%igem Rohrzucker-Leitungswasser, *c*) normales erstes Laubblatt aus Erdkultur am Licht; *d*) 2 Keimlinge nach 10tägiger, steriler Dunkelkulter; oben in Leitungswasser mit kurz gebliebenen Keimblattstielen und ohne Laubblatt, unten in 1%iger Rohrzuckerlösung mit langen Keimblattstielen und kleinem ersten Laubblatt; *e*) mehrere Wochen alte Keimpflanzen mit je 3 ausgewachsenen und 1 eben erscheinenden Laubblatt (sowie Internodienbildung, vgl. S. 92). *a—c*) 3fach vergr.; *d, e*) nat. Größe.

erscheint bereits das erste Laubblatt, die Keimlingswurzel beginnt mit der Bildung von Seitenwurzeln (Abb. 21, 22 und 23). Entscheidend für die Weiterentwicklung, für die Neubildung lebendiger Substanz, ist also die Belichtung der Keimblätter der in der Erde wurzelnden Pflanze. Es fehlt demnach in der Erde und in der Luft irgendein Stoff, welcher (alleine oder in Verbindung mit anderen) für die Weiterentwicklung bei Dunkelheit unbedingt notwendig ist.

Unsere früher angestellten Versuche (S. 49) hatten ergeben, daß am Licht in den Blättern ein leicht nachweisbares Produkt, die Stärke, auftritt, welche vermutlich sekundär aus dem mit Hilfe der Lichtenergie gebildeten Zucker entsteht. Auf einfache Weise läßt sich zeigen, daß Zucker einer der Stoffe ist, ohne den kein embryonales und damit kein Streckungswachstum, zusammengenommen also keine Entwicklung erfolgen kann, und ohne welchen auch keine Atmung möglich ist. Ersetzt man in einer Dunkelkultur auf Filtrierpapier, welches mit Leitungswasser feucht gehalten wird, 2—3 Wochen nach der Keimung das Wasser durch eine 1%ige Zuckerlösung oder überträgt die Keimlinge (ohne sie zu verletzen!) um diese Zeit in ein Kölbchen mit dieser Lösung (wobei man nur die Wurzeln eintaucht und die Hypokotyle der Kölbchenwand anlegt), so bleiben die Hypokotyle und Keimblätter 2—3 Wochen länger am Leben, als wenn sie in reinem Leitungswasser kultiviert werden. Ohne weiteres sichtbares Wachstum hat nicht stattgefunden. Die Pflanzen sind aber viel länger lebend geblieben, weil ihnen der zugesetzte Zucker als Atmungsmaterial zur Verfügung stand. Sieht man die Keimlinge mit der Lupe genauer an, so wird man bei dem einen oder anderen derselben ein erstes Laubblatt entwickelt finden. Manchmal wird auch ein zweites und drittes angelegt. Der Zucker hat also außer der Atmung die Bildung des ersten Laubblattes ermöglicht. Unter diesen Bedingungen können im Dunkeln Laubblätter bis zu 1,5 cm Länge heranwachsen (Abb. 33 *a*). Sie sind natürlich etioliert; die Spreite bleibt klein und wird höchstens gelblich, der Stiel wird viel länger als bei dem normal bei Tageslicht entwickelten ersten Laubblatt.

In dieser einfachsten Form ist der eben angegebene Versuch allerdings nicht ganz genau. Allmählich entwickeln sich Bakterien, so daß den Keimlingen außer Zucker auch noch von ersteren abgeschiedene oder bei deren Absterben in die Flüssigkeit gelangende Stoffe zur Verfügung stehen. Man kann mit dem auf S. 153 angegebenen Verfahren leicht von Bakterien freie (keimfreie, sterile) Keimlingskulturen mit demselben Resultat erhalten (Abb. 33 *d*). Werden der Zuckerlösung die im folgenden Abschnitt aufgeführten Nährsalze zugesetzt, so entwickeln sich die Pflanzen auch bei Dunkelheit weiter (Abb. 33 *e*). In derartigen Kulturen können innerhalb 3—4 Monaten Pflanzen mit über 20, bis zu 7 cm langen Blättern und 20 cm langer Hauptwurzel mit über 100 Seitenwurzeln entstehen. (Die Rosette kann durch Internodien aufgelöst sein; S. 92.)

Während das am Licht ergrünte Keimblatt den für die Weiterentwicklung notwendigen Zucker selbst herstellen kann, vermag dies das bei Dunkelheit nur gelb gefärbte ebenso wenig wie die in Dunkelheit lebende Wurzel. Beide können die Kohlensäure nicht verarbeiten. Das in bezug auf Kohlenstoff sich selbst ernährende „autotrophe“ grüne Blatt muß der Wurzel, welche in bezug auf Kohlenstoff „heterotroph“ ist, dauernd Zucker liefern.

So ist es zu verstehen, daß die Wurzel eines verdunkelten Keimlings ihr Wachstum einstellt, sobald die Reservestoffe verbraucht sind oder am isolierten Blatt gebildete Wurzeln (S. 59) nach Entfernung desselben nicht mehr wachsen. Ein einfacher Versuch wird uns später zeigen, daß man eine abgetrennte Wurzel in Zuckerwasser zu intensivem Wachstum bringen kann (S. 64).

Notwendigkeit von anorganischen Salzen.

Wir haben verschiedentlich die Notwendigkeit des Wassers für das pflanzliche Leben kennengelernt. Man könnte vermuten, daß die Aufgabe der Wurzel außer in der Befestigung der Pflanze im Boden lediglich in der Wasseraufnahme aus diesem besteht. Wäre das richtig, so müßten Keimpflanzen auf Leitungswasser oder destilliertem Wasser weitergezogen werden können, wenn sie nur belichtet sind. Durch einen einfachen Versuch läßt sich der Nachweis führen, daß dies jedoch nicht möglich ist. Wir setzen zum Vergleich 2 Kulturen auf mehrmals sehr gut ausgewaschenem Sand oder schräggestelltem Filtrierpapier auf einer passenden schräggestellten Platte in kleinen Glasdosen an. In die eine Schale wird destilliertes Wasser oder Leitungswasser gegeben, in die andere ebenso mit Zusatz von 0,1—1% Kaliumnitrat, und möglichst gleichmäßig gekeimte

Achaenen werden in beiden Schalen auf das Filtrierpapier ausgelegt bzw. in den Sand gesetzt. In den Gefäßen mit Sand wird dieser entsprechend mit destilliertem Wasser bzw. 0,1% Kaliumnitrat angefeuchtet, und wenn nötig, später begossen. Die Kulturen werden ans Licht gestellt und nach 2 Tagen wieder angesehen; schon jetzt sind Unterschiede bemerkbar. Während auf Leitungswasser die Keimblätter noch zusammenliegend abwärts gekrümmt sind, findet man dieselben in der Kaliumnitratkultur bereits entfaltet (Abb. 34 *a*). Noch deutlicher ist der Unterschied zwischen den beiden Kulturen nach weiteren 3 Tagen (Abb. 34 *b*): Auf Kaliumnitrat sind die Keimblätter durchschnittlich 5,5 × 2 mm groß, die Wurzeln bis 1,8 cm lang. Mit der Lupe kann man bereits das Erscheinen des ersten Laubblattes feststellen. Auf destilliertem Wasser bzw. Leitungswasser sind die Keimblätter jetzt auch ausgebreitet, besitzen aber nur eine Größe von durchschnittlich 4 × 1,2 mm. Die Wurzeln sind um rund 30% kürzer geblieben. Nach 3—4 Wochen haben sich auf Kaliumnitrat 2—3 Laubblätter entwickelt, die viel größer sind als bei den Pflanzen auf destilliertem Wasser bzw. Leitungswasser. Außerdem findet man an jeder Keimlingswurzel 5—7 Seitenwurzeln, während auf Leitungswasser ihre Bildung so gut wie unterblieben ist. (Ergänzend mag man, falls auf Filtrierpapier kultiviert wurde, noch beobachten, daß in beiden Kulturen die Wurzeln, die sich ja bei Licht entwickelt haben, in ihren älteren Teilen ergrünt sind. Diese Erscheinung werden wir später etwas genauer untersuchen, Abb. 44 und S. 77.)

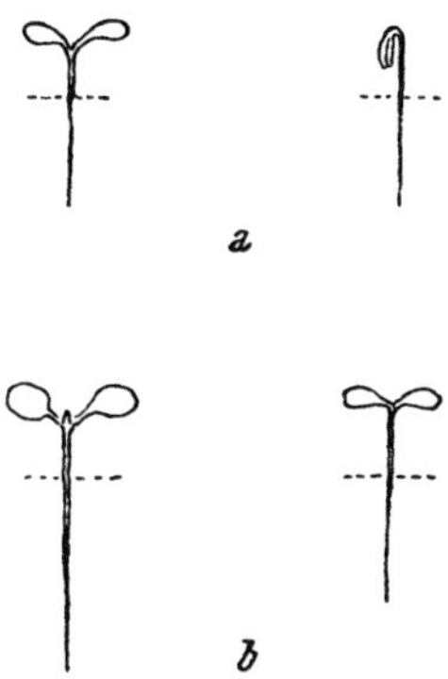

Abb. 34. Je ein typischer Keimling aus Filtrierpapierkultur; links in 0,1 %igem Kaliumnitrat oder in Nährlösung (S. 152; um $^1/_3$ verdünnt), rechts in destilliertem Wasser oder Leitungswasser kultiviert; *a*) 2 Tage, *b*) 5 Tage alt. Nach dem Leben; natürliche Größe.

In dem Versuch wurde der Einfachheit halber nur ein einziges Salz hinzugefügt. In solchen Kulturen tritt nach längerer oder kürzerer Zeit (es können etwa 4 sehr schmächtige Laubblätter gebildet werden) ebenso Wachstumsstillstand ein, wie bei ausschließlicher Versorgung mit destilliertem Wasser oder Leitungswasser. Außer dem Nitrat, ohne welches der Aufbau von Eiweiß und damit des Protoplasma unmöglich ist, braucht die Pflanze an Anionen noch Phosphate und Sulfate; letztere ebenfalls zur Synthese der einfachen Eiweißstoffe, erstere vor allem zur Synthese der Nukleinsäure (S. 30). Außer Kalium müssen in einer vollständigen Nährlösung an Kationen noch vorhanden sein: Calcium, Magnesium und in geringen Mengen Eisen. Die beiden letztgenannten kommen im Molekül bestimmter Fermente vor, Magnesium außerdem im Chlorophyll. Calcium schließlich ist ein Bestandteil in den Kohlehydraten, welche die Mittellamelle der Zellwand (S. 27 und 112) aufbauen. Eine brauchbare Nährlösung, auf welcher Rosetten gebildet werden, findet sich auf S. 152 angegeben.

Im ganzen sind es somit 10 Elemente, ohne welche die höhere Pflanze sich nicht entwickeln kann: Kohlenstoff, Wasserstoff, Sauerstoff, Stickstoff, Phosphor, Schwefel, Kalium, Calcium, Magnesium, Eisen. Erst in neuerer Zeit hat sich herausgestellt, daß in ganz geringen Mengen noch weitere Elemente nötig sind, vor allem Bor, ferner u. a. Mangan, Kupfer, Kobalt und Zink. — Es sei hier noch angefügt, daß die Wurzel nur ein gewisses Wahlvermögen für die im Boden vorhandenen Salze besitzt. Infolgedessen enthält die Asche von Pflanzen auch Elemente, welche sie gar nicht braucht.

Vierter Teil.

Restitution, Polarität, Korrelation.

Im folgenden sollen die Reaktionen eines Keimlings nach Abtrennung einzelner Teile, sowie die Reaktionen dieser Teile selbst untersucht werden. Wir lernen damit verschiedene Erscheinungen, welche man unter der Bezeichnung Restitution zusammenfaßt, kennen. Diese ist nicht nur als solche von Interesse, sondern sie gibt oft Aufschluß über latente Fähigkeiten von Organen, Geweben und Zellen, welche an der intakten Pflanze nicht zutage treten. Ferner kommen im Verlauf der Restitution vorher ebenfalls nicht erkennbare Beziehungen (Korrelationen) zwischen Organen zum Vorschein.

In einem 1. Versuch untersuchen wir, wie die Pflanze reagiert, wenn man die Spitze der Wurzel abtrennt. Benutzt werden Keimlinge, welche bei vollem Licht auf senkrecht orientiertem Filtrierpapier (Küvette oder Petrischale) kultiviert wurden. Von etwa 2 Dutzend Keimlingen mit 2—5 mm langer Wurzel schneidet man mit Rasierklinge oder Impfmesser (*13*, *14*) die Wurzelspitzen ab und setzt die Pflänzchen darnach auf ein senkrecht orientiertes Filtrierpapier, auf welchem mit dem Lineal 2 horizontale Striche in einiger Entfernung voneinander gezogen sind. Zum Abtrennen der Spitze kommt der Keimling auf einen eben angefeuchteten Objektträger. Bei den einen schneidet man die Spitzen in der Länge von 0,5 mm ab, bei den anderen höchstens halb so lang. Darnach werden die 2 Serien für sich so auf das vorbereitete Filtrierpapier gesetzt, daß die Wurzelstümpfe auf der Höhe der beiden Linien liegen. In jeder Reihe fügt man einige normale Keimlinge mit gleich langen Wurzeln hinzu.

Im Verlauf der folgenden 2—3 Tage beobachten wir zunächst, daß mindestens in der 1. Serie die Wurzeln kaum oder gar nicht über die Linie hinausgewachsen sind, im Gegensatz zu den intakten Wurzeln der Kontrollkeimlinge. Dies läßt uns vermuten, daß eine Wurzel nur an der Spitze wächst, demnach nur in einer recht kleinen Zone, nicht aber im rückwärts derselben gelegenen Teil. Wir werden später sehen, daß der berechtigte Einwand, die Verwundung an sich sei die Ursache des Wachstumsstillstandes, hinfällig ist (s. u., S. 65 und 80).

Nach 5 Tagen bei der 2. Serie, nach 6—8 Tagen bei der 1. Serie ist folgendes Ergebnis zu erwarten: In der 1. bilden fast alle Keimlinge seitlich Wurzeln, manchmal 1, manchmal 2 oder sogar 3. Die Pflanze kann also abgetrennte Wurzelspitzen aus weiter zurück liegenden Zonen der Wurzel ersetzen, regenerieren. Normalerweise erscheinen derartige Wurzeln, wie wir gesehen haben, seitlich an der Keimlingswurzel erst sehr viel später (S. 35). Wir können aus dem Versuch schließen, daß die normalerweise vorhandene und wachsende Wurzelspitze die Bildung sekundärer Wurzeln zunächst wenigstens verhindert. Daß die Verwundung als solche nicht die Ursache für deren Entstehung sein kann, zeigt das Ergebnis, welches in der 2. Serie erhalten wird. Hier sind seitlich keine Wurzeln ausgewachsen, dagegen ist bei allen Wurzeln der verbliebene Stumpf (wenn, wie angegeben, wenig genug abgeschnitten worden war) wieder zu einer vollkommenen Wurzelspitze geworden. Es ist „Reparation" eingetreten. (Auch hier sind ja durch das Abschneiden Wundstoffe, durch welche allein die Wirkung einer Verwundung auf das verbleibende Gewebe vorstellbar ist, entstanden. Sie hätten auch in dieser 2. Serie die Bildung von neuen Wurzeln auslösen müssen. Hält man aber an der Möglichkeit fest, so muß gefolgert werden, daß die sich reparierende Spitze die Entstehung anderer Wurzeln verhindert hat.) Beziehungen zwischen Organen bzw. Organteilen während der Entwicklung werden als Korrelationen bezeichnet. Ohne Korrelationen ist keine normale Entwicklung bei Pflanzen und Tieren denkbar.

Die in der 2. Serie beobachtete Wiederherstellung eines Organes aus einem verbliebenen Rest, die Reparation im Gegensatz zu der in der 1. Serie festgestellten Regeneration, ist bei Pflanzen fast ausschließlich bei Wurzeln gefunden worden.

Schließlich sieht man sich noch die Richtung an, in welcher die neu gebildeten Wurzeln in der 1. Serie wachsen: Sie sind, wenigstens bei einem Teil der Keimlinge, senkrecht abwärts orientiert, im Gegensatz zu den im Verlauf der normalen Entwicklung entstehenden Seitenwurzeln (S. 36), welche schräg abwärts gerichtet sind. Die neu entstandene Wurzel wird zur Hauptwurzel: ein weiteres Beispiel für eine Korrelation. Auch bereits vorhandene Seitenwurzeln wechseln — in der Ein- oder Mehrzahl — von der plagiotropgeotropischen Reaktionsweise (S. 53) zur positiv-geotropischen der Hauptwurzel, wenn deren Spitze entfernt wird. Den analogen Vorgang an oberirdischen, plagiotropen Seitensprossen kann man z. B. bei Tannen beobachten, deren Haupttrieb abgestorben oder abgeschnitten worden ist: einer der jüngsten Seitentriebe richtet sich negativ-geotropisch aufwärts.

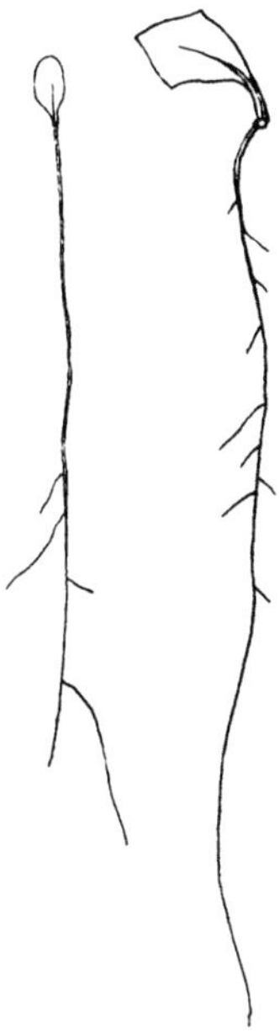

Abb. 35. Wurzelbildung an abgetrenntem Keimblatt und 1. Laubblatt. Kultur in Sand. Beide Blätter 5 Wochen alt. Nach dem Leben; natürliche Größe.

Ein 2. Versuch zeigt, daß auch aus anderen Organen als aus der Wurzel dieselbe regeneriert werden kann. Die wohlbekannte Fähigkeit ist im Pflanzenreich weit verbreitet und findet sich oft schon bei Keimlingen, so auch bei *Crepis capillaris*. Man benutzt die 2 × 4 mm großen Keimblätter einer gut belichteten Filtrierpapier- oder Erdkultur. Einige Kotyledonen werden mit dem Stiel abgeschnitten. Die einen steckt man in feucht gehaltenen Sand in einer Glasdose, die anderen werden zur fortlaufenden Beobachtung auf feuchtem Filtrierpapier (Leitungswasser) in einer Petrischale gehalten. Nach kurzer Zeit wachsen Wurzeln aus den Blattstielen hervor. Die Blattstielzellen besitzen demnach latent die Fähigkeit zur Wurzelbildung, eine Fähigkeit, welche erst im Regenerationsversuch zum Vorschein kommt. Ebensogut erhält man solche Adventivwurzeln auch aus den 1. Laubblättern (sowie aus allen später entstehenden Blättern, jedoch immer erst, wenn sie 2 cm groß geworden sind). Es können sich über 10 cm lange Wurzeln mit einer Anzahl von Seitenwurzeln bilden (Abb. 35). Die „Blattstecklinge" bleiben länger als 4 Monate lang am Leben. Diese Art der Regeneration aus dem Blatt — für die Pflanze ohne Bedeutung, da nie blätterbildende Sprossen regeneriert werden — ist recht häufig. (Dagegen sind nur etwa 25% der bis jetzt daraufhin untersuchten Blätter von Angiospermen befähigt, außer Wurzeln auch oberirdische grüne Sprosse zu regenerieren; eine noch kleinere Anzahl von Arten bildet nur Sprosse und keine Wurzeln. Bei den *Compositen* hat man noch nie allein Sproßbildung aus dem Blatt und nur bei 6 Arten Wurzel- und Sproßbildung gleichzeitig gefunden, während etwa die Hälfte der untersuchten Arten lediglich Wurzeln regeneriert.)

Wir können den Versuch noch dazu benutzen, um uns direkt von der Ernährung der Wurzel durch das Blatt (vgl. S. 56 und 65f.) zu überzeugen. Schneidet man nach dem Erscheinen der Wurzel den größten Teil desselben ab, so hört das Wurzelwachstum bald auf. Entsprechend ist die Anzahl der regenerierten Wurzeln und der später an jeder derselben entstehenden Seitenwurzeln um so größer, je größer das von der Pflanze abgetrennte Blatt war.

An jüngeren Keimlingen als den bis jetzt benutzten lassen sich durch den Regenerationsversuch noch weitere latente Eigenschaften und Entwicklungsmöglichkeiten differenzierter Organe, Gewebe und Zellen auffinden. Eine größere Anzahl von aufrecht auf Filtrierpapier gekeimten Pflänzchen, welche 4 bis höchstens 5 mm lang sind, zerschneidet man unter der Lupe (vgl. den ersten Versuch) so, daß folgende Teile erhalten werden:

1. Bei einigen wenigen Keimlingen wird durch einen Schnitt direkt oberhalb der Wurzelhaarzone das Hypokotyl mitsamt den Keimblättern abgetrennt. (Die Wurzel kann weggetan werden.)

2. Bei einer größeren Anzahl werden die Wurzeln wie in 1 abgeschnitten und ebenfalls weggetan. Bei der Hälfte der Keimlinge (*a*) führt man dann einen Schnitt reichlich über der Ansatzstelle der Blattstiele am Hypokotyl, bei der anderen Hälfte (*b*) knapp unterhalb derselben. Es werden demnach erhalten: Isolierte Kotyledonen, mehr oder weniger ohne Blattstiele und Hypokotylstümpfe mit mehr oder weniger großen Blattstielstücken und Vegetationspunkt (*a*). An der Basis zusammenhängende Kotyledonenpaare und nur aus Hypokotyl bestehende Stümpfe (*b*). Beim späteren Auslegen (s. u.) auf Filtrierpapier muß möglichst darauf geachtet werden, daß es zu keiner Verwechslung der oberen (apikalen) und unteren (basalen) Schnittflächen dieser Hypokotylstücke aus (*b*) kommt.

3. Bei einer weiteren Serie — etwa 6 Keimlinge — werden durch 2 Schnitte, nahe der Spitze und nahe der Basis der Kotyledonen, die mittleren Teile derselben isoliert. Bei der späteren Untersuchung lassen sich basale und apikale Schnittflächen durch den Verlauf der Nerven im Blatt ohne weiteres erkennen. Beim Auslegen auf Filtrierpapier braucht deshalb nicht auf besondere Orientierung dieser Stücke geachtet zu werden. Die verbleibenden Reste des Keimlings werden weggetan.

4. Außerdem werden noch etwa 12 Wurzelspitzen von anderen Keimlingen in einer Länge von 0,5 bis höchstens 1 mm abgeschnitten, ferner jedesmal die daran anschließende Zone in derselben Länge. Sechs Wurzelspitzen kommen in ein vorher in Wasser abgekochtes kleines Uhrschälchen (*35*) mit abgekochtem Leitungswasser, die anderen 6 mitsamt den anschließenden Zonen in ein ebensolches zweites mit abgekochtem 1%igem Zuckerwasser. Diese Serie bereiten wir der Einfachheit halber im Anschluß an 1—3 vor. Sie bildet aber einen Versuch anderer Art für sich, welcher am Ende des Abschnittes behandelt wird.

Alle Keimlingsteile aus 1, 2 und 3, außer den Kotyledonenpaaren aus 2 *b*, kommen in eine Petrischale, welche mit 4 Lagen von angefeuchtetem Filtrierpapier ausgelegt ist und zwar so, daß sie in Reihen angeordnet die obere Hälfte des Papiers einnehmen. In die untere Hälfte stellt man die zwei kleinen Uhrschalen aus 4. Die Kotyledonenpaare aus 2 *b* kommen in eine Petrischale für sich, welche dunkel gehalten wird. In dieser Weise hergerichtet, bleibt der Versuch stehen. Durch vorsichtiges Besprühen mit dem Zerstäuber (diesen erst dann auf das Filtrierpapier richten, wenn die Wolke der Wassertröpfchen hervortritt) sorgt man nötigenfalls dafür, daß das Filtrierpapier nicht austrocknet.

Bei einer Zimmertemperatur von etwa 20° untersuchen wir die in 1 und 2 erhaltenen Teilstücke in der ersten Petrischale nach 5—8 Tagen. An den meisten der mit den beiden Keimblättern abgeschnittenen Hypokotyle sind, wie in dem früheren Versuch an den Blattstielen, neue Wurzeln gebildet worden (Abb. 36). Sie treten hier ebenfalls meistens in der Nähe des Wundrandes auf. Auch die Stengel der ausgewachsenen Pflanze haben die Fähigkeit, sich nach Abtrennung zu bewurzeln. Diese Fähigkeit findet man bei vielen Pflanzen. Die Gärtner machen hiervon Gebrauch, um Kulturpflanzen durch Stecklinge zu vermehren, besonders dann, wenn dies durch Samen aus irgendeinem Grunde nicht möglich ist. Außer den Wurzeln findet man einzelne Zellen zu mehr oder weniger langen Haaren ausgewachsen (Abb. 36 *b*, *c*). Man kann sie von Wurzelhaaren nicht unterscheiden. (Die in 2 *a* erhaltenen Blattstücke ohne Stiel bilden in der Nähe der Wundkante nur derartige Haare — Abb. 36 *e* — im Gegensatz zu den S. 59 mit den Stielen abgetrennten älteren Kotyledonen. Die Fähigkeit zur Wurzelregeneration ist auf den Blattstiel beschränkt.) Diese Fähigkeit, wie diejenige zur Wurzelbildung, muß demnach in den Zellen des Hypokotyl latent vorhanden sein, kommt aber im Verlauf der normalen Entwicklung nicht zum Vorschein. Während die Haare aus den mehr oberflächlich liegenden Zellen entstehen, wird die Wurzel im Innern des Hypokotyl angelegt. (Wir können

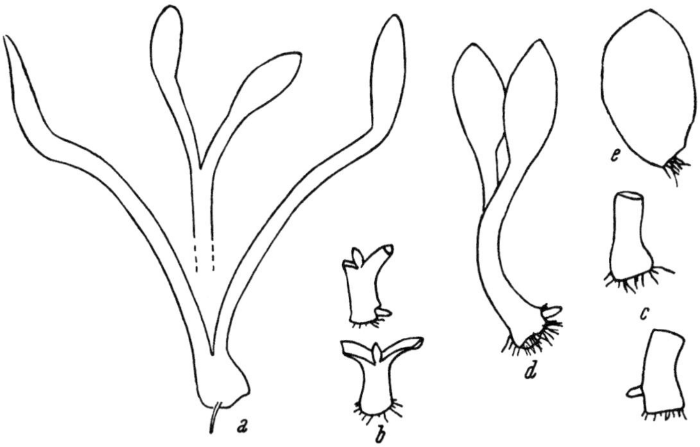

Abb. 36 *a*—*e*. Restitutionsversuche an Teilen des Keimlings; *a*) kurz unterhalb der Stielansätze abgetrenntes Kotyledonenpaar nach 2—3wöchiger Kultur im Dunkeln (unten): Regeneration einer Wurzel aus dem Hypokotylstumpf; viel stärkeres Wachstum der Blattstiele als bei der intakten Dunkelpflanze (oben). *b*)—*e*) Haar und Wurzelbildung an Hypokotylstümpfen, sowie Haarbildung am Keimblatt. Austreiben des Laubblattes in *b*. Polare Verdickung und polare Entstehung von Wurzel und Haaren an dem morphologisch basalen Ende der Hypokotylstümpfe in *c*. Nach dem Leben; etwa 10fach vergrößert.

uns schon hier — Lebendpräparat oder vorheriges Aufkochen in C. E.-hell — von dieser gesetzmäßig „endogenen“ Wurzelentstehung überzeugen; später wird ausführlicher hierauf einzugehen sein, S. 81.)

Die Entstehung der Wurzeln und der Haare in der nahen Nachbarschaft der Schnittstelle könnte die Vermutung aufkommen lassen, die Wunde oder genauer gesagt die infolge der Verwundung der Zellen entstehenden Stoffe („Wundstoffe“) bedingten den Entstehungsort. Dann müßten an den Hypokotylstümpfen mit 2 Schnittflächen (Abb. 36 *c*) an diesen beiden Wurzeln und Haare auswachsen. Das ist jedoch nie der Fall. Stets regeneriert nur das e i n e Ende. Hat man beim Auslegen darauf geachtet, daß die apikale Schnittfläche stets nach oben in der Reihe zu liegen kam, so stellt sich jetzt heraus, daß die Regenerate immer am basalen Pol der Stümpfe vorhanden sind. Damit ist uns eine weitverbreitete, bei der Regeneration von Organen wie Organteilen in Erscheinung tretende Gesetzmäßigkeit bekanntgeworden, welche entsprechend als Polarität bezeichnet wird. So treiben z. B. abgeschnittene Stücke von Zweigen, welche — gleichgültig wie orientiert — feucht gehalten werden, aus vorhandenen Anlagen am basalen Pol nur Wurzeln, am apikalen nur ihre Knospen aus. Wir werden später finden, daß auch einzelne Zellen physiologisch polarisiert sein können

(S. 71). Außer in der Wurzel- und Haarbildung zeigt sich die Polarität der Stümpfe noch in einer bei den meisten derselben entstehenden, manchmal recht ausgespro-

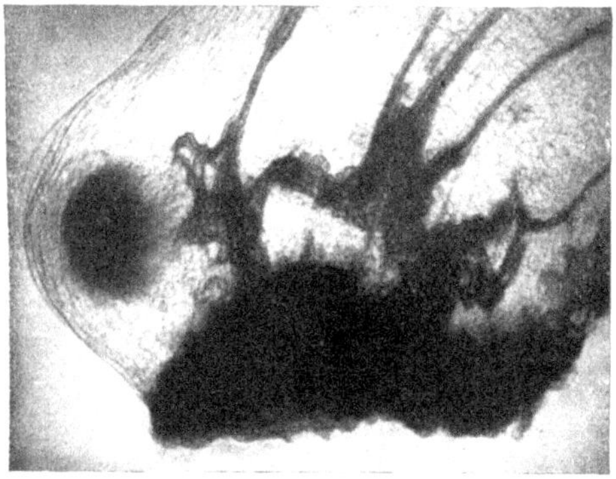

Abb. 37. Basaler Teil eines abgeschnittenen und auf Filtrierpapier kultivierten Keimblattes. Regeneration einer Wurzel im Stiel und Bildung tracheidaler Verdickungen in den Grundgewebszellen zwischen den Gefäßbündeln. Totalpräparat des Blattes in 45%iger Essigsäure nach Fixierung in Alkohol-Eisessig. Objektiv A.

Abb. 38. Die regenerativ-tracheidalen Verdickungen bei stärkerer Vergrößerung (Objektiv C) links und rechts des Hauptnervs. Totalpräparat wie in Abb. 37.

chenen Verdickung. Wo vorhanden, findet man dieselbe ebenfalls immer am basalen Pol, nie am apikalen (Abb. 36 *c*). Sie kommt durch Wachstum der hier liegenden Zellen in der Querrichtung zustande.

Bleiben wir bei der Vorstellung, Wundstoffe seien für die Entstehung der Regenerate verantwortlich zu machen, so bleibt, um deren polares Auftreten zu erklären, nur die Annahme, daß die an der apikalen Schnittfläche entstehenden, infolge einer dem Blatte von vornherein innewohnenden, nicht näher definierbaren Polarität basalwärts strömen und sich an der hier liegenden Schnittfläche stauen, so daß es gerade an dieser zur Wurzelbildung kommt. Neuere Versuche haben gezeigt, daß in intakten Organen bestimmte Wachstum auslösende Stoffe basalwärts wandern und sehr wahrscheinlich die Ursache für das polare

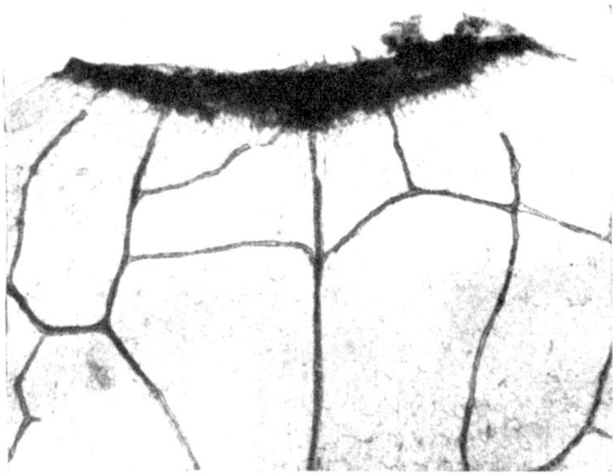

a

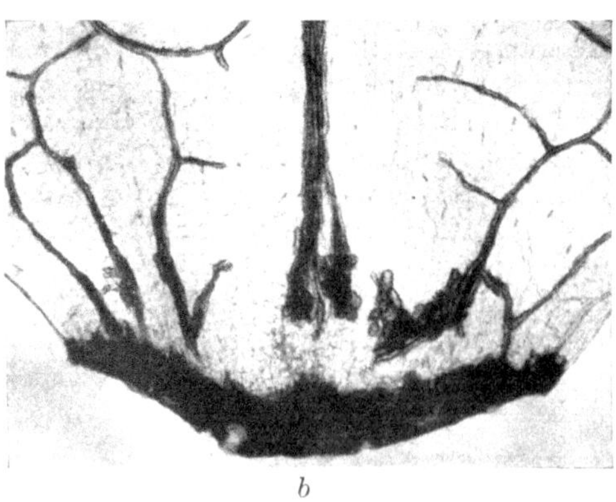

b

Abb. 39 *a b*. Polarität während der Regeneration; in *a* Teil eines Keimblattes, welches außer der (nicht sichtbaren) basalen Schnittfläche noch eine apikale besitzt. Hier werden im Gegensatz zu der basalen Schnittfläche (*b*) keine tracheidalen Verdickungen gebildet. Totalpräparat wie in Abb. 37. Objektiv A.

Auftreten von Regeneraten sein können. Die Wunde würde dann dadurch wirken, daß sie den basalwärts gerichteten Strom der genannten Stoffe unterbricht. Es erscheint aber durchaus möglich, daß außerdem Wundstoffe eine Rolle spielen.

Wir vergleichen noch die in 1 und 2*a* erhaltenen Keimlingsteile (Abb. 36*d* und *b*). An letzteren (*b*), welche den Vegetationspunkt aber keine Kotyledonen mehr besitzen, entwickelt sich sehr bald das erste Laubblatt, während zu dieser Zeit an den Hypokotylen mit den 2 Keimblättern noch kaum eine Spur derselben zu erkennen ist. Die Abtrennung der Keimblätter hat demnach die frühere Entwicklung des ersten Laubblattes zur Folge. Ob die Gegenwart ersterer korrelativ am normalen Keimling die frühzeitige Entwicklung des ersten Laubblattes (zunächst) hemmt oder ob sich dasselbe nach Entfernung der Keimblätter nur deswegen zu entwickeln beginnt, weil ihm nun die von diesen sonst verbrauchten Reservestoffe zur Verfügung stehen, läßt sich auf Grund dieses Ergebnisses noch nicht entscheiden.

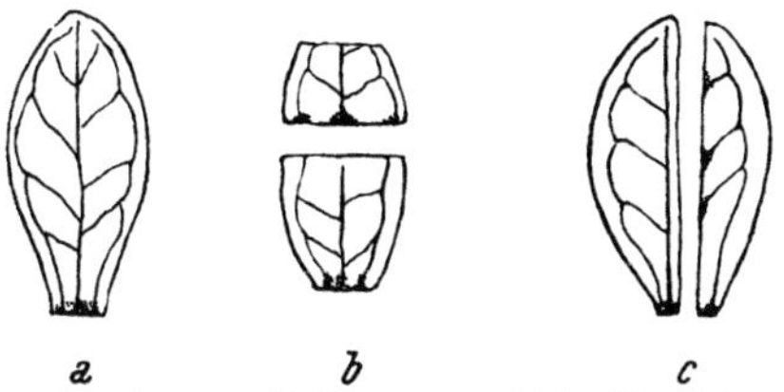

Abb. 40 *a*—*c*. Bildung tracheidaler Verdickungen (punktiert) im abgeschnittenen Keimblatt (*a*) und in Keimblattstücken (*b*, *c*); halbschematisch nach Totalpräparaten (Alkohol-Eisessig, C. E.-hell); die Krümmung der Blätter wie sie im Falle *c* stattfindet (vgl. Abb. 41, *a*), ist nicht dargestellt.

Eine entsprechende Situation findet man betreffs der Keimblattstiele der Kotyledonenpaare (verdunkelte Petrischale) nach 3—4 Wochen (Abb. 36*a*). Die Stiele werden bis 5mal länger als an normalen, im Dunkel gezogenen Keimlingen, deren Hypokotyle, wie wir wissen (S. 53), so auffallend in die Länge wachsen.

Die in 3 isolierten Keimblattstücke werden erst nach 10—14 Tagen untersucht. (Fixierung in Alkohol-Eisessig bis zur Entfärbung; Abgießen des Alkohol-Eisessig und anschließend leichtes Aufkochen in C. E.-hell.) In den meisten Blattstücken findet man eine eigenartige Veränderung: Außer den uns bekannten Spiralverdickungen in den langen Zellenzügen des Leitungssystems sind in der Nähe der Wundränder in gewöhnlichen Zellen des Grundgewebes jetzt ebenfalls spiralige Verdickungen vorhanden (Abb. 37, 38). Beim Vergleich von apikalen und basalen Schnitträndern ergibt sich, daß derartige Verdickungen ausschließlich an letzteren, nie an den apikalen auftreten (Abb. 39). Wir stoßen hier nochmals auf eine ausgesprochene Polarität: Trotz des in gleicher Weise am apikalen wie am basalen Ende vorgenommenen Eingriffes, bilden die in Frage kommenden Zellen die Spiralverdickungen nur, wenn sie oberhalb der Wunde (in bezug auf die Blattspitze) liegen. Auch wenn das Keimblatt durch Querschnitte in mehrere

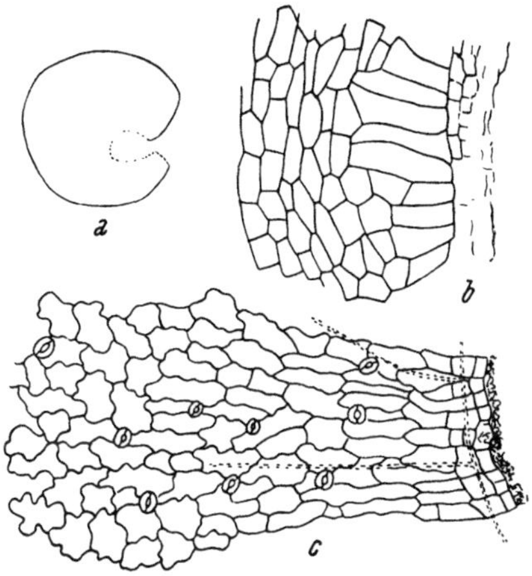

Abb. 41 *a*—*c*. *a*) Krümmung eines (trocken) längsgeteilten Keimblattes nach 14tägiger Kultur; *b*) Streckung der an die Wunde grenzenden Zellen in der Querrichtung des Blattes im Parenchym des Blattnerven (Blattunterseite); *c*) entsprechende Zellstreckung in dem an die Wunde grenzenden Epidermisstreifen (Blattoberseite); im linken Teil normal gewachsene Epidermiszellen. Zellteilungen nur in der Nähe des Wundrandes. Haupt- und Seitennerven gestrichelt. Objektiv C, Okular 5. Alkohol-Eisessig, C. E.-hell.

Stücke zerlegt wird (Abb. 40 *b*), verhält sich jedes einzelne Stückchen entsprechend wie das nur oben und unten angeschnittene Blatt.

Es ist nicht allzu schwierig, den Nachweis zu führen, daß die Wunde (auch in der Nähe eines Nerven) nicht genügt, damit in den ihr benachbarten Grundgewebszellen tracheidale Verdickungen zur Ausbildung kommen. Wir machen uns die Tatsache zunutze, daß auch Keimblattstücke, welche durch Zerschneiden der noch trockenen und ungekeimten Achaene erhalten werden, nach Quellung beim Einsetzen des Wachstums in gleicher Weise die zusätzlichen tracheidalen Verdickungen bilden. Zerteilt man trockene Achaenen durch einen Längsschnitt in zwei Teile, so erhält man oft einzelne Hälften, denen der mittlere Nerv im ganzen Verlauf fehlt (Abb. 40 *c*, rechts), während er bei anderen mehr oder weniger nahe an der Schnittkante liegt (Abb. 40 *c*, links). In ersteren sind die Seitennerven durchschnitten und münden direkt in die Wunde, in letzteren dagegen sind sie intakt geblieben und münden (wie im normalen Keimblatt) in den längs der Wunde verlaufenden Mittelnerv. Weder entlang dem Hauptnerv noch an der Basis der eintretenden Seitennerven (Technik wie oben) werden tracheidale Verdickungen angelegt. Im Gegensatz hierzu treten sie an der Basis der angeschnittenen Seitennerven häufig auf. Es müssen also unbedingt Blattnerven durchschnitten werden. Aus dem Ergebnis ist zu schließen, daß irgendein infolge des Anschneidens an der Basis der Gefäßbündel entstehender oder normalerweise in ihnen abwärts wandernder Stoff für die Ausbildung der Verdickungen verantwortlich sein muß; entweder allein oder im Zusammenwirken mit Wundstoffen des Grundgewebes. Hierüber läßt sich auf Grund des Versuches nichts aussagen.

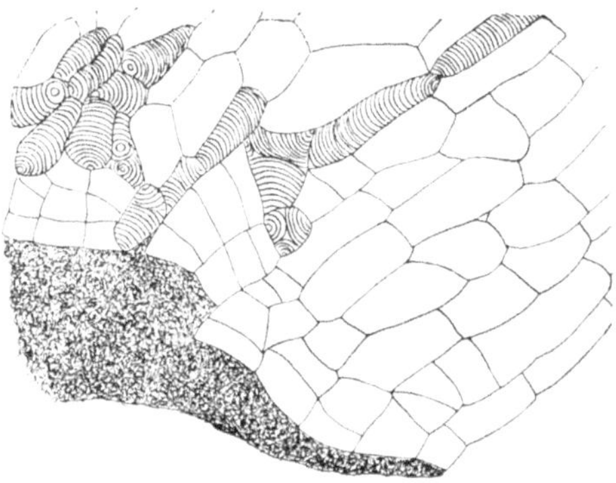

Abb. 42. Außer den regenerativen tracheidalen Verdickungen Wundcambium in der Nähe der Schnittfläche. Objektiv C.

Eine weitere, bei Pflanzen häufige Folge der Verwundung kann man an diesen Keimblattlängsschnitten beobachten. Die allermeisten derselben wachsen nach der Quellung nicht gerade wie ganze Keimblätter oder quergeteilte, sondern unter starker Krümmung nach der Schnittfläche zu (Abb. 41 *a*). Totalpräparate von solchen Stücken zeigen, daß die Krümmung dadurch zustande kommt, daß die Epidermiszellen entlang der Wundfläche im Gegensatz zu den übrigen Epidermiszellen nicht in der früher (S. 42) gefundenen Weise wachsen, sondern sich ausschließlich quer zur Längsrichtung des Blattes strecken (Abb. 41 *b*, *c*). Je näher an der Wundfläche die Zellen liegen, um so weniger kommt es zu der normalen, charakteristischen Wachstumsweise. Daraus kann man schließen, daß offenbar ein Konzentrationsgefälle eines infolge der Verwundung entstehenden Stoffes vorhanden ist, welcher die Streckung in nur einer Richtung verursacht. (Diese erfolgt außerdem parallel zu der Richtung des Konzentrationsgefälles.) Auf die Zellstreckung folgt oft Teilung der nahe der Wunde liegenden Zellen. (Analoge Teilungen treten, allerdings seltener, auch an quergestellten Keimblättern auf, Abb. 42.) Zellwucherung und Zellteilung, d. h. das Auftreten eines „Wundkallus", sind eine charakteristische Folge von Verwundung (vgl. S. 113).

Kultur der Wurzelspitze.

Anschließend an die Restitutionsversuche untersuchen wir die in 4 (S. 60) isolierten Wurzelspitzen, und zwar erstmalig nach $1^1/_2$—2 Tagen, mit dem bloßen Auge: die in Leitungswasser liegenden sind kaum, die in Zuckerlösung liegenden deutlich gewachsen (Abb. 43 *a*). Ebenfalls nicht gewachsen sind dagegen die rückwärts der Spitze gelegenen isolierten Stücke in Zuckerwasser. Im Verlauf weiterer 8 Tage werden die Wurzelspitzen 5—7 mm lang (Abb. 43 *b*).

Es ergibt sich demnach zunächst, daß — die Gegenwart von Zucker vorausgesetzt — nur abgetrennte Wurzelspitzen, nicht aber die rückwärts gelegenen

Zonen während längerer Zeit zu wachsen vermögen. Damit bestätigt sich die Richtigkeit unserer Vermutung gelegentlich des ersten Restitutionsversuches (S. 58), daß an der normalen Wurzel nur die äußerste Spitze wächst. Die Betrachtung des Zellnetzes der kultivierten Spitzen bei schwacher Vergrößerung schon nach $1^1/_2$—2 Tagen (Abb. 43 *a*) zeigt, daß der Zuwachs im wesentlichen auf

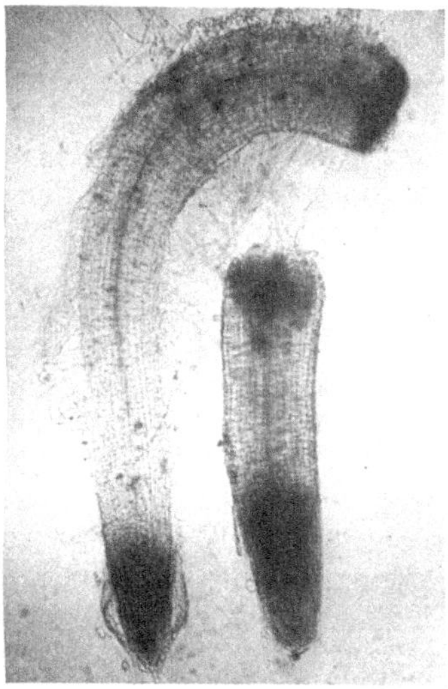

a

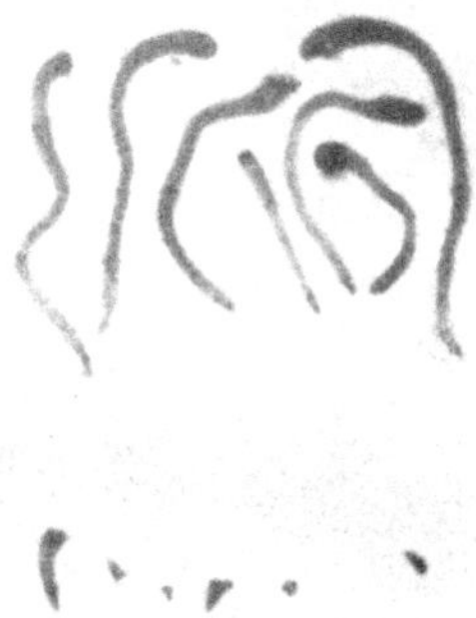

b

Abb. 43 *a b*. *a*) Zwei Wurzelspitzen, beide in einer Länge von 0,6 mm abgeschnitten, nach 36stündiger Kultur, links in 1 %iger Rohrzuckerlösung, rechts in Leitungswasser. Totalaufnahme nach Fixierung in 45 %iger Essigsäure. Objektiv A. *b*) Mehrere Wurzelspitzen nach 10 Tage langer Kultur, oben in 1 %iger Zuckerlösung, unten in Leitungswasser. Lebend in Wasser aufgenommen; ca. 5fach vergrößert.

Zellvermehrung beruhen muß. Die Fähigkeit hierzu besitzt die rückwärts der Spitze gelegene Zone nicht mehr. Genaueres hierüber werden wir später durch direkte Beobachtung erfahren (S. 78f.).

Vor allem zeigt sich aber, daß die Wurzel auch ohne Ernährung durch die Blätter — in diesem Falle die Keimblätter — zum Wachstum befähigt ist, wenn

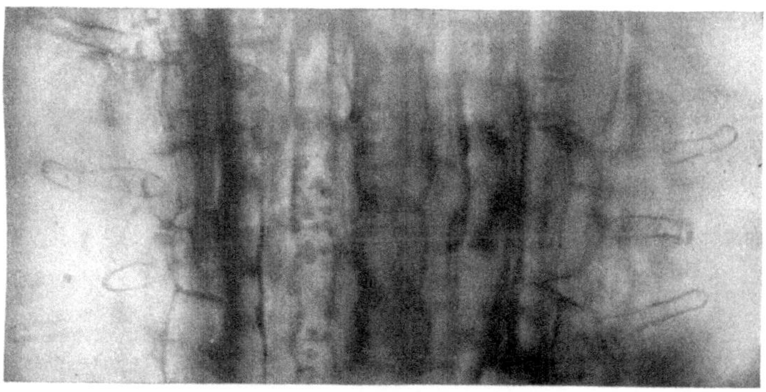

Abb. 44. Stück aus einer Wurzelspitze nach 3—4wöchiger Kultur in 1 %iger Zuckerlösung; nachdem das Wachstum eingestellt wurde, ergrünen die Zellen im Wurzelinneren; in den Zellen rechts sind die Chlorophyllkörner gut zu erkennen. Aufnahme der lebenden Wurzelspitze. Objektiv C. Vgl. Text S. 77.

ihr Zucker zusätzlich geboten wird. Nachdem wir im ersten Restitutionsversuch durch starke Kürzung des Blattes mit der regenerierten Wurzel lediglich gefunden hatten, daß dasselbe irgendwelches, für das Wurzelwachstum nötiges Material liefert, folgt aus diesem neuen Versuch, daß es sich um Zucker handeln muß. Der Befund steht andererseits im Einklang mit dem Assimilationsversuch: Die Wurzeln waren im Gegensatz zum Blatt nicht imstande, Kohlensäure zu assimilieren: Sie sind, wie alle nichtgrünen Zellen, Organe und Gewebe einer Pflanze, in bezug auf Zucker heterotroph. Dasselbe gilt für alle Tiere: sie sind unfähig, Kohlenstoff (in Form von Kohlensäure) zu assimilieren, den sie zum Aufbau der lebendigen Substanz ebenso benötigen wie jede Pflanze. Die Tiere sind deshalb auf pflanzliche Nahrung (bzw. indirekt auf tierische) angewiesen. Darin liegt die große biologische Bedeutung der Kohlensäureassimilation durch die grüne Pflanze.

Es ist gelungen, isolierte Wurzelspitzen Monate und Jahre lang, unter Bildung von Seitenwurzeln wachsend zu erhalten. Solche Kulturen sind — abgesehen davon, daß sie zeigen, daß Teile einer „Ganzheit" sehr wohl als Teile weiterwachsen können — deshalb von Bedeutung, weil man mit ihrer Hilfe Aufschluß darüber bekommt, welche organischen Stoffe eine Wurzel normalerweise selbst herstellt und welche sie vom oberirdischen Sproß geliefert erhalten muß. Dazu gehören außer Zucker auch ein oder zwei Vitamine, welche nur im Sproß gebildet werden.

Die Wurzeln benötigen natürlich noch die oben (S. 56f.) angegebenen anorganischen Salze, die für das Wachstum der ganzen Pflanze erforderlich sind. Da in einer solchen außerdem zuckerhaltigen Nährlösung Bakterien gut gedeihen, müssen derartige Wurzelkulturen steril angelegt werden. Man vergleiche dazu S. 56 und die Anleitung S. 153. (Wurde der Versuch mit dem in Leitungswasser gelösten Zucker, wie angegeben, vorbereitet, so macht sich die Entwicklung von Bakterien auch im Verlauf von Tagen so gut wie nicht bemerkbar.)

Einige der so erhaltenen Würzelchen werden in einen kleinen Hartglaskolben in etwas frische Zuckerlösung übertragen und zur späteren Untersuchung am Licht weiter kultiviert (vgl. S. 77).

Die Wurzel.

Die Wurzel der Pflanze ist nicht nur als solche einer Untersuchung wert. Schon beim Studium des Keimlings haben wir durch sie Aufschluß erhalten über eine pflanzliche Reizerscheinung, sowie über Regeneration und einige mit dieser in Zusammenhang stehende Fragen. Die Wurzel von *Crepis capillaris* wird uns im folgenden Kenntnisse über das Plasma und den Wachstumsvorgang vermitteln. Ferner werden wir durch sie besonders leicht klaren Einblick bekommen in die wesentlichen Geschehnisse bei der Vermehrung der Zellen durch Teilung, Geschehnisse, die sich grundsätzlich in gleicher Weise bei allen pflanzlichen und tierischen Organismen mit Zellkernen vollziehen.

Erster Teil.

Wir betrachten zunächst die Wurzeln von 8—10 Tage alten Keimlingen, welche sich in einem Geléeglas mit schrägen Wänden in Erde ganz am Rande (Abb. 21) oder entsprechend in einem etwas schräggestellten Reagenzglas entwickelt haben. Sie liegen infolge ihrer positiv geotropischen Reaktionsfähigkeit (S. 46) der Glaswand dicht an und können so mit dem bloßen Auge und mit der Lupe gut beobachtet werden. Die Oberfläche der Wurzeln ist, mit Ausnahme der Wurzelspitze, ihrer ganzen Ausdehnung nach mit Wurzelhaaren besetzt. Die zuerst gebildeten, welche wir bereits bei der Keimung festgestellt haben (S. 34), müssen sich jetzt ganz an der Basis der Wurzel, weit entfernt von der Spitze befinden. Denn nur diese „bewegt sich" als allein wachstumsfähiger Teil der Wurzel (S. 58 und 78f.) in der Erde vorwärts, alle nicht mehr wachsenden Teile hinter sich lassend. Einige Zeit nach ihrer Entstehung sterben die Wurzelhaare ab. Soweit sie um die Wurzel einen lebenden Mantel bilden, bedeuten sie für die Wasser und darin gelöste Nährstoffe aufnehmende Wurzel eine beträchtliche Oberflächenvergrößerung, um so mehr, als, wie später festgestellt werden wird (S. 71), praktisch jede Epidermiszelle ein Haar bildet. Die Untersuchung sei begonnen mit der

Messung des Wurzelwachstums.

Erste Methode. Mit ihr läßt sich das Vorrücken der Wurzelspitzen in der Erde sehr leicht verfolgen. Man bringt auf der schräg stehenden Glaswand direkt seitlich der Wurzelspitzen kleine waagrechte Striche mit Deckweiß an oder klebt kleine keilförmige Stückchen von gummiertem Papier mit einer Pinzette auf, nötigenfalls unter Benutzung der Lupe und mißt alle 6, 12 oder 24 Stunden den Zuwachs. Auch kann man seitlich der Wurzeln direkt Maßstäbe — in Form von sauber ausgeschnittenen, 1 mm breiten und 4—5 mm langen Streifen von Millimeterpapier — aufkleben. Der Zuwachs beträgt innerhalb 12 Stunden

3—4,5 mm bei 18—19° und ist konstant, wenn die Temperatur nicht mehr als um 1° schwankt. Dagegen kann die Größe des Zuwachses bei den einzelnen Keimlingswurzeln ziemlich stark verschieden sein.

Zweite Methode. Recht genaue Messungen in kürzeren Zeitabschnitten können auf folgende Weise vorgenommen werden: Wir benutzen Keimlinge, welche auf Filtrierpapier bei vollem Tageslicht herangezogen worden sind und etwa 1 cm lang sein sollen. Aus einem Stück Millimeterpapier, etwa 6 × 8 cm groß, wird ein Rechteck von etwa 3 × 6 cm herausgeschnitten. Den so entstandenen Rahmen legt man auf ein Stück festes und glattes Filtrierpapier, welches auf glatter, harter Unterlage liegt und heftet den Rahmen oben mit zwei Stecknadeln fest. Dann wird mit einem harten, gut gespitzten und gut spitz zu haltenden Bleistift der horizontale Millimetermaßstab mit Hilfe eines Lineals auf das Filtrierpapier genau übertragen. Hierbei achte man darauf, daß die Striche alle möglichst gleich dick ausfallen. Der so erhaltene „Filtrierpapiermaßstab" wird unter dem Wasserhahn gut abgespült und auf ein feuchtes Filtrierpapier in eine Petrischale eingelegt. Man bringt etwa 6 junge Keimlinge mit tadellos gerade gewachsenen Wurzeln so in die Schale, daß die Wurzelspitzen genau auf die Höhe einer der oberen Linien zu liegen kommen. Die Petrischale wird senkrecht aufgestellt. Da sich mit der Lupe $^1/_2$ und auch $^1/_4$ mm noch recht genau abschätzen lassen, kann der Zuwachs bei senkrecht gegen das Licht gehaltener Petrischale mit der Lupe schon in Abständen von 1—2 Stunden gemessen werden. Die Keimlinge verschieben sich auf dem Filtrierpapier nicht. Vom zweiten Tag an sind sie überdies durch ihre Wurzelhaare am Filtrierpapier befestigt.

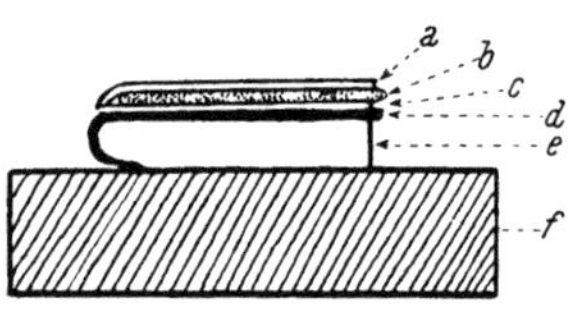

Abb. 45. Schema für die Montierung des Keimlings (*b*) auf 4,5 × 6 cm großer Glasplatte (*f*) zur Messung des Wurzelwachstums mit dem Mikroskop. *e*) dickes Filtrierpapier, *d*) dünne Aluminiumplatte als Meßrand, *c*) sehr dünnes, *a*) normal dickes Filtrierpapier.

Mit Hilfe der zweiten Methode können wir uns über den Einfluß der Temperatur auf das Wachstum orientieren (vgl. S. 119). Die Keimlinge kommen auf dem Millimeterfiltrierpapier auf einen Objektträger in die hohe oder flache Küvette (*32*, *31*). Die kleine Kultur wird in Wasser gestellt und dieses auf rund 30° gehalten. Im Verlauf von 2 oder 4 Stunden findet man den Zuwachs dreifach bis doppelt so groß als bei einer Zimmertemperatur von 15—20°. Bei niedrigeren wie bei höheren Temperaturen nimmt die Wachstumsintensität allmählich ab, um unter 1° und über 40° bald auf 0° zu sinken. Der Punkt des eben beginnenden Wachstums bei niedriger Temperatur ist als Minimum, derjenige des besten als Optimum und derjenige des aufhörenden als Maximum bezeichnet worden, alle drei als Kardinalpunkte. (Um 30° herum liegt bei den meisten höheren Pflanzen gemäßigter Klimata das Wachstumsoptimum.) Entsprechendes gilt für andere Lebensvorgänge (z. B. Assimilation der Kohlensäure u. a. m.) und auch in Kombination mit anderen Bedingungen (Licht), sowie von außen gebotenen oder in der Pflanze selbst entstehenden Stoffen.

Dritte Methode. Mit Hilfe einer weiteren Versuchsanstellung (Abb. 45) läßt sich der Zuwachs auch mikroskopisch und in noch kürzeren Intervallen messen, ohne daß man ein Horizontalmikroskop benötigt. 6—10 mm lange Keimlinge aus schwach belichteter Filtrierpapierkultur mit vollkommen gerade gewachsenen Hypokotylen und Wurzeln werden einzeln und zu 5 nebeneinander liegend auf 4,5 × 6 cm-Platten, wie im Abbildungstext angegeben, montiert. Man mißt alle 20 oder 30 Minuten innerhalb 2—3 Stunden den Abstand der Wurzelspitze vom Rand des Aluminiumstücks (schwächstes Objektiv) unter dem Mikroskop mit Hilfe eines Meßokulars (*4*). In der Zwischenzeit kommen die Platten in den

Kulturständer (*22*) unter die Glasglocke. Wie bei Verwendung der zweiten Methode zeigt sich, daß auch während kurzen Intervallen die Zuwachsgrößen innerhalb der einzelnen Wurzeln recht gleichmäßig sind und jede Wurzel allermeistens geradlinig weiterwächst. Auf diesen Befund wird später zurückzukommen sein (S. 80). Will man die absolute Zuwachsgröße kennen, so muß das Meßokular mit einem Objektmikrometer (*4a*) geeicht werden.

Bei Verwendung dieser dritten Methode kann man dann die Feststellung machen, daß nach längerer Meßdauer die 5 auf ein- und demselben Glas untergebrachten Wurzeln sich gegen dieses zu krümmen. Die jeweilige, in Abständen von 15 Minuten erfolgende Ablesungsdauer beträgt hier im ganzen 2—3 Minuten. Während derselben befanden sich die Wurzeln in geotropischer Reizlage (S. 46). Die an sich zu keiner Reaktion führenden „unterschwelligen" Reize haben sich summiert, so daß es zu einer der Reizlage entsprechenden positiven geotropischen Krümmung kommt (S. 47). Befindet sich dagegen jeweils nur eine einzige Wurzel auf einem Glas, so ist die Meßdauer viel kürzer. Infolgedessen sind die unterschwelligen Reize so schwach, daß sie wieder abklingen, bis die nächste Messung erfolgt.

Die mit einer von diesen drei Methoden vorgenommenen Messungen geben lediglich Auskunft über den Gesamtzuwachs einer Wurzel. Mit ihnen kann man jedoch nicht feststellen, ob die ganze Wurzel oder nur ein Teil derselben im Wachstum begriffen ist, ferner nicht, wie groß die Wachstumsgeschwindigkeit einer einzelnen Zelle ist. Die erste Frage werden wir später (S. 78) durch direkte Untersuchung der Wurzelanatomie beantworten, die zweite durch die Untersuchung der

Wurzelhaare.

Auf diese konzentrieren wir nun unsere Aufmerksamkeit, den übrigen Bau der Wurzel noch außer acht lassend.

Man untersucht zuerst in einem Wasserpräparat die Wurzelhaare von 3—6 cm langen Erdwurzeln, die vorher gut abgespült worden sind. Schon bei schwacher Vergrößerung läßt sich feststellen, daß die Haarspitzen nicht wie bei Kultur auf Filtrierpapier konisch sind, sondern sehr oft starke und verschiedenartige Formveränderungen aufweisen (Abb. 46). Damit ist zunächst mindestens ein Indizium dafür gewonnen, daß die Haare an der Spitze wachsen. Die Wachstumsabweichungen müssen durch Stoffe, welche in der Erde in Lösung vorhanden sind, hervorgerufen sein. Im allgemeinen wird die Auffassung vertreten, die Wurzelhaare könnten die Erdteilchen umwachsen und sogar mit ihnen verwachsen. Es ist jedoch auffallend, daß — bei unserer Pflanze und auch bei manchen anderen — die Formveränderungen immer oder fast ausschließlich an der Haarspitze, nie im rückwärtigen Teil vorkommen. Das spricht eher dafür, daß so veränderte Haarspitzen nach der Deformierung gar nicht mehr wachstumsfähig sind. Wie dem auch sei, das Haften von Erdpartikeln an der Wurzel ist durch Verkleben lebender oder bereits abgestorbener Wurzelhaare mit Erdteilchen bedingt. Das Präparat wird für spätere Verwendung (S. 75) zur Seite gestellt.

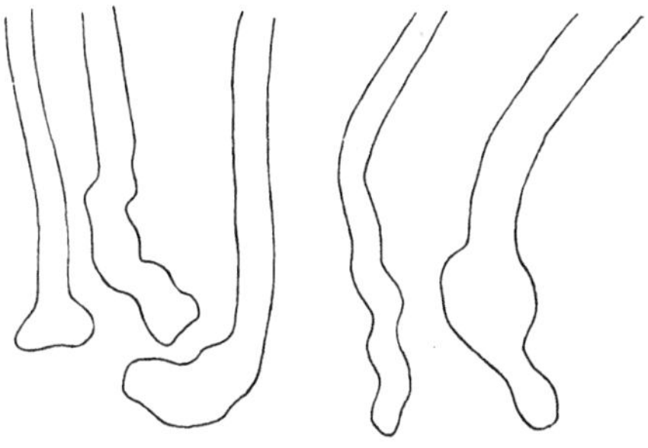

Abb. 46. Wurzelhaare mit den charakteristischen Formveränderungen an der Spitze aus Erdkultur. Objektiv E.

Die Wurzelhaare sind stets senkrecht zu der Oberfläche der Wurzel orientiert, auch wenn diese in kleineren Teilen schräg oder gar horizontal gewachsen ist

(Abb. 21 *b*, rechter Keimling). Das läßt sich (mit der Lupe) besonders gut beobachten, wenn in den Kulturen vor dem Bepflanzen kleinere Steinchen in die Erde, dicht an die Wand des Glases, gebracht worden sind. Stößt eine Wurzel-

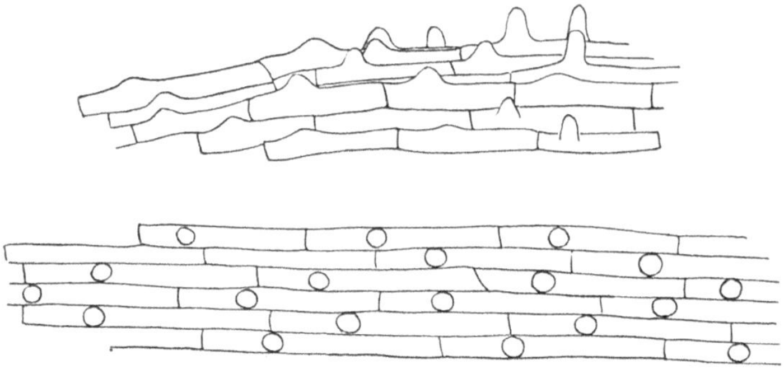

Abb. 47. Zone der sich als Ausstülpung aus den Epidermiszellen bildenden Wurzelhaare (Wurzelspitze links liegend). Seitenansicht und Aufsicht. Lebende Wurzel; Totalpräparat. Objektiv C.

spitze dann zufällig auf das Hindernis, so ist sie — rein mechanisch — gezwungen, an der oberen Fläche desselben schräg oder horizontal entlang zu wachsen. Über den Stein so hinausgelangt, krümmt sie sich dann wieder geotropisch abwärts. Im Gegensatz zu der Wurzel reagieren demnach die Wurzelhaare nicht auf einen

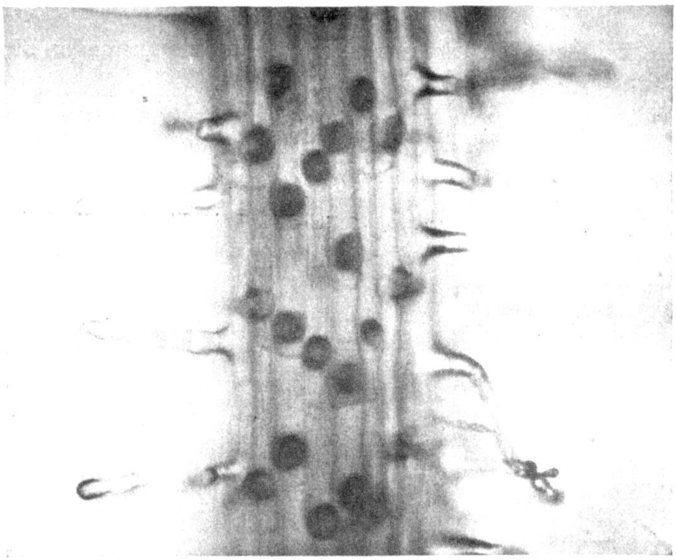

Abb. 48. Zone der jungen Wurzelhaare einer Keimlingswurzel (7 mm lang). Ganzer Keimling lebend in flachem Wassertropfen ohne Deckglas. Wurzelspitze gegen den Beschauer zu gerichtet. Haare in Seitenansicht und Aufsicht (dunkel). In dieser ist die Bildung der Haare an dem unteren Pol der Zellen besonders gut zu erkennen. Objektiv C.

Schwerkraftreiz; sie sind ageotropisch und wachsen immer in der Richtung weiter, in welcher sie am Wurzelkörper angelegt wurden. Diese Eigenschaft werden wir uns alsbald zunutze machen.

Drei bis vier Keimlinge mit gerade gewachsenen Wurzeln von knapp 1 cm Länge aus Filtrierpapierkultur werden in einem Tropfen von frisch abgelaufenem Wasser auf den Objektträger gelegt und nur die Wurzeln mit einem Deckglas bedeckt. Die Hypokotyle mit den Keimblättern bleiben unbedeckt. Das aufgelegte Glas ist durch 2 untergelegte Deckgläser zu stützen. (Man gebe nicht zu viel Wasser, damit die Deckgläser am Objektträger angesaugt liegen.) Außerdem werden einige weitere Keimlinge, deren so vorbehandelte Wurzeln wir später benötigen (s. u.), für 1—2 Stunden in eine frisch bereitete Lösung von Kongorot von 0,0001—0,0005% in destilliertem Wasser eingelegt.

Bei mittelstarker Vergrößerung erkennt man in dem zuerst hergestellten Präparat, daß die Haare durch Auswachsen der Zellen der äußersten Schicht, der Epidermis, gebildet werden. Durch genauere Untersuchung stellen wir fest, daß von jeder Epidermiszelle ein Wurzelhaar gebildet wird, und zwar immer an dem Zellende, welches gegen die Wurzelspitzen zu liegt (Abb. 47 und 48). Hieraus ergibt sich eine physiologisch polare, außer durch die Lage der Zelle im Wurzel-

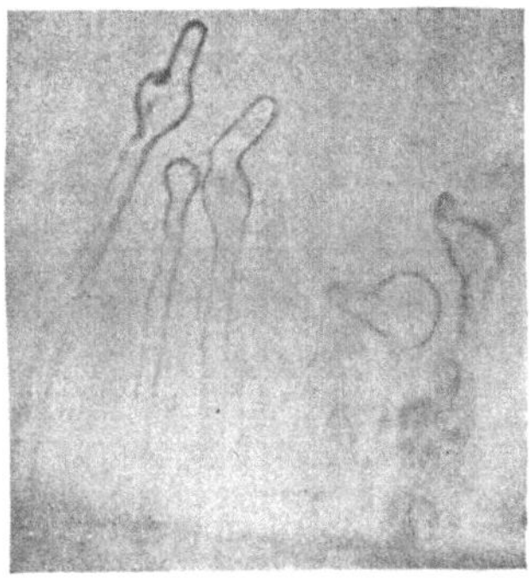

a

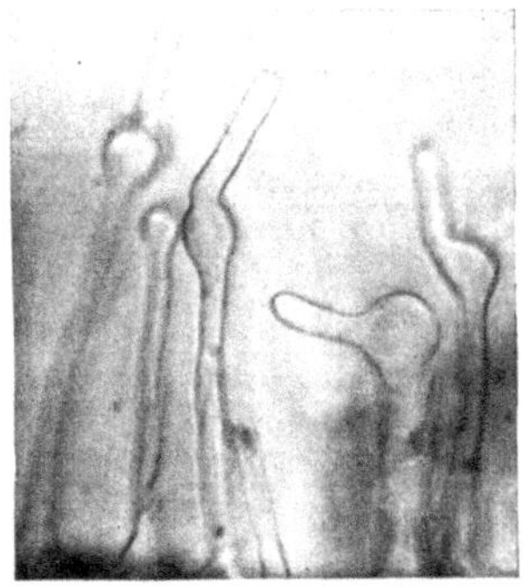

b

Abb. 49 *ab*. Nachweis des Spitzenwachstums der Wurzelhaare. Nach Einlegen des Keimlings in 0,0005%ige Lösung von Kongorot sind die Enden der Haare innerhalb 1—2 Stunden kugelförmig weitergewachsen; nach anschließendem Verbringen in Wasser wachsen die kugeligen Enden wieder normal aus (*a*), während die rückwärts der Anschwellungen gelegenen Teile der Haare auch nach längerer Zeit kein Wachstum erkennen lassen (*b*, Aufnahme derselben Haare 2 Stunden später). Lebend. Objektiv C.

gewebe, morphologisch nicht erkennbare Differenzierung des Protoplasma dieser Epidermiszellen (vgl. dazu S. 61 f.). Wandbildung tritt nicht ein. Die einzelligen Haare können über 1 mm lang werden (Abb. 55 *d*). Das läßt sich unter der Lupe auf dem Millimeterglas (*5*) leicht feststellen.

Infolge des ageotropischen Verhaltens der Haare (s. o.) ist hier die Möglichkeit gegeben, die

Wachstumsgeschwindigkeit und Wachstumsweise einer einzelnen Zelle ohne weiteres zu bestimmen. Zu diesem Zweck wird bei starker Vergrößerung ein Teilstrich des Okularmikrometers genau auf das Ende eines nicht geknickten, horizontal liegenden Wurzelhaars eingestellt. Man wähle Haare aus, welche bereits ein Stück weit aus der Epidermiszelle hervorgewachsen sind, aber noch jung, etwa aus der Zone, welche in Abb. 48 wiedergegeben ist. Es gelingt oft, das Wachstum von 2—3 Haaren gleichzeitig zu messen, da diese, wie wir fanden, sehr nahe beisammenstehen. Die Zellen wachsen so „schnell", daß Ablesungen alle 10—20 Minuten vorgenommen werden können. Je nach der herrschenden Temperatur und auch dem Zustand der Wurzelhaare, wird man so eine Wachstumsgeschwindigkeit von 1,5—2,5 μ in 5 Minuten finden. Sie ist gering im Vergleich zu der Wachstumsgeschwindigkeit der Pollenschläuche (S. 137). Auf Grund der Wachstumsgeschwindigkeit und der Endlänge (s. o.) läßt sich die Wachstumsdauer eines Wurzelhaares auf etwa 2—3 Tage berechnen.

Es erhebt sich die Frage, ob die Zelle der gesamten Länge nach im Wachstum begriffen ist, oder etwa an der Basis oder an der Spitze allein wächst. Die Antwort hierauf läßt sich mit Hilfe der seit 1—2 Stunden (s. o.) mit Kongorot behandelten Keimlinge geben. Hier finden wir jetzt die vorher konischen Enden der Wurzelhaare sehr oft kugelig ausgeweitet. Bemerkenswerterweise trifft dies nur für die jüngeren Haare zu; die älteren sind unverändert geblieben. Diese durch die Kongorotlösung verursachte Reaktion sowie das verschiedene Verhalten von wachsenden und nicht mehr wachsenden Haaren (die älteren) gibt bereits einen Hinweis dafür, daß das Wachstum ausschließlich an der Spitze stattfindet. Wir übertragen jetzt die gut mit Leitungswasser abgespülten Keimlinge wieder auf feuchtes Filtrierpapier oder in Wasser. Von der 1.—2. Stunde ab nach der Übertragung untersucht man erneut und wird dann finden, daß die kugeligen Enden wieder normal als Zylinder mit konischen Enden weiterwachsen (Abb. 49 *a*). Steht genügend Zeit zur Verfügung, so kann man überdies durch Messung feststellen, daß die basalen Teile unterhalb der kugeligen Anschwellung in dieser Zeit sich nicht verlängert haben (Abb. 49 *b*). Alle Ergebnisse zusammen zeigen uns demnach, daß die Wurzelhaare nur an der Spitze wachsen. Dieses ausschließliche Spitzenwachstum kommt bei Wurzelhaaren allgemein vor und ist wohl zweckmäßig beim Vordringen zwischen den Erdteilchen. Auch an Zellen (wenigstens bestimmten Typen derselben), die innerhalb eines Zellverbandes liegen, ist neuerdings Spitzenwachstum nachgewiesen worden.

Plasmaströmung. Während der Messung des Wachstums der normalen Haare bietet sich Gelegenheit, den Zellinhalt genauer anzusehen. In den Haarspitzen findet man meistens reichlich Plasma, welches etwas weiter rückwärts die Vakuole in feinen Strängen durchzieht, dann aber nur noch der Wand anliegt (Abb. 55 *d*). In den jungen Haaren, welche uns jetzt allein interessieren, liegt hier auch meistens der ansehnlich große und deshalb auch im lebenden Zustande häufig leicht zu erkennende Zellkern. Es mag sein, daß die Gegenwart von reichlich plasmatischer Substanz gerade in der Spitze mit dem hier allein in der Zelle stattfindenden Längenwachstum zusammenhängt.

Das Plasma ist körnerreich. Beobachtet man mit dem stärksten Trockensystem mehrere Haare genauer, so wird man bald solche finden, in welchen die Körnchen in der Längsrichtung der Haare „wandern", und zwar bewegen sie sich auf der einen Seite nach der Spitze der Zelle zu, dann der Kalotte entlang, auf der gegenüberliegenden Seite dadurch in entgegengesetzter Richtung. Die Bewegung geht nur scheinbar selbständig vor sich. In Wirklichkeit ist sie durch die Strömung des Plasma bedingt. Von diesem kann man gelegentlich kleinere Teile einwandfrei sich bewegend erkennen. Das Plasma verhält sich demnach in physikalischer Hinsicht wie eine mehr oder weniger zähe Flüssigkeit.

Die Strömung beginnt oft erst 20—30 Minuten nach Herstellung des Präparates. Es ist möglich, daß durch Quetschen von Wurzelhaaren Wundstoffe entstehen, welche die Plasmaströmung in Gang setzen. In der Tat hat man gefunden, daß eine ganze Reihe von Substanzen in äußerst niedrigen Konzentrationen Plasmaströmung auszulösen vermögen, vor allem Aminosäuren, unter diesen an erster Stelle l-Histidin. Es geht über den Rahmen der Anleitung hinaus, auf diese Befunde näher einzugehen. Bemerkt sei nur noch, daß die Frage über die Bedeutung der Plasmaströmung für den Stofftransport umstritten ist.

Die Strömung ist natürlich bedeutend langsamer als sie scheint, da der in der Zeiteinheit zurückgelegte Weg stark vergrößert ist. Manchmal wird es gelingen, einzelne größere Körner über eine längere Strecke zu verfolgen. Maßstab: Durchmesser des Gesichtsfeldes mit Glasmillimeter gemessen. Aus der Zeit, welche für ein Viertel oder die Hälfte des Gesichtsfeldes benötigt wird, läßt sich die Geschwindigkeit der Strömung auf etwa 1,5 Minuten für nur 1 mm berechnen.

In der angegebenen Weise montiert, kann man jüngere Keimlinge mit erst 2—4 mm langen Wurzeln tage- und wochenlang in einer feucht gehaltenen Petrischale an einem Fenster belichtet lebend und wachsend erhalten. Das Wasser wird täglich mit Filtrierpapier abgesaugt und durch frisches (gut abgelaufenes) ersetzt. Während der ganzen Kulturdauer kann die Plasmaströmung in den lebenden Haaren (etwa bis 4 mm hinter der Wurzelspitze) beobachtet werden. Solche Kulturen ermöglichen ferner die fast vollständige Ausschaltung des Streckungswachstums unter Beibehaltung des embryonalen (vgl. S. 80).

Zellsaft, Stoffspeicherung, Grenzkonzentration.

Die Wurzel von Keimlingen aus Filtrierpapierkulturen ist recht geeignet, um unsere Untersuchungen über Zellsaft und Plasmolyse, welche wir eingangs an der Samenschale angestellt hatten, in verschiedener Richtung zu erweitern.

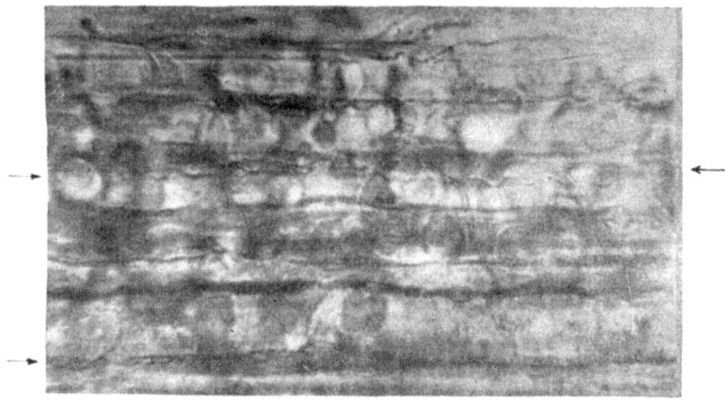

Abb. 50. Mit 10%iger Kaliumnitratlösung stark plasmolysierte Wurzel. Totalpräparat lebend; Pfeile: Wellung der Membranen, welche die Entspannung derselben anzeigt, besonders deutlich. Objektiv E.

Die Vakuolenflüssigkeit reagiert bei Pflanzen im allgemeinen sauer. Das läßt sich, ohne die Wurzel zu verletzen, folgendermaßen feststellen: Wir geben in ein Kölbchen mit Leitungswasser eine winzige Spur von Neutralrot; das Wasser soll gerade eben hellbraun gefärbt sein. Nötigenfalls wird verdünnt. Durch Hinzufügen einer Spur Salzsäure wird das Wasser hellrot. Der Färbungsumschlag zeigt uns also den sauren Charakter an. Legt man 1—2 Keimlinge in einen Tropfen der zuerst hergestellten Lösung ein, so sieht man unter dem Mikroskop die Vakuolenflüssigkeit der Wurzelzellen alsbald rot werden. Sie reagiert demnach sauer.

Der Versuch zeigt ferner, daß das Plasma für den Farbstoff permeabel ist und daß derselbe in der Vakuole in irgendeiner Form gespeichert wird: Während die Lösung in der dünnen Schicht, in welcher sie auf dem Objektträger ausgebreitet ist, fast farblos erscheint, ist der Inhalt der Vakuolen deutlich gefärbt. Dieser Unterschied kann nur auf einer Ansammlung des Farbstoffes in der Vakuole beruhen. Einerseits kann der Versuch als ein Modell für Stoffspeicherung in einer Zelle gelten: Der permeierende Stoff, in unserem Versuch das Neutralrot, wird in der Vakuole adsorbiert oder chemisch umgewandelt, wodurch das für die weitere Diffusion von außen nach innen notwendige Konzentrationsgefälle zunächst aufrecht erhalten bleibt. Andererseits haben jedoch neuere Versuche erwiesen, daß schon der alleinige Eintritt von Stoffen durch das lebende

Plasma hindurch durchaus nicht immer ein einfacher Diffusionsvorgang ist. Stoffe können ohne Bindung oder Umwandlung in der Zelle in höherer Konzentration vorhanden sein als in der Außenlösung. Dafür spricht ferner, daß beim Eintritt von Stoffen die Atmung eine Rolle spielt.

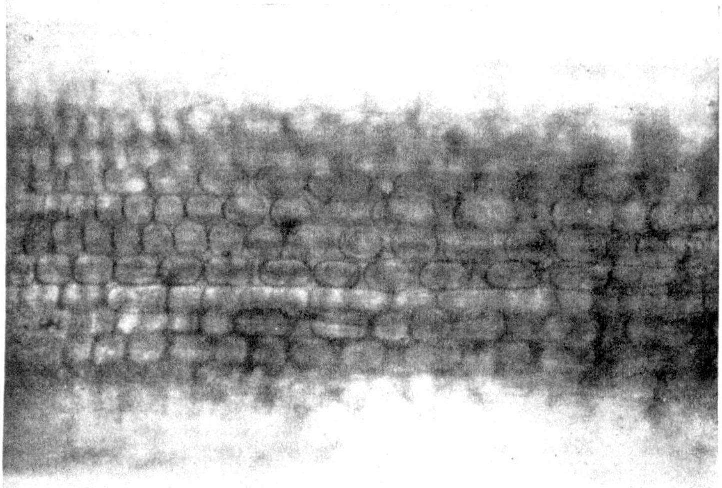

Abb. 51. In Kaliumnitrat plasmolysierte Keimlingswurzel aus Filtrierpapierkultur, Totalpräparat, lebend; links: Ende des Meristem (je nach der Zellreihe 1—4 Zellen lang), daran anschließend der untere Teil der Wachstumszone (je nach Zellreihe 8—10 Zellen lang). Übriges vgl. Text. Objektiv C.

Man kann die Wurzel mit den angefärbten Vakuolen plasmolysieren. Daraus geht hervor, daß das Plasma noch mehr oder weniger unversehrt ist. Ferner stellen wir fest, daß weder Zellwand noch Plasma gefärbt erscheinen. Die Farblosigkeit des Plasmas ist hie und da besonders gut in plasmolysierten Wurzel-

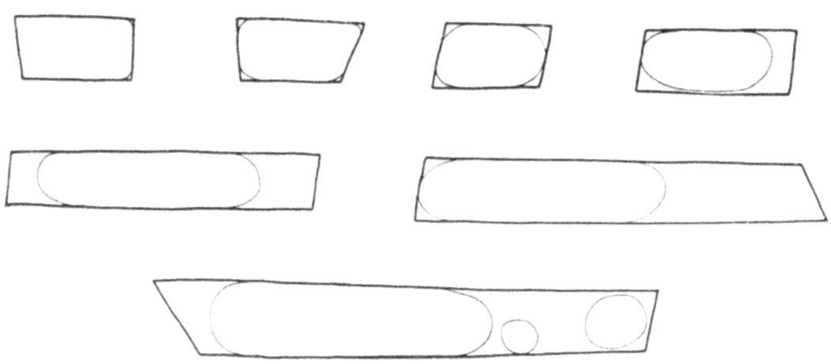

Abb. 52. 7 aufeinanderfolgende Zellen einer Zellreihe der beginnenden Wachstumszone einer Wurzel, plasmolysiert. Zunahme des Plasmolysegrades mit der Zellgröße. Grenzplasmolyse in der jüngsten Zelle.

haaren zu erkennen. Der Farbstoff ist folglich nach dem Durchtritt durch beide ausschließlich in der Vakuole gespeichert worden.

Bei starker Plasmolyse mit 7—10%igem Kaliumnitrat ist in den Wurzelzellen die Entspannung der Wand so stark, daß sie direkt beobachtet werden kann. Es tritt häufig deutliche Wellung der Membranen ein (Abb. 50). Infolge der starken Plasmolyse stirbt ein Teil der Protoplasten ab. Bei vorsichtiger

Deplasmolyse (man saugt wiederholt nur ganz kleine, an den Rand des Deckglas gesetzte Wassertropfen durch) werden die Wände der Zellen mit lebenden Protoplasten infolge Ausdehnung derselben wieder gespannt, die der toten Zellen bleiben gewellt. Zusätzlich läßt sich in dem Versuch noch eine die Wände verschiedener Zellen betreffende Differenzierung erkennen: Die Epidermiszellen wellen sich nicht; sie sind demnach von festerer Konsistenz als die übrigen.

Wir plasmolysieren nun noch einige Wurzeln (wie früher die Samenschale) mit einer schwächeren Lösung, etwa 3% Kalinitrat. In den Zellreihen dicht hinter der Spitze finden sich dann sehr regelmäßige Bilder (Abb. 51 und 52). Je länger die Zellen sind, um so stärker kontrahieren sich die Protoplasten). In den kleinsten Zellen sind sie nur gerade eben in den Zellecken abgehoben. Der Versuch zeigt uns demnach zweierlei. Einmal den Fall der Grenzplasmolyse (vgl. S. 31): Diese gibt recht genau die Konzentration des Zellsaftes an: Sie muß etwas niedriger sein als die eben plasmolysierende Lösung. Ferner ergibt sich eine gesetzmäßige Abnahme der Konzentration mit zunehmender Zellgröße bzw. mit zunehmendem Zellalter (vgl. S. 78f.). Das so erhaltene Präparat ermöglicht gleichzeitig einen genaueren Einblick in die Wachstumsverhältnisse der Wurzel. Hierauf werden wir noch zurückkommen (S. 78, 80).

Zweiter Teil.

Bau der Wurzel.

Für die nun folgenden Beobachtungen benutze man vorzugsweise Keimlinge aus Erdkultur mit 2—6 cm langen Wurzeln. Die Pflanzen werden — nach vorsichtiger Auflockerung der Erde mit einer Pinzette — dem Topf entnommen, ohne daß dabei die Wurzelspitze losreißt und gut in Wasser abgespült, bevor man die Wurzeln vom Hypokotyl abgetrennt, oder besser am Keimling belassen in Wasser auf den Objektträger legt. Die meisten Untersuchungen können an der lebenden Wurzel durchgeführt werden, wenn sich auch nicht jede als gleich gut geeignet erweisen wird.

Am Wurzelkörper lassen sich unschwer folgende Teile unterscheiden: Die Spitze erscheint in einer Länge von etwa 1 mm nicht ganz so durchsichtig wie die rückwärts liegenden Teile. Sie ist milchig- oder sehr oft gelblichweiß. Direkt rückwärts des äußersten Endes fallen bei mittelstarker Vergrößerung in den Zellen der inneren Schichten größere farblose und kompakte Inhaltskörper auf. Der mehr oder weniger konische, die Spitze der Wurzel bildende Gewebskörper wird als Wurzelhaube bezeichnet und überzieht in immer dünner werdenden Zellschichten den Wurzelkörper bis zum Ende der gelblichweißen Zone (Abb. 53 *a*). Falls die Abgrenzung nicht deutlich ist, wird man sie später, nach Behandlung mit C. E.-hell oder mit Kalilauge, ohne weiteres erkennen (Abb. 53 *b*). Die äußeren Zellen der Haube lösen sich allmählich ab (*a*), müssen also in demselben Maße wie sie verlorengehen, von innen her dauernd neu gebildet werden. Die Haube ist, wenigstens für Erdwurzeln, sehr charakteristisch und bildet ein ausgezeichnetes Schutzorgan für die von ihr überzogene, im Erdreich vorwärtsdringende Wurzelspitze. Der Spitze des oberirdischen, blätterbildenden Sprosses fehlt eine solche Haube. Sie ist von den jüngsten, noch winzigen Blättern umhüllt.

Während die äußeren Zellschichten der Wurzelspitze sowohl in der gelben Zone wie oberhalb derselben bis auf die sichtbaren Zellgrenzen mehr oder weniger homogen erscheinen, sind die inneren Schichten von sehr auffallenden

Strängen durchzogen. Sie sind bei Betrachtung in durchfallendem Licht schwarz (Abb. 53 *a*), bei ausschließlich auffallendem glänzen sie silbrig und sind nichts anderes als Interzellularen, wie wir solche bereits vom Keimblatt her kennen. Man beobachtet an der lebenden Spitze gut, daß in den ersten auf die äußerste Haubenzone folgenden Zellschichten noch keine Interzellularen vorhanden sind. Ihre Bildung beginnt erst etwas weiter rückwärts in der gelben Zone.

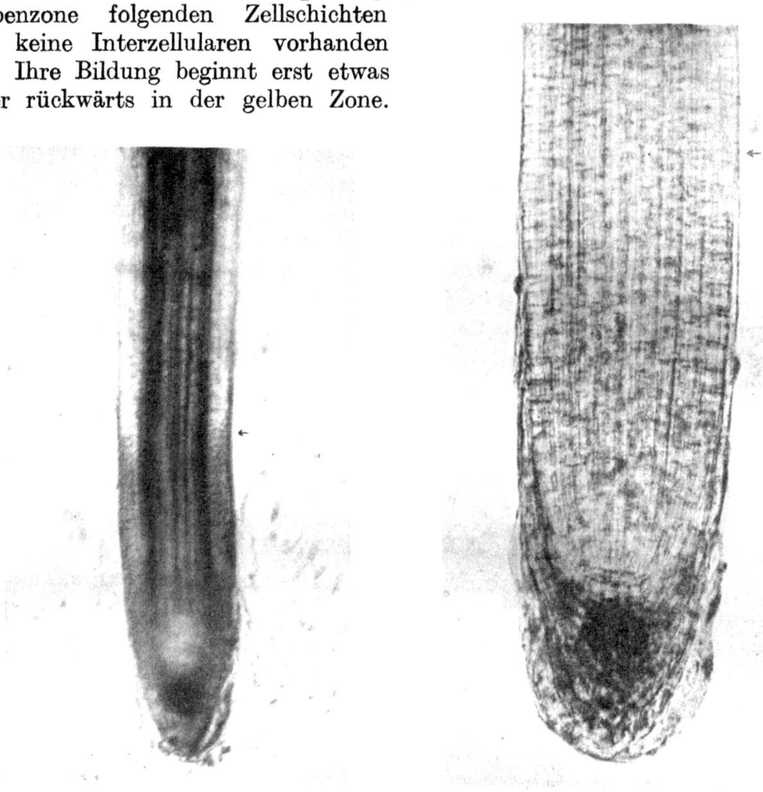

Abb. 53 *a b*. *a*) Wurzel aus Filtrierpapierkultur in Wasser gelegt, umgeben von den abgestoßenen Haubenzellen. Durch die nur im Plerom vorhandenen langen Interzellularengänge ist dieses vom Periblem scharf abgegrenzt. Pfeil: Übergang der meristematischen Zone in die Wachstumszone der Wurzel. Die Interzellularen werden bereits in der meristematischen Zone angelegt. In der Spitze dunkel die stärkehaltigen Zellen der Haube, daran anschließend, hell, das äußerste Ende des Meristems. Aufnahme durch die intakte lebende Wurzel. Objektiv A. — *b*) Totalpräparat einer Keimlingswurzel in Eisessig nach Vorbehandlung mit Kalilauge 20% während 4—5 Minuten. In der Wurzelhaube die sehr dunkeln stärkehaltigen Zellen; direkt über diesen sind 4—5 helle Initialen erkennbar, welche durch perikline Wände dauernd das Gewebe der Haube erneuern und zugleich durch antikline Wände das Dermatogen der Wurzel bilden. Auf diese Hauben- und Dermatogeninitialen folgen die Initialen für das Plerom und Periblem. Pfeil rechts: Ende der Wurzelhaube und Beginn der Wachstumszone. Objektiv C.

Hinter dieser wird die interzellularenfreie äußere Schicht als Wurzelrinde, die interzellularenführende als Zentralzylinder bezeichnet.

Nach dieser ersten Orientierung legt man ein Deckglas auf und setzt die Untersuchung mit dem stärksten Trockensystem fort (überschüssiges Wasser ist abzusaugen). Zunächst sehen wir uns die Zellen der Haube in der Region an, wo diese in dünner Schicht die gelblichweiße Wurzelzone überzieht, und zwar bei höchster Einstellung auf die uns zugekehrte Wurzeloberfläche. In jeder Zelle sind sehr klar eine Anzahl von flach-ovalen oder hantelförmigen, farblosen Körpern erkennbar. Es sind Plastiden im farblosen Zustand, im Gegensatz zu den grünen Chloroplasten als Leukoplasten bezeichnet. Die hantelförmigen Stadien zeigen wie bei jenen die Fähigkeit zur Vermehrung durch Durchschnüren an; auch wird es gelingen, eben sich teilende Leukoplasten aufzufinden. In den kleinen Zellen der gelben Zone des eigentlichen Wurzelkörpers sind ebenfalls farblose Plastiden vorhanden, die jedoch wegen der Dichte des Zellinhaltes nicht zu erkennen sind. In den weiter rückwärts liegenden größeren Zellen sind sie bedeutend kleiner als in der eben betrachteten Zone der Wurzelhaube, und aus diesem Grunde nur recht schwer auffindbar bzw. als Plastiden mit Sicherheit zu identifizieren.

Wie das Vorhandensein einer Haube, so ist die Farblosigkeit ein Kennzeichen für die Wurzel, insofern aber kein unbedingtes, als es nur für die in Dunkelheit wachsende gilt. Am Licht dagegen ergrünen die Wurzeln sehr vieler Pflanzen ebenso wie der Sproß, wenigstens mehr oder weniger weit rückwärts der Spitze. Dies festzustellen hatten wir bereits Gelegenheit bei Beobachtung der Wurzeln in der Kultur in Nährlösung, sofern sie auf Filtrierpapier angesetzt war. Deutliches Ergrünen zeigen auch die kultivierten Wurzelspitzen, nachdem sie, in frische Zuckerlösung übertragen, ihr Wachstum eingestellt haben (Abb. 44). Man kann sie jetzt in Nährlösung (S. 152), welche mit Leitungswasser auf die Hälfte verdünnt wird, ohne Zuckerzusatz noch wochenlang am Leben halten. Durch das Ergrünen der Leukoplasten sind die Wurzeln in Bezug auf Zucker autotroph geworden (S. 56).

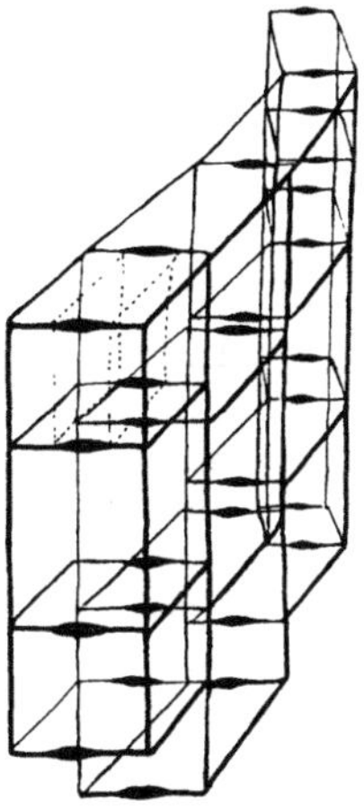

Abb. 54.

Wir stellen nun auf eine etwa 4 mm rückwärts der Spitze gelegene Zone ein. Hier fallen spiralig verdickte Zellenzüge, wie sie bereits im Keimblatt festgestellt wurden, im Zentrum der Wurzel besonders auf. Entweder erscheinen zwei bei derselben Einstellung nebeneinander oder, falls die Wurzel um 90° gedreht liegt, zuerst der eine derselben, dann der andere. Verschiebt man das Präparat wieder gegen die Spitze zu, so läßt sich das Stadium auffinden, in welchem die Verdickungen gerade eben erkennbar in Anlage begriffen sind.

Man wird ferner, falls dies nicht schon bei mittelstarker Vergrößerung aufgefallen war, das Vorhandensein noch anderer „Gänge“ als der zahlreichen Interzellularen feststellen können. Es sind dies 2 (bzw. 4) Ölgänge. Sie liegen gekreuzt zu den Gefäßsträngen, erscheinen also gleichzeitig bei derselben Einstellung, in welcher nur ein Gefäßstrang sichtbar ist, links und rechts desselben, dagegen in der Einzahl (bzw. zu zweit nahe beieinander liegend), bevor die Gefäßstränge sichtbar werden. Diese Ölgänge werden wie die Interzellularen bereits in der gelblichen Zone angelegt. Der etwas körnelige, helle, gelblichbraune Inhalt ist von der Luft der Interzellularen bei genauer Beobachtung gut zu unterscheiden. Wird (bei vorheriger Einstellung und unter gleichzeitiger Beobachtung) die Wurzel durch Hindurchsaugen von C. E.-hell abgetötet, so sieht man die Luft der Interzellularen sehr schnell, das Öl in den Ölgängen viel langsamer sich gegen das Hypokotyl zu bewegen. Bei dieser Behandlung treten die Gefäßstränge mit großer Klarheit hervor. Außerdem wird die in der lebenden Wurzel als solche nur schwer erkennbare, deutlich differenzierte innerste Zellschicht sichtbar, welche die Rinde gegen den Zentralzylinder abgrenzt. Sie wird entsprechend als Endodermis bezeichnet und ist jetzt deutlich daran kenntlich, daß die 4 radial verlaufenden Kanten einer jeder Zelle schwach wulstig verdickt sind. Die Wülste erscheinen beim Bewegen der Mikrometerschraube in Gruppen beieinander, wie die schematische Darstellung zeigt (Abb. 54). In Wirklichkeit sind jedoch alle 4 Zellwände und nicht die Kanten allein in der Breite der Wülste verdickt, wie von einem Faßreifen umgeben (im Schema in der obersten Zelle vorne angedeutet). Nach innen zu folgt die durch keine besondere Differenzierung kenntliche, um den Zentralzylinder herum liegende Schicht, der Perizykel, auf welche wir noch besonders zurückkommen werden.

Das so erhaltene Präparat wird zur Seite gestellt und nochmals ein Keimling mit nur 2 cm langer lebender Wurzel in wenig Wasser untersucht. Trennt man, nach vorheriger Einstellung auf die Wurzelspitze, diese unter der Lupe oder unter dem Mikroskop bei schwacher Vergrößerung im Beginn der Schicht, in welcher die Interzellularen angelegt werden, mit Rasierklinge oder Impfmesser durch einen scharfen Schnitt ab, so sieht man häufig die Luft in Blasen austreten. Gleichzeitig kann man sich vom Vorhandensein von Milchsaft in der Keimlingswurzel überzeugen. Wird die Spitze kurz oberhalb der gelben Zone abgetrennt, so tritt derselbe meistens eruptionsartig als gekörnelte Masse aus dem Zentralzylinder an scharf umschriebener Stelle in beträchtlicher Menge aus. Daraus geht hervor, daß sich der Milchsaft innerhalb der Wurzel in langen Gängen befinden muß. Hier ist er als solcher nicht zu erkennen, denn er gerinnt erst beim Austreten nach dem Durchschneiden.

(Kontrastreiche, besonders instruktive Bilder erhält man an Wurzelpräparaten auf folgende Weise: Nach Fixierung in Chrom-Osmiumsäure [S. 152] während 5—10 Minuten wird der Keimling in n-Salzsäure 10 Minuten bei 60° hydrolysiert und anschließend in C. E.-hell untersucht. Die Ölgänge sind in ihrem ganzen Verlauf braunschwarz gefärbt. Legt man hinterher in Jod-Jodkali ein, so erkennt man jetzt auch die gelblich gefärbten Milchröhren direkt. Sie sind dadurch charakterisiert, daß sie durch Querverbindungen [Anastomosen] ein kommunizierendes System bilden. Man kann etwa 20 Milchröhren zählen; vgl. S. 107.)

Teilungszone und Wachstumszone. Wir untersuchen nun genauer die Zellen der gelben und der rückwärts sich anschließenden Zone. Folgende Verschiedenheiten sind charakteristisch: Die Zellen in der Spitze sind dicht mit Plasma gefüllt (Abb. 55 *a*), worauf die verhältnismäßige Undurchsichtigkeit hier zurückzuführen ist. Der Zellkern ist groß und liegt in der Mitte der Zelle. Außerdem sind die Zellen in allen Teilen der Zone recht klein. Wenn man Unterscniede in der Höhe der einzelnen Zellen findet, so ergibt sich oft das Verhältnis 2 :1 (Abb. 55 *a*); dabei liegen die kleineren Zellen häufig paarweise (in der Längsrichtung der Wurzel) nebeneinander. Das deutet, wie beim embryonalen Keimblatt (S. 20), auf stattgefundene Zellteilung hin. Tatsächlich ist die gelbe Zone diejenige, in welcher sich die embryonalen Zellen der Wurzel durch andauernde Teilung vermehren. Diese Zone wird deshalb als Meristem bezeichnet. Man sieht, daß im Wurzelmeristem die Zellen sich in der Hauptsache in der Längsrichtung der Wurzel teilen. Das embryonale Wachstum besteht nur darin, daß die infolge der Zellteilung auf die Hälfte herabgesetzte Masse des Protoplasma wieder auf die ursprünglich vorhandene vermehrt wird. Dann tritt nach einer bestimmten Zeit wieder Teilung ein.

Ganz anders ist das Bild, wenn wir in die an das Meristem anschließende, wenigstens in der Wurzelrinde durchsichtige Zone gelangen. Sehr brauchbar sind plasmolysierte Wurzeln (S. 75 und Abb. 51 sowie 52). Die hintereinander liegenden Zellen werden allmählich länger, je weiter sie vom Meristem entfernt liegen. Schließlich stellt man fest, daß bereits in 1—2 mm Entfernung von der Spitze der Haube die Zellen nicht mehr wachsen. Gleichzeitig mit dem Längenwachstum verändert sich auch das Aussehen des Zellinhaltes. Das Protoplasma füllt nicht mehr die gesamte Zelle aus (Abb. 55 *a*), sondern liegt in dünner Schicht vorwiegend an den Zellwänden (Abb. 55 *b*), wie wir das von der Samenschale

Abb. 55 *a—f*. Unterschied zwischen embryonalen und ausgewachsenen Zellen verschiedener Organe; *a*) embryonale Zelle aus dem Wurzelmeristem vor der Zellteilung, dicht mit Plasma erfüllt, großer Kern und großer Kernkörper; darüber embryonale Zelle kurz nach der Teilung. Plasma wie vorher, Kern und Kernkörper noch klein. *b*) Eine zu maximaler Größe herangewachsene Zelle aus dem Wurzelparenchym, Plasma nur als Wandbelag, Kernkörper sehr klein. *c*) Subepidermale Zelle eines ausgewachsenen Hypokotyl, Lichtkultur; darüber und in *f* aus Dunkelkultur; Plasma wie in *b* und *c*, Kern und Kernkörper deutlich kleiner als in der embryonalen Wurzelzelle. *d*) älteres Wurzelhaar mit sehr großem Kern; beachte außerdem die fädige Struktur desselben (S. 129); sehr dünne Zellwand. *e*) Einzelliges Haar aus der Blüte mit dicker Membran, kleinem Kern und kaum sichtbarem Plasmabelag. Alle Figuren bei derselben Vergrößerung. Objektiv E.

her kennen. An das Meristem schließt sich demnach die eigentliche Streckungszone an. Es leuchtet ein, daß wir lediglich dieses Streckungswachstum gemessen haben (S. 67 f.), nicht das embryonale, und wir erkennen, daß das gesamte Wachstum der Wurzel von *Crepis capillaris* sich nur auf eine Zone von 1—2 mm erstreckt. (Hiermit bestätigt sich die Richtigkeit des gelegentlich der Restitutionsversuche gezogenen Schlusses — S. 58 und 64 —, daß die Wurzel ausschließlich an der Spitze wächst.) Grundsätzlich gilt dasselbe für jede Wurzel, nur daß die Größe der Zone (wie auch diejenige des Meristems) je nach der untersuchten Pflanze verschieden ist. Bei größeren Wurzeln, wie bei einer Bohne, Erbse oder Zwiebel, sind die Wachstumszonen mehrere Millimeter lang. Auch bei derselben Pflanze sind die Wachstumszonen (und Meristeme) gesetzmäßig verschieden groß, bei älteren Hauptwurzeln größer als bei der Keimlingswurzel, bei Seitenwurzeln ersten und zweiten Grades kleiner. Das läßt sich bei *Crepis capillaris* leicht feststellen.

Vom Ausmaß des Längenwachstums der einzelnen Zelle kann man sich auch ohne Meßokular eine Vorstellung dadurch bilden, daß man in einer gut beobachtbaren Zellreihe im Meristem und im ausgewachsenen Teil die Anzahl der Zellen bestimmt, welche auf dem Durchmesser des Gesichtsfeldes liegen. Es ergibt sich, daß im allgemeinen die ausgewachsenen Zellen 6—8mal so lang sind wie die (vor der Teilung stehenden) embryonalen. Maximal beträgt die Längenzunahme das 14-, manchmal sogar das 20fache (Abb. 55). Bei Messung in mehreren Reihen wird man bald gewahr werden, daß in den einzelnen Zellenzügen das Streckungswachstum gleichalter Zellen recht verschieden sein kann. Aus der Gesamtheit der Variation im einzelnen ergibt sich aber das erstaunlich gleichmäßige und geradlinige Gesamtwachstum der Wurzel, welches wir konstatiert haben (S. 68 f.). Die Tatsache, daß nebeneinander liegende Zellen sehr verschieden schnell wachsen können, führt zwangsläufig zu der Vorstellung, daß dabei die Wände dieser Zellen entweder aneinander vorbeigleiten müssen oder daß es, falls dies nicht stattfindet, zu einer Gewebsspannung kommen muß.

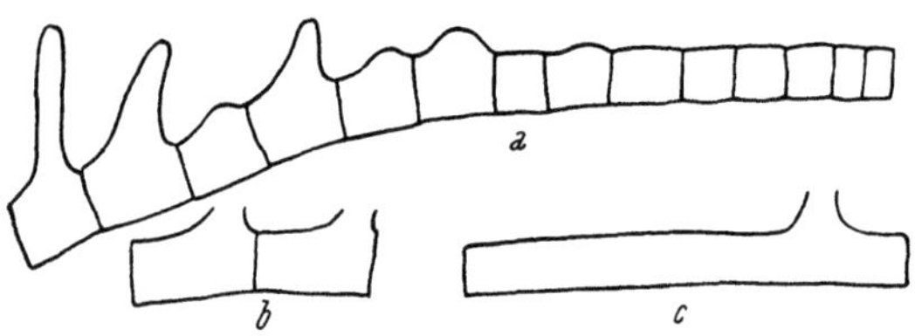

Abb. 56 *a*—*c*. In *a* und *b* nahezu unterdrücktes Streckungswachstum einer Wurzel bei Kultur in Leitungswasser mit Deckglas bedeckt unter Fortdauer des embryonalen Wachstums und der Zellteilung; Dermatogen. *a*) Zellreihe aus dem Übergang vom Meristem zur Wachstumszone, *b*) maximal gestreckte Zellen, *c*) Endlänge einer Epidermiszelle bei normal kultivierter Wurzel. (Näheres vgl. Text.) Totalpräparat der lebenden Wurzel.

Hat man die zur Untersuchung der Plasmaströmung montierten Keimlinge (S. 72) auch nur 1—2 Tage lang weiter kultiviert, so läßt sich an den Wurzeln jetzt leicht feststellen, daß das Streckungswachstum der rückwärts der Wurzelspitze gelegenen Zellen nahezu unterdrückt ist (Abb. 56 und auch 28), ein eindrücklicher Nachweis für die grundsätzliche Verschiedenheit von Wachstum durch Vermehrung der Zellen und Wachstum durch ausschließliche Streckung der Zellen. Die Bildung der Wurzelhaare beginnt in solchen Kulturen direkt hinter der Spitze. Wochenlang „wachsen“ die Wurzeln der so kultivierten Keimlinge weiter, aber fast ausschließlich auf Grund von Vermehrung der Zellen (Technik zum Nachweis der Teilungen S. 84 f.). Was die eigentliche Ursache für die Unterdrückung des Streckungswachstums der Wurzelzellen in diesen Kulturen ist, bleibt zunächst ungewiß. Der Schluß liegt nahe, daß das Streckungswachstum der Zelle gegen den unter dem Deckglas zweifellos herrschenden Sauerstoffmangel viel empfindlicher ist als Zellteilung und embryonales Wachstum. Dies würde dem Ergebnis neuerer Untersuchungen und auf Grund derselben angestellten Berechnungen entsprechen, wonach in der Streckungszone einer Wurzel die Atmung nahezu dreimal größer ist als in der Teilungszone.

Wir haben die Ergebnisse über die begrenzte Wachstumszone einer Wurzel noch in Zusammenhang zu bringen mit den früher notierten Beobachtungen über die geotropische Krümmung (S. 46). Es zeigt sich jetzt, daß die damals gefundene Lage der Krümmungszone (Abb. 28) genau übereinstimmt mit der jetzt festgestellten Streckungszone. Damit ist die geotropische Krümmung der Wurzel, wie früher diejenige des Hypokotyls (S. 45), als Wachstumskrümmung erkannt (vgl. auch Abb. 27 mit Abb. 57, sowie den Text zu ersterer).

Die Entstehung der Seitenwurzeln. Wir haben bereits bei der Restitution derselben aus dem Blattstiel und Hypokotyl beobachtet, daß sie im Innern der Organe angelegt wurden. Da diese endogene Anlage der Verzweigung aus bereits in den Dauerzustand übergegangenen Gewebsteilen eines der charakteristischsten Merkmale ist, welche die Wurzel von dem exogen, d. h. aus den äußeren und embryonalen Zellschichten sich verzweigenden Sprosses unterscheiden, soll sie etwas genauer angesehen werden. Am besten werden die etwa 6 cm langen Wurzeln von 8—10 Tage alten Keimlingen benutzt (Abb. 23 *b*), bei welchen die ersten Seitenwurzeln unterhalb des Hypokotyls eben hervorgewachsen sind. Der ganze Keimling wird in Alkohol-Eisessig fixiert und darnach die Wurzel auf dem Objektträger in C. E.-hell in 2 cm lange Stücke zerschnitten. Diese ordnet man der Reihe nach von oben nach unten und bedeckt mit einem Deckglas von großem Format (*27*). Erwärmen des Präparates oder kurzes Aufkochen ist oft von Nutzen. Die Seitenwurzeln entstehen direkt über den Gefäßsträngen (Abb. 57). Man kann in einem so hergestellten Präparat leicht gegen die Wurzelspitze zu immer frühere Stadien auffinden und die erste Anlage im Pericykel (S. 78) beobachten.

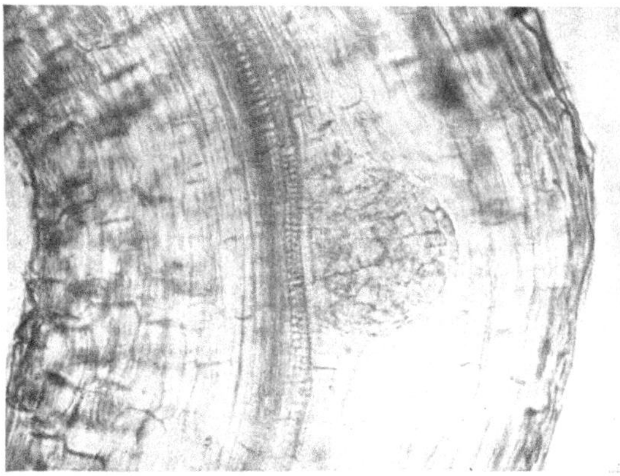

Abb. 57. Die endogene Entstehung der Seitenwurzel. Die Hauptwurzel von einem Keimling im Stadium *b* der Abb. 23. Beachte außerdem das Auftreten der Seitenwurzel an der Konvexseite der gekrümmten Hauptwurzel. Totalpräparat in 45 %iger Essigsäure nach Fixierung in Alkohol-Eisessig. Objektiv C.

Einer Untersuchung wert sind auch die in unseren Präparaten leicht zu beobachtenden, streng lokalisierten Veränderungen, welche in der Rinde der Mutterwurzel während der Bildung der Seitenwurzeln vor sich gehen. Man stellt fest, daß immer über der Spitze und um die Spitze der wachsenden Seitenwurzel herum die bereits in den Dauerzustand übergegangenen Zellen besonders der subepidermalen Schicht ebenfalls wieder in Teilung treten und zwar in der Längsrichtung der Hauptwurzel (Abb. 58). Derartige Teilungen während der Bildung der Seitenwurzel sind bei vielen Phanerogamen gefunden worden. Offenbar wird dadurch der Seitenwurzel der Durchbruch erleichtert. Außerdem wird durch den Vorgang, da die betreffenden Zellen sich später auch tangential zur Hauptwurzel teilen und dann auch quer zu derselben wachsen, ein dichterer Abschluß rings um die austretende Nebenwurzel erreicht. Die Rinde der Mutterwurzel wird demnach nicht einfach mechanisch durch die wachsende Seitenwurzel vorgestülpt, sondern sie bildet aktiv durch Zellteilung und Zellwachstum eine die Basis des Tochterorgans umgebende Kuppe (Abb. 58 *c*).

Es sei noch erwähnt, daß die Seitenwurzeln, falls die Hauptwurzel (wie das bei Erdkulturen immer vorkommt) Krümmungen aufweist, fast regelmäßig an der Außenseite des Krümmungsbogens gebildet werden (Abb. 57). Diese Gesetzmäßigkeit gilt allgemein und auch für das Austreiben von Seitenknospen an gebogenen oberirdischen Sprossen. Die eigentliche, jedenfalls stoffliche Ursache ist noch nicht sicher bekannt.

Bau der Wurzelspitze. Auch Anfänger sollten sich Zeit und Mühe nehmen, denselben im einzelnen anzusehen. Das kann ebenfalls an der lebenden, 2—6 cm langen Keimlingswurzel aus Erdkultur (nicht aus Filtrierpapierkultur) geschehen. Sollte das nicht gelingen, woran Unterschiede in der Beschaffenheit der einzelnen

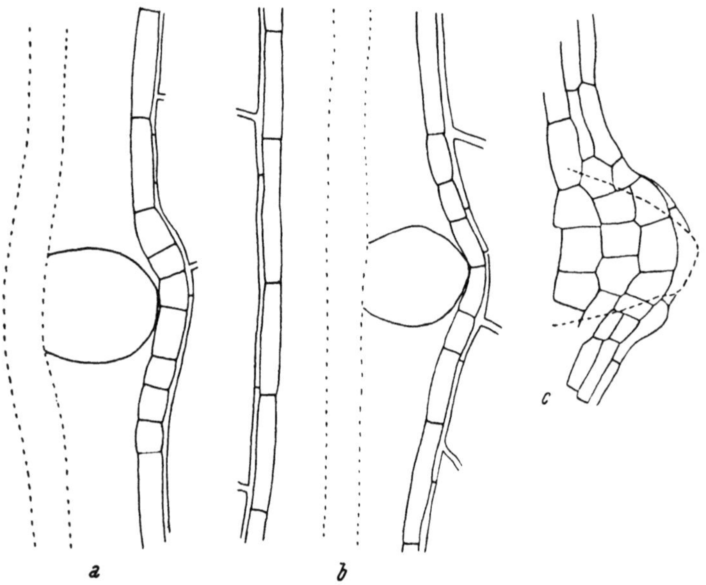

Abb. 58 *a*—*c*. Teilungen in den subepidermalen Zellen der Hauptwurzel während der Bildung der Seitenwurzel. Gestrichelte Linien in *a* und *b*: Grenze zwischen dem zentralen Gefäßbündel und der Wurzelrinde. In *a* ist nur die Hälfte der Hauptwurzel gezeichnet, in welcher die Seitenwurzel entsteht und in beiden Figuren nur die in dem Totalpräparat allein klaren Teilungen in der subepidermalen Schicht. *c*, Austretende Seitenwurzel (gestrichelt); Wulstbildung durch die subepidermalen Zellen der Hauptwurzel. Nach Teilung sind sie quer zur Längsrichtung letzterer gewachsen. Totalpräparat in 45%iger Essigsäure *a* und *b*; *c* lebende Wurzel. Objektiv C.

Spitzen schuld sein mögen, so benutzt man zunächst das zurückgestellte Totalpräparat in C. E.-hell (S. 78). Tritt auch in diesem das Gerüst des Zellnetzes nicht klar genug hervor, so lege man lebende Erd- oder Filtrierpapierwurzeln der angegebenen Länge für 4 Minuten in die für die Atmungsversuche benutzte 20%ige Kalilauge und anschließend zu 3—4 auf dem Objektträger in Eisessig. Mit flüssig gemachter Vaseline umrandet halten sich diese Präparate tage- und wochenlang.

Oft gelingt es, welche Art von Totalpräparaten man auch benutzt, in einer einzigen Wurzelspitze die Feinheiten im Aufbau klar zu erkennen. Die Gesamtsituation läßt sich auch aus mehreren Wurzeln leicht kombinieren (vgl. Abb. 59). Man orientiert sich zunächst über die Abgrenzung der Wurzelhaube gegen den eigentlichen Wurzelkörper, indem man bei Einstellung auf die Höhe der Wurzelachse beiderseits der Wurzel die Haube bis zu ihrem rückwärtigen Ende genau verfolgt und dann wieder gegen die Spitze zu den Verlauf der Wurzelepidermis bis zum Ende des Wurzelkörpers feststellt. In der Teilungszone wird die Epidermis als

Dermatogen bezeichnet. An dessen Spitze lassen sich die in Drei- bis Vierzahl vorhandenen, hautbildenden, durch ihre beträchtliche Größe auffallenden Zellen feststellen. Diese geben durch quer zur Wurzeloberfläche gerichtete (antikline) Wände dauernd neue, die Epidermis aufbauende Zellen ab. Vom Dermatogen gegen die Haube zu findet man meistens Zellen, welche sich durch parallel zur Wurzeloberfläche orientierte (perikline) Wände teilen. Sie liefern, wie leicht ersichtlich, die neuen Zellen für den Aufbau der Wurzelhaube. Das ist nötig, weil, wie wir bereits gefunden haben (Abb. 53 a), diese an der Oberfläche dauernd Zellen abstößt.

Auf die dermatogenbildenden Zellen, die Dermatogeninitialen, folgen im optischen Schnitt wiederum 3 durch Größe und reichlichen Inhalt auffallende

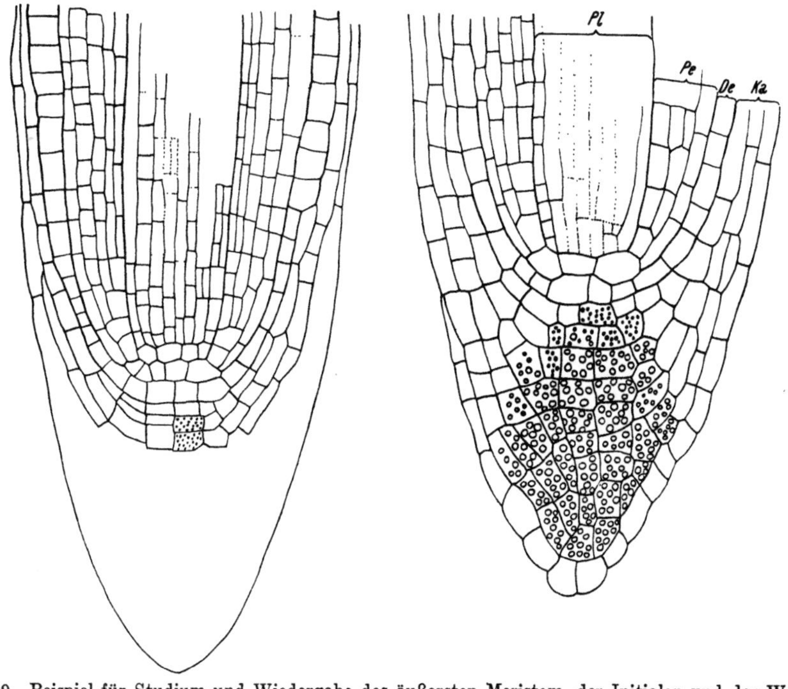

Abb. 59. Beispiel für Studium und Wiedergabe des äußersten Meristem, der Initialen und der Wurzelhaube an einem Wurzeltotalpräparat. Herstellung wie in Abb. 53 *b*. In beiden Figuren sind jeweils nur die einwandfrei erkennbaren in einer Ebene liegenden Zellenzüge gezeichnet. *Pl* Plerom, *Pe* Periblem, *De* Dermatogen, *Ka* Kalyptra (Wurzelhaube). Objektiv E.

Zellen. Verfolgt man die von ihnen abgegebenen Zellen nach der Wurzelbasis zu, so wird klar, daß sie unter Neubildung von Zellen durch antikline Wände der Wurzelrinde den Ursprung geben. Die so entstandenen Zellen vermehren sich durch perikline Wände, so die Wurzelrinde in der Breite aufbauend, die neu entstandenen, außer durch perikline, vor allem durch antikline. In der Entstehungszone wird die Wurzelrinde Periblem genannt und entsprechend die wenigen an dem Ursprungsort liegenden Zellen als Peribleminitialen bezeichnet. Auf diese folgen dann die Initialen des Plerom, welches den späteren Zentralzylinder ausbildet. (Grundsätzlich denselben Aufbau hat auch der Vegetationspunkt des Sprosses. Aus dem Dermatogen geht die Epidermis des Stengels und der Blätter hervor. Aus dem Periblem die Rinde, welche sich durch Einstülpung von 1—2 Schichten in die sich auswölbende Epidermis an der Blattbildung beteiligt, ferner an der Bildung der Seitensprosse. Aus dem Plerom geht das Mark mit den stoffleitenden Elementen hervor.)

Dritter Teil.

Zellteilung, Kernteilung, Chromosomen.

Nach Orientierung über den Bau des Wurzelvegetationspunktes wenden wir uns mit den folgenden Untersuchungen der Frage nach den Einzelgeschehnissen innerhalb der Zellen bei deren Teilung zu. Als wesentlichen Zellinhalt haben wir das Cytoplasma mit den Plastiden und dem stets in der Einzahl vorhandenen Kern kennengelernt. In erster Linie stellt sich jetzt die Frage, auf welche Weise sich der Zellkern bei der Teilung der Zelle teilt.

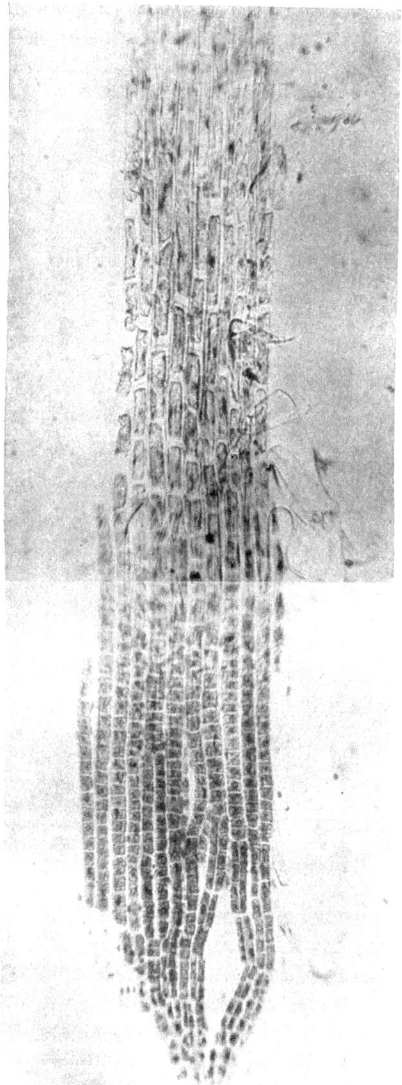

Abb. 60. Stück des Meristem und der Wachstumszone aus einer Keimlingswurzel, wie es in Präparat 2 (S. 86 u. 90 f.) vorhanden sein soll. Der ganze Keimling im Reagenzglas fixiert und in Carmin-Essigsäure gekocht; dann in der im Text angegebenen Weise in C. E.-hell mehrfach längs gespalten. In der Mitte rechts anhaftende Zellenzüge der Wurzelhaube. Objektiv C.

Anfertigung der Präparate. Wir fixieren 5—10 Keimlinge aus gut belichteter und dauernd feucht gehaltener Filtrierpapierkultur (senkrecht gestellte Petrischale oder Objektträger in flacher Küvette [*31*] 15 Minuten oder beliebig Stunden bis einige Tage vor Gebrauch im Reagenzglas [*34*]). Die Wurzeln sollen 0,5—1,5 cm lang sein. In dasselbe Glas kommen außerdem noch: wurzellose, mit dem Hypokotyl abgeschnittene Keimlinge aus Erdkultur, bei welchen 1—3 Laubblätter in Bildung begriffen sind, ferner noch jüngste, 1—3 mm lange Blättchen aus dem Zentrum größerer Rosetten. Sie werden so weit wie möglich an ihrer Basis (S. 95) mit einer spitzen Pinzette abgetrennt. Am Untersuchungstag wird die Fixierungsflüssigkeit abgeschüttet und durch C. E.-dunkel ersetzt, darauf wie bei der Herstellung der Keimblattpräparate das ganze Material 1 Minute lang gekocht. Nach dem Erkalten ersetzt man die C. E.-dunkel durch C. E.-hell und schüttet nach gutem Umschütteln in eine kleine Glasdose, die dann verschlossen gehalten wird, aus.

Auf Objektträger 1 kommen in einen kleinen Tropfen C. E.-hell 2—3 der Keimlinge mit Wurzeln. Deren dunkelrote Spitzen werden in einer Länge von höchstens 1 mm abgetrennt und nach Entfernung der Keimlingsreste zerteilt. Dabei ist folgendermaßen zu verfahren: Zuerst wird soviel Flüssigkeit vom Objektträger abgesaugt, daß die Spitzen nicht mehr herumschwimmen können. Dann werden sie unter Einstechen und

Überkreuzen der 2 Nadeln (gut spitzen!) je in mindestens 3—4 kleine Stückchen zerhackt. Das geschieht rigoros und ohne irgendwelche besondere Sorgfalt. Die erhaltenen Gewebskomplexe werden, um die Durchsicht unter dem Mikroskop zu erleichtern, in 2—3 Reihen geordnet und dann

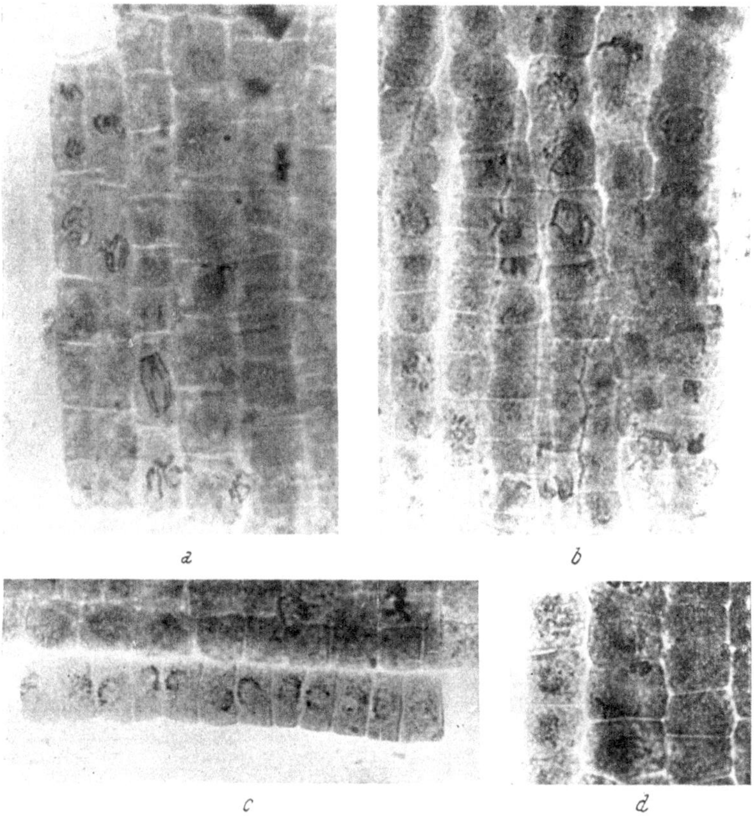

Abb. 61 *a—d*. Intakte Zellenzüge aus Wurzelspaltpräparaten, einige Hauptstadien der Kern- und Zellteilung zeigend, und zwar: Prophasen: *a*) linker Rand, oberhalb Mitte (1 Zelle), *b*) mittlere Zellreihe, oben (2 Zellen), ferner einige mehr oder weniger deutlich erkennbare am linken Rand; Metaphasen: *a*) mittlere Reihe, unterste Zelle und *b*) zweite Reihe von rechts, oberste Zelle; in *a* alle 6 Chromosomen erkennbar, stellenweise auch Längsspaltung. Anaphasen: *a*) zweite Reihe neben Prophase, Spalthälften an den Enden noch in Berührung; mittlere Reihe über der Metaphase und *b* in der mittleren Reihe unter den zwei Prophasen. Frühe Telophasen mit Wandbildung: *a*) obere Ecke links (Spindel erkennbar) und *b* rechter Rand unten (Spindel etwas weniger deutlich). Junge Tochterzellen: *a*) über der Anaphase, *b*) linker Rand Mitte, *c*) in der unteren Reihe 6 Zellpaare, an der korrespondierenden Lage der heterochromatischen Chromosomenstücke als solche zu erkennen (Beweis für die Individualität der Chromosomen im Ruhekern, vgl. Text S. 90); *d*) in der Mitte eine Anaphase in verhältnismäßig kurzer und breiter Zelle. In der oberen Hälfte sind die Chromosomen um 90 Grad aus der normalen Lage nach oben gedreht, so daß sie in der Blickrichtung liegen (Indicium für die Druckwirkung des Spindelkörpers, vgl. Text S. 90). Objektiv E.

ein Deckglas aufgelegt. Dieses wird mit dem linken Zeigefinger am linken Rand auf dem Objektträger festgehalten und gleichzeitig durch eine mit der rechten Hand fast waagrecht gehaltenen Nadel dem Objektträger recht satt angedrückt. Während man mit dem Zeigefinger weiter festhält, wird eventuell am Deckglasrand hervorgetretene Flüssigkeit mit Filtrierpapier abgesaugt. Beim Andrücken wie Absaugen ist darauf zu achten, daß sich das Deckglas nicht verschiebt. In einem gelungenen Präparat sollen die einzelnen Stückchen der

Wurzelspitzen durch den Druck mit der Nadel zu dünnen Schichten auseinandergebreitet sein. Nimmt die Untersuchung längere Zeit in Anspruch, so ist es zweckmäßig, das Präparat mit flüssig gemachter Vaseline abzuschließen.

Auf Objektträger 2 bringt man, ebenfalls in C. E.-hell, nur eine einzige Wurzel. Diese wird ganz oben an der Austrittstelle aus der Fruchtschale (bzw. an der Grenze zum Hypokotyl) abgetrennt und als Ganzes, nötigenfalls unter der Lupe, auf folgende Weise mit 2 tadellos spitzen Nadeln in 6—8 Längsstreifen zerlegt. Man sticht die beiden Nadeln links und rechts in die Wurzelbasis beim Übergang zum Hypokotyl ein und zieht die Wurzel in 2 erste Längsstreifen auseinander; dabei wird die linke Nadel nach links, die rechte nach rechts bewegt. Hängen die so erhaltenen Streifen nur noch in der Nähe der dunkelroten Spitzenzone zusammen, so muß besonders vorsichtig fortgefahren werden, weil sie hier leicht abreißen. Die Längsteilung wiederholt man an den jedesmal erhaltenen Stücken solange mit derselben Sorgfalt, bis die nötige Anzahl erhalten ist. An jedem Streifen, so lang oder kurz derselbe ausgefallen sein mag, soll also an der Spitze ein Stückchen der dunkelroten Gewebszone vorhanden sein. Man kann dann noch zweckmäßig die Streifen parallel ordnen und legt, nachdem wieder genügend Flüssigkeit entfernt worden ist, ein Deckglas auf. Dieses wird wie beim ersten Präparat mit dem Zeigefinger festgehalten, aber nicht besonders an den Objektträger angedrückt, sondern nur angesaugt. Hier ist besonders sorgfältig darauf zu achten, daß sich das Deckglas nicht verschiebt. Nur so bleibt die in diesem Präparat erforderliche, geordnete Lage der Zellen im Verbande erhalten. Falls nötig, ebenfalls Umrandung mit Vaseline.

In einem gelungenen Präparat dieser Art sollen (im Gegensatz zum ersten) unversehrte Zellverbände mit unverletzten Zellen vorhanden sein (Abb. 60). Die Streifen sollen wie dünne Längsschnitte durch die Wurzel aussehen. Sehr gut läßt sich hier die Wachstumszone mit den allmählich länger werdenden Zellen beobachten (vgl. S. 78).

Auf Objektträger 3 und 4 kommen die Blättchen der ohne Wurzel fixierten Keimlinge und aus der größeren Rosette. Auf dem einen isoliert man in Zusammenhang miteinander die 2 kleinsten unter der Lupe noch erkennbaren Laubblätter der Keimlinge und entfernt die Hypokotyle mit den ansitzenden Keimblättern. Auf dem anderen kommt ein einziges der Rosettenblätter. Nach Auflegen der Deckgläser wird (vgl. Objektträger 1) mit flachgehaltener Nadel breitgequetscht.

Chromosomen. Bei der Untersuchung der Präparate 1 und 2 mit mittelstarkem oder starkem Trockensystem (Immersion ist hierzu nicht nötig) fällt ohne weiteres auf, daß in zahlreichen Zellen der äußersten Spitze entweder die Kerne im Innern geschlungene, fadenartige Gebilde von verschiedenem Aussehen im einzelnen enthalten, oder daß anstatt des Kernes intensiv rot gefärbte kompakte Stäbchen in verschiedenen Anordnungen vorhanden sind. Man erkennt leicht, daß die Stäbchen mit den Fäden identisch sind. Wir stellen in dem zweiten Präparat an einem möglichst einzellschichtigen Stück mit intakten Zellen fest, wie die zuerst dünnen, langen, vielfach geschlängelten und mäßig gefärbten Fäden aus der chromatischen Masse (S. 30) der Kerne hervorgehen (Stadium der Prophase) und sich durch Verkürzung und Verbreiterung zu den kompakten, intensiv gefärbten Stäbchen umbilden (Abb. 61, 62). Dabei verschwindet die vorher deutliche Kontur des Zellkerns. Die Stäbchen werden wegen ihrer leichten Anfärbbarkeit mit einer Reihe von Farbstoffen als Chromosomen (Farbkörper) bezeichnet. Sie werden nicht etwa in jedem Zellkern aus der chromatischen Masse neu gebildet, vielmehr besteht diese scheinbar körnige Masse bereits aus einzelnen individuellen Chromosomen. Dieselben befinden sich lediglich in einem so starken Grad der Auflockerung, daß sie, außerdem dicht aneinander gelagert, nicht als Individuen zu erkennen sind. Die Richtigkeit dieser Behauptung werden wir alsbald durch eine Reihe von Beobachtungen stützen können (S. 90; vgl. auch S. 129 unten).

Wir konzentrieren nun unsere Aufmerksamkeit auf solche Zellen, in welchen die Stäbchen zusammen in der Mitte oder in zwei deutlich voneinander gesonderten Gruppen liegen (Abb. 63, 64), und benutzen hierzu das zuerst angefertigte Präparat. Man wird bald Gruppen der ersten wie der zweiten Art finden, mit säuberlich getrennten Stäbchen, die sich gar nicht oder doch nur teilweise überdecken.

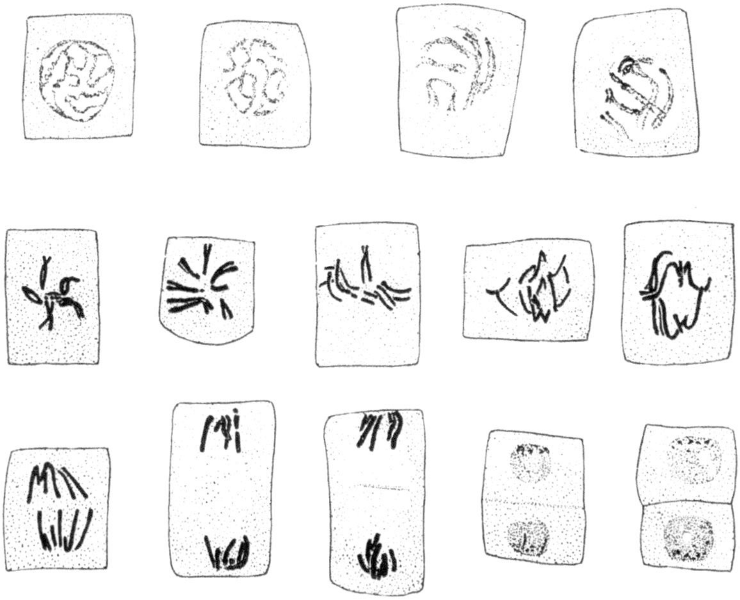

Abb. 62. Einige wesentliche Stadien der Kernteilung aus Wurzelspaltpräparat. In der oberen Reihe: Aufeinanderfolgende Prophasestadien; in der mittleren: 2 Metaphasen, die eine in Aufsicht; eben beginnende Anaphase mit der Trennung der Spalthälften, zwei Anaphasen im mittleren Stadium; in der unteren Reihe: Zwei spätere Anaphasen, eine späte Anaphase mit Beginn der Wandbildung in der Spindel; zwei junge Schwesterzellen, in welchen die Anordnung der Chromosomen noch zu erkennen ist, Zelle mit älteren Schwesterkernen; beachte die Struktur der voneinander abgewandten Kernpole. Technik wie auf S. 84 angegeben. Objektiv E.

Dabei macht es nichts aus, wenn die zugehörigen Zellen durch den mit der Nadel ausgeübten Druck stark gequetscht und manchmal geöffnet wurden (Abb. 63 *b*, 63 *c*). Vielmehr ist dies von besonderem Vorteil, weil es so viel häufiger gelingt, eine Tatsache von grundsätzlicher Bedeutung festzustellen:

Die Chromosomenzahl. Sie ist, wie man ohne weiteres erkennt, nicht hoch. Nach Durchmusterung einiger Haufen wird man in jedem einzelnen stets die Zahl 6 festgestellt haben, sei es, daß die Stäbchen zusammen in einer einzigen Gruppe oder in den zwei voneinander getrennten Gruppen gezählt wurden. Es ist ein Leichtes, sich davon zu überzeugen, daß auch die jüngsten Blättchen in Präparat 3 und 4 dieselbe Chromosomenzahl besitzen. (Dadurch ist es möglich, worauf bereits am Ende des Kapitels I hingewiesen wurde, mit Hilfe eines solchen einfachen Blattpräparates *Crepis capillaris* von allen übrigen Compositen und allen europäischen *Crepis*-Arten auch ohne Blüten sofort zu unterscheiden.)

Bei sämtlichen Pflanzen und Tieren ist die Chromosomenzahl in allen Körperzellen der verschiedensten Gewebe und Organe (von besonderen, interessanten Fällen abgesehen, in welchen sie verdoppelt und vervielfacht wird) konstant, so verschieden sie auch bei den einzelnen Arten sein mag (aber durchaus nicht sein muß). Bei allen höheren Pflanzen und Tieren ist ferner wie bei unserer Pflanze diese Chromosomenzahl (abgesehen von Männchen bzw. Weibchen bei einigen Organismen mit getrennten Geschlechtern) stets eine gerade. Die Ursache hierfür werden wir bei der Untersuchung der Blüten kennenlernen. *Crepis capillaris* stellt nur insofern eine für uns sehr erwünschte Ausnahme dar, als die Zahl der Chromosomen auffallend niedrig ist. Nur bei einigen wenigen Pflanzen kommen ähnlich niedrige Chromosomenzahlen vor. So besitzt eine Wassersternart, eine Hainsimsenart und einige *Crocus*-Arten ebenfalls nur 6 Chromosomen.

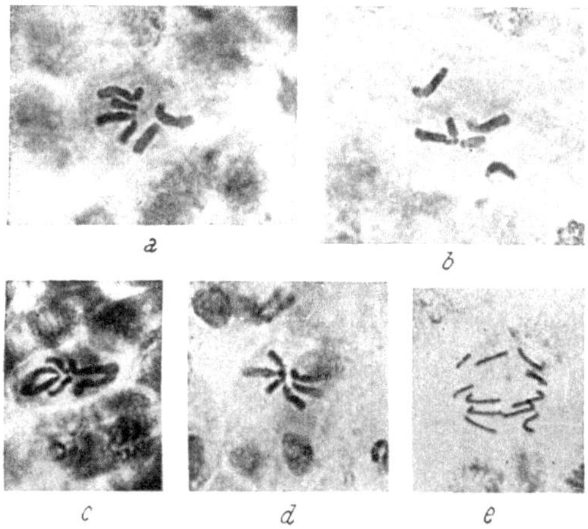

Abb. 63 *a—c*. Chromosomenzahl, Chromosomentypen und Chromosomenpaare aus Wurzel- und Blattmeristem. Die Metaphasen in *a*, *c* und *d* sind so orientiert, daß das größte Chromosomenpaar *A*, *A'* annähernd horizontal liegt (nur in *b* ist der eine lange Arm des einen Partners mit 45 Grad nach oben gerichtet); die sehr kurzen Arme der Chromosomen *B*, *B'* und *C*, *C'* sind verschiedentlich, besonders deutlich in *b* zu erkennen. *e*) Anaphase; in beiden Hälften ebenfalls je 2 größen- und formgleiche Chromosomen. Immersion. Technik wie auf S. 84 angegeben, nur *e* Nuklealreaktion (S. 154).

Chromosomengestalt und Chromosomenpaare. Bei der Feststellung der Zahl der Chromosomen wird man gewahr, daß diese nicht alle gleich lang sind. Die genauere Untersuchung ergibt, daß es sich nicht um zufällige Unterschiede handelt. Am meisten fallen von den sechs zwei Stäbchen auf (wir bezeichnen sie mit *C* und *C'*), die um ein Drittel bis um die Hälfte kürzer sind als die übrigen vier. Auch diese gleichen sich einander nicht völlig. Wiederum kann man zwei „zusammengehörige" ermitteln. Sie sind beide dadurch ausgezeichnet, daß an dem einen Ende noch ein kleiner Ast sitzt, so daß sie an die Form eines Golfschlägers erinnern (sie seien mit *A* und *A'* bezeichnet). Nie findet man an den restlichen zwei (*B* und *B'*) an dem einen Ende einen entsprechend großen Ast. Diese drei Paare von Chromosomen (die aber nur zufallsmäßig und gelegentlich auch gepaart liegen! vgl. dazu S. 129) sind in den Zellen mit zwei Haufen, besonders wenn diese durch den Druck auf das Deckglas etwas ausgebreitet wurden, häufig sehr klar zu erkennen (Abb. 63*e* und 64). Hier am besten kann man ferner noch feststellen, daß auch die beiden kleinsten Chromosomen (*C*, *C'*) an ihrem einen Ende einen, wenn auch äußerst kurzen Ast besitzen.

Wir finden demnach, daß bei unserer Pflanze in den Zellen der Wurzelspitze (und dieselbe Gesetzmäßigkeit könnten wir unschwer wieder, wie diejenige der Chromosomenzahl, auch an jungen Blättchen machen; s. o.) ein aus einzelnen Paaren bestehender diploider, d. h. zweifacher Chromosomensatz an Stelle des Zellkerns vorhanden sein kann. *Crepis capillaris* ist mit vielen anderen *Crepis*-Arten und einer Reihe anderer Pflanzen und Tiere dadurch ausgezeichnet, daß das Vorhandensein von diesen Paaren infolge von Verschiedenheiten in Größe und Gestalt der einzelnen Chromosomen direkt erkennbar ist. Bei den meisten

Pflanzen und Tieren dagegen sind die Paare oft viel schwieriger, oder nur zum Teil, oder auch gar nicht voneinander zu unterscheiden.

Längsspaltung und Auseinanderweichen der Chromosomen. Zellteilung. Bei dem Studium von 2 Chromosomenhaufen in ein und derselben Zelle werden noch folgende Beobachtungen gemacht (Abb. 61, 63 *e*, 64 *d*, *e*, *f*): 1. Die Chromosomen liegen in den deutlich voneinander getrennten Haufen mehr oder weniger gleichgerichtet sowohl untereinander als auch meistens zur Längsrichtung der Zelle. Dabei liegen einander formgleiche immer mehr oder weniger einander gegenüber. 2. In anderen Zellen wieder, in welchen die beiden Haufen ganz nahe beieinander liegen, berühren sich je zwei (formgleiche!) der 6 Chromosomen mit einem Ende. 3. Gelegentlich findet man genau in der Mitte zwischen gesonderten Haufen, deren Chromosomen an dem einen Ende so dicht aneinanderliegen, daß sie im

Abb. 64 *a*—*f*. Quetschpräparat zur leichteren Analyse des Chromosomensatzes. 6 Anaphasen aus 1 Wurzelspitze (Meristem mit Nadeln abgetrennt, gut zerkleinert und durch Druck auf das Deckglas etwas gequetscht; *a*) unveränderte normale Lage; *b*) sehr frühe Anaphase, Lage im ganzen gestört, aber die Spalthälften noch zusammenliegend, bzw. noch nebeneinanderliegend; *c*) trotz starker Störung der Gesamtanordnung die Spalthälften noch aneinanderhängend oder nahe beieinanderliegend und als solche zu erkennen. *d*)—*f*) Gesamtlage mehr oder weniger erhalten, die einzelnen Chromosomen aber, besonders in *e*, auseinandergebreitet. Objektiv E.

einzelnen nicht mehr genau verfolgt werden können, häufig eine sehr zarte Zellwand. Sie steht in einer, im Vergleich zum umgebenden Plasma, mehr homogenen Masse (am besten erkennbar in Präparaten von einige Tage lang fixiertem Material; s. o.) senkrecht zu den zwei Längswänden der Zelle und berührt dieselben nicht. Diese drei Befunde führen zu dem Schluß, daß die zwei Haufen, das Anaphasestadium, durch Längsteilung eines jeden der 6 Chromosomen in dem einen Haufen, der Metaphase, und nachfolgendes Auseinanderweichen in entgegengesetzter Richtung hervorgehen, und ferner, daß anschließend an die Chromosomenteilung die Teilung der Zelle unter Wandbildung erfolgt. Solchermaßen werden die Chromosomen unter Aufrechterhaltung ihrer Zahl, Größe und Gestalt von einer Zellteilung zur anderen auf die Tochterzellen weitergegeben, in allen sich bildenden Organen und Geweben bei *Crepis capillaris* und allen anderen Organismen mit echten Zellkernen. Das Plasma dagegen wird lediglich durch eine Zellwand in zwei mehr oder weniger gleiche Massen zertrennt. Die Konstanz der Chromosomenzahlen wird am einfachsten durch die Annahme erklärt, daß die Chromosomen in der für jeden Organismus charakteristischen Zahl, wenn auch nicht direkt erkennbar, in allen Zellkernen vorhanden sind (vgl. S. 91 und 129). Die genaue Teilung der Gesamtmasse des Kerns während der Zellteilung wird demnach durch die Längsteilung der einzelnen ihn zusammensetzenden eigentlichen Individuen bewerkstelligt. Diese Befunde bilden einen der Ausgangspunkte zur Beantwortung der Frage, welche Organellen der Zelle als Träger der Merkmalsanlagen, welche ja in der Zelle vorhanden sein müssen, in Betracht kommen (vgl. S. 129 und 138f.).

In der Metaphase, in welcher diese Längsteilung oft klar zu erkennen ist (Abb. 63 *b*, *d*; 62), sind die *A*- und *C*-Chromosomen mit den Enden, an welchen die kurzen Äste sitzen, immer nach dem Zentrum der Gruppe orientiert. Diese Enden werden, weil sie einander genähert liegen, als die proximalen bezeichnet. (Mit einer Immersion kann man bei genauer Untersuchung auch an den beiden *B*-Chromosomen an den entsprechenden Enden einen äußerst kleinen, kugelförmigen zweiten Ast auffinden; Abb. 63, besonders in *b*.) In der Anaphase sind bei allen Chromosomen diese proximalen Enden auf die gegenüberliegenden Zellpole zu orientiert (Abb. 63 *e*, 62, 64). Nach der Spaltung müssen sich demnach die zwei Hälften eines jeden Chromosom mit diesem Ende voran auseinanderbewegt haben. Entsprechend findet man kurz vor der vollständigen Trennung die Spalthälften an den gegenüberliegenden Enden, den distalen (so genannt, weil sie in der Metaphase vom Zentrum entfernt liegen), zusammenhängend oder noch nahe beieinander (Abb. 64, besonders *a*, *b*, *c*), während die proximalen bereits weiter voneinander entfernt sind.

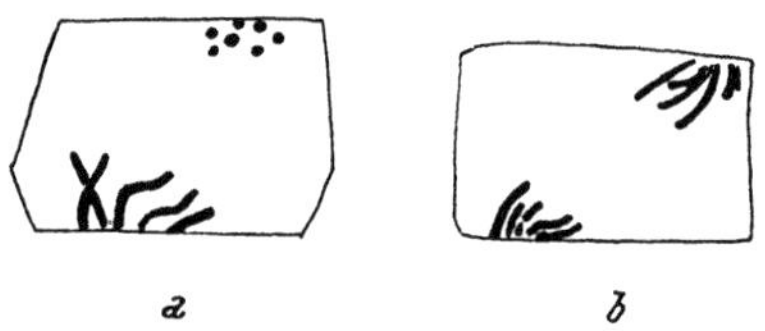

Abb. 65 *a b*. *a*) (dieselbe Zelle wie in Abb. 61, Fig. *d*). *b*) analoge Verschiebung der Anaphasenhälften wie in *a* in verhältnismäßig kurzer und breiter Zelle. Alles Objektiv E.

Die zwischen den auseinanderweichenden Chromosomen liegende Masse heißt entsprechend ihrer Gestalt die Spindel. Auf ihr bewegen sich die Chromosomen mittels des Centromer, einer durch eine Kerbe oder hellere Färbung oft gut erkennbaren Differenzierung der proximalen Region, an die Zellpole auf eine Weise, die noch nicht in allen Punkten restlos aufgeklärt ist. Einen am Ende der Bewegung wirksamen Mechanismus können wir aus unseren Präparaten erschließen. Wenn nämlich die Zellen anstatt schmal und lang, breit und niedrig sind, findet man die Spindeln sehr oft in diagonaler Richtung liegend. Man muß hieraus schließen, daß die Spindel sich in der Längsrichtung ausdehnt und als verhältnismäßig starrer Körper an den gegenüberliegenden Zellwänden anstoßend aus ihrer ursprünglichen Lage (parallel zur Längsrichtung der Zelle) abgedrückt wird. Da in diesen Stadien die beiden Chromosomenhaufen auseinandergestemmt werden, wird dieser mittlere Teil der Spindel auch als Stemmkörper bezeichnet. Der ausgeübte Druck kann so stark sein, daß die Chromosomen verbogen und bis zu einem rechten Winkel abgedreht werden können (Abb. 61 *d*, 65).

Auf die Anaphase folgt etwa zur Zeit der Wandbildung das Stadium der Telophase, in welcher die jetzt dicht aneinanderliegenden Chromosomen unter „Auflockerung" wieder den scheinbar körnigen Kern bilden (vgl. in Abb. 62 die zwei letzten Stadien und Abb. 66 das 1. Zellpaar).

Permanenz der Chromosomen. Wir versuchen nun noch in dem zweiten Präparat ein Indicium dafür aufzufinden, daß bei diesem Vorgang die Individualität der Chromosomen (s. o. und S. 129) nicht verloren geht. Sieht man sich 2 eben gebildete Schwesterkerne etwas genauer an, so findet man die voneinander abgewandten Regionen sehr oft dunkler gefärbt. Dieser Sachverhalt wird besonders deutlich, wenn mehrere solche Zellpaare in einer längeren Reihe aufeinanderfolgen (Abb. 61 *c*). Die dunklere Färbung in der den proximalen

Enden der Chromosomen (s. o.) entsprechenden Kernregion beruht darauf, daß diese („heterochromatischen") Chromosomenteile sich nicht wie die übrigen („euchromatischen") auflockern, sondern gleichsam wie durch einen Leim zusammengehalten kompakt und als sogenannte Chromozentren in den Zellkernen erhalten bleiben. (Eine derartige physiologische und gleichzeitig morphologisch erkennbare Längsdifferenzierung von Chromosomen kommt nicht selten bei den verschiedensten Pflanzen und Tieren vor.) Daß es sich in der Tat um Chromosomenstücke handelt, kann man gelegentlich in frühen Telophasen erkennen (Abb. 62 und 66), vor allem aber in Prophasen (Abb. 66 und 61 *b*, besonders oben Mitte). Treten nun 2 Schwestertelophasen genau zur gleichen Zeit nach kurzem Kernstadium wieder in das prophasische ein, wie das in gut wachsenden Wurzeln häufig vorkommt, so finden sich nun „Schwesterprophasen" (Abb. 61 *b* und 66), in welchen die kompakten Chromosomenstücke

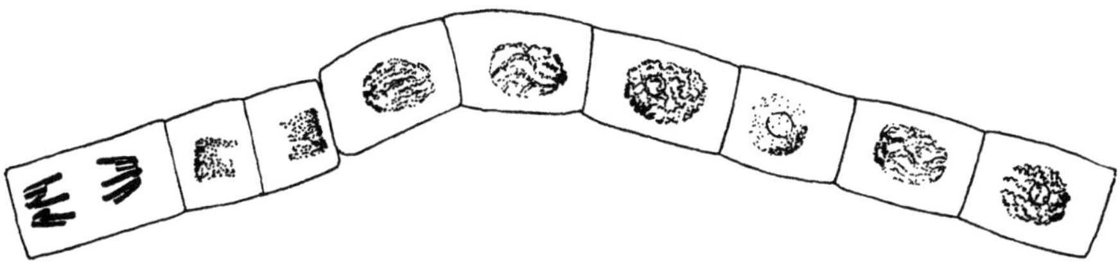

Abb. 66. 1 Anaphase und 4 Zellpaare aus Wurzelspaltpräparat. 1. Zellpaar: späte Telophase. Im 2. und 4. Schwesterprophasen; im 3. nur der linke Kern in Prophase. Spiegelbildliche Lage der Chromocentren in allen 4 Paaren. Beweis für die Erhaltung der Individualität der Chromosomen im Zellkern. Immersion.

in derselben Anordnung vorhanden sind wie in Schwestertelophasen. Das heißt nichts anderes, als daß die Chromosomen in der Prophase in derselben Orientierung wieder sichtbar werden, in der sie in der vorhergehenden Telophase unkenntlich wurden. Dieser Befund kann nur so verstanden werden, daß die Chromosomen als Individuen im Kernstadium als solche, wenn auch nicht erkennbar, erhalten blieben. Noch besser und direkter läßt sich dies an bestimmten Kernteilungen in den Blütenknospen nachweisen (S. 129).

Gesamtzahl der Mitosen und Zellen im Meristem. Hat man bei der Zerschlitzung der Wurzel das ganze Meristem in genügend dünnen Spaltstücken erhalten, so kann man leicht die Gesamtzahl der in Teilung befindlichen Kerne ermitteln. Sie beträgt 250—300. Vergegenwärtigen wir uns, daß hinter der Teilungszone ein Mehrfaches dieser Zellenzahl im Streckungswachstum begriffen ist (S. 78), so können wir uns eine Vorstellung davon machen, welche Aktivität in dieser kurzen Wurzelzone herrscht, eine Aktivität, zu der die intensive, in den keimenden Samen beobachtete Atmung natürlich in Beziehung steht.

In Präparat 2 wird in Zellreihen, welche ausschließlich dem Meristem angehören, festgestellt, wieviel Prozent der Zellen sich in Teilung befinden. Es sind etwa 18%. Durch Kombination dieses Befundes mit der absoluten Zahl der Kernteilungen ergibt sich als Gesamtzahl der Zellen des Meristem rund 1400 bis 1500.

Rosette, Blatt und Stengel.

Erster Teil.

Unsere Pflanze ist, wie alle Vertreter der Gattung *Crepis*, zahlreiche andere *Compositen* und viele andere Angiospermen, dadurch ausgezeichnet, daß nach dem Hervortreten und der Entwicklung der Keimblätter (unter „normalen" Verhältnissen) Wochen und Monate hindurch nur Laubblätter gebildet werden, aber kein Stengel. Genauer gesagt: Stengelglieder zwischen den Blattansätzen, die Internodien, werden nicht angelegt. Erst nachdem so eine vielblättrige, dichte Rosette entstanden ist, geht zuerst der Hauptvegetationspunkt und bald danach auch einige Vegetationspunkte (Achselknospen) in den Blattachseln zur Bildung eines längeren Stengels über. Bei dessen Hervortreten aus der Rosettenmitte sind außer weiteren Laubblättern auch die Anlagen der Blütenköpfe bereits erkennbar. Es gelingt nicht, wie etwa bei *Sempervivum*, durch Kultur in feuchter Luft die Entwicklung der Stengel, die Streckung der Internodien zu einem früheren Zeitpunkt auszulösen. Stengel- und Blütenbildung sind demnach eng verknüpft. (Dagegen kann man 5 Tage alte, bei Licht herangezogene Keimpflänzchen — nach Abtrennen der Wurzel etwas über der Haarzone — in kurz aufgekochter 1%iger Rohrzuckerlösung bei Dunkelheit zur Bildung von zwei bis drei 0,2—1 cm langen Internodien veranlassen und ebenso die steril in Nährlösung mit Zuckerzusatz kultivierten Keimlinge; vgl. S. 55f. und Abb. 33*e*). Jüngere und ältere Rosetten sind ein gutes Material, um mit Gesetzmäßigkeiten der Blattentwicklung, der Blattgestalt, des Blattbaus, der Blattfunktion sowie der Reaktion der Blätter auf Veränderung der Außenfaktoren vertraut zu werden.

Für die folgenden Untersuchungen stehen in Gläsern und Töpfen in Erde gezogene Rosetten in verschiedenen Altersstadien (etwa wie in den Abb. 70 und 74 wiedergegebenen, aber auch größer mit 15—20 Blättern) zur Verfügung, ferner die eine oder andere im Topf gezogene Rosette mit bereits fertig entwickeltem Blütenstengel.

Bevor wir mit den ausschließlichen Beobachtungen beginnen, sind einige Versuchspflanzen, wie folgt, vorbereitet worden:

1. Ein über Nacht in Dunkelheit waagerecht gelegter Topf mit kräftig entwickelter Rosette (ohne Blütenstengel).

2. Eine normal orientierte entsprechende Rosette wird 3—4 Tage vor Gebrauch im Hintergrund einer etwa 30 cm tiefen Schachtel aufgestellt, deren einzige offene Seite im Abstand von 70—100 cm einem hellen Fenster zugekehrt ist.

3. Eine kräftige Rosette, ohne oder mit Blütenstengel, an welchem die Seitenäste bereits gut entwickelt sind, seit 2—4 Tagen (je nach den Temperaturverhältnissen) nicht mehr gegossen. Die Blätter bzw. die Seitenäste des Hauptstengels oder allein die Kopfknospen sollen eben gewelkt herabhängen. (Abb. 3 links und rechts oben.)

4. Am Untersuchungstage selbst wird eine 15—20blättrige in einem Kölbchen (wie S. 13 angegeben) aufgezogene Rosette mit der Handwaage bis auf 0,01 g genau gewogen. Vorher hat man die Öffnung des Kölbchens mit einem um den Rand nach unten umgebogenen Stück Stanniol, in welches ein Einschnitt mit einer kleinen kreisförmigen Öffnung in der Mitte der Folie für die Blattstiele angebracht ist, gut abgeschlossen. So hergerichtet, bleibt die Rosette 1—2 Stunden stehen. Es ist zweckmäßig, auch noch folgenden Versuch vorzubereiten: Eine im Reagenzglas (S. 13) kultivierte Rosette derselben Größe wird durch vorsichtiges Klopfen und wenn nötig Herausspülen der Erde mit Wasser aus dem Glas genommen, dann das ganze Wurzelsystem in eine kleine Flasche mit 1 bis höchstens 1,3 cm weitem Hals gesteckt. Die Flasche wird bis in die Mitte des

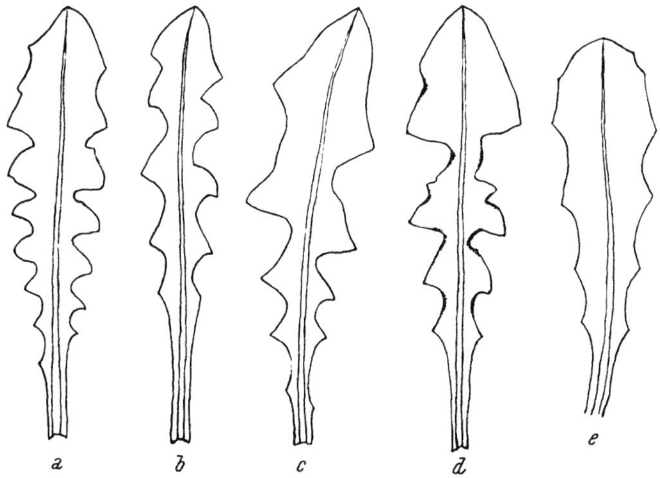

Abb. 67 *a—e*. Typen gleichalter Blätter von jungen, noch nicht blühreifen Rosetten verschiedener Individuen. Die Unterschiede sind: stark ausgebuchtet (*a—d*), schwach ausgebuchtet (*e*); oben spitz (*a—d*), oben abgestumpft (*e*); Anthocyan in den Buchten am Rand (nur *d*); häufig gebuchtet (*a*), weniger häufig (die übrigen). Etwas unter natürlicher Größe.

Halses mit Wasser gefüllt und die Öffnung wie beim Kölbchen mit Stanniol verschlossen. Der Stand des Wassers wird mit einem dünnen Tuschestrich markiert (unterer Meniskus) und die Flasche etwa 3 Stunden stehengelassen. Schließlich wird noch eine dritte Rosette, die wie die erste in einem Kölbchen gewachsen ist, nach Abdichtung mit Stanniol unter eine kleine, trockene Glasglocke gestellt.

Blattgestalt und Blattentwicklung.

Wir beginnen mit der Betrachtung der Blattgestalt verschieden alter Rosetten. Die ersten 2 Laubblätter einer 6—8blättrigen Rosette (Abb. 70, 72, 74 und auch Abb. 7) sind zwar schon bedeutend größer als die 2 in diesem und späteren Stadien noch vollfunktionsfähigen Keimblätter, aber ebenfalls noch ganzrandig und nicht oder kaum gezähnt. Die später entwickelten sind wiederum um ein Stück größer, immer noch ganzrandig, aber bereits deutlich gezähnt. Man bezeichnet allgemein bei Pflanzen noch einfach gestaltete, auf die Keimblätter folgende Blätter als Primärblätter, die gestaltlich mehr differenzierten und später erscheinenden als Folgeblätter. Je älter die Rosette wird, um so stärker wird die Ausbuchtung des Blattrandes bei weiterer Größenzunahme der Blattfläche (Abb. 67). An blühreifen Rosetten vollends sind die jetzt zu bedeutender Größe heranwachsenden Laubblätter stark ausgebuchtet oder gefiedert und mit kräftigen Zähnen versehen. Das haben wir bereits früher festgestellt (Abb. 68). Man beobachtet demnach einen lang andauernden, allmählichen Übergang vom Typus des kleineren und einfacheren Primärblattes zu dem differenzierten Folgeblatt. Die obersten Stengelblätter, aus deren Achseln sich die Blütenstände ent-

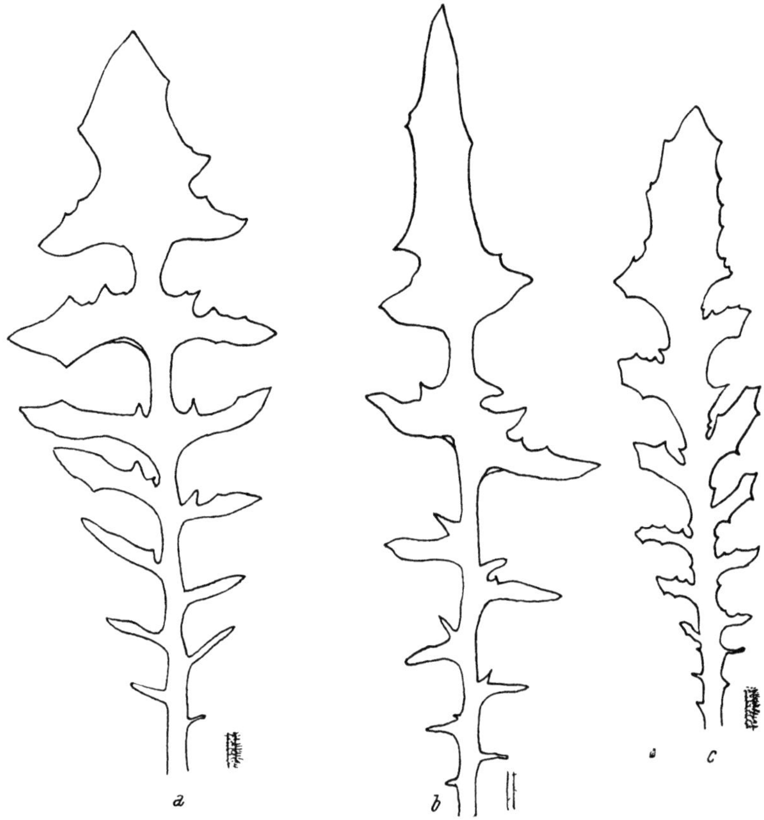

Abb. 68 *a—c*. Typen gleichalter Blätter von älteren, blühreifen Rosetten verschiedener Individuen; Fiedern der Blattmitte mehr oder weniger im rechten Winkel zur Hauptrippe stehend oder nur wenig gegen die Blattspitze zu geneigt (*a*), Fiedern der Blattmitte ausgesprochen rechtwinkelig zur Hauptrippe oder sogar schwach gegen die Blattbasis zu gerichtet (*b*), Fiedern der Blattmitte gegen die Blattspitze zu gerichtet (*c*). Blattrand mit verhältnismäßig wenigen, kräftigen Zähnen (*a*, *b*), Blattrand mit zahlreichen, zierlichen Zähnen (*c*). Fiedern mehr oder weniger aufgerichtet in verschiedenen Ebenen (*a*, *b*), Fiedern in einer Ebene ausgebreitet (*c*); dieser Unterschied ist aus der Abbildung nicht zu erkennen. Unterseite der Blattrippe stark und lang behaart (*a*, *c*), Unterseite der Blattrippe nahezu unbehaart (*b*). Etwas unter natürlicher Größe.

wickeln, sind sehr klein und werden als Hochblätter bezeichnet; ebenso die den Blütenkopf umgebenden Hüllblätter, welche wir eingangs kennen lernten.

Auch an jungen, 10—20blättrigen Rosetten läßt sich (falls eine größere Anzahl herangezogen worden ist) wie an ausgewachsenen, im Freien gesammelten (S. 10) beobachten, daß sich die einzelnen durch bestimmte Blattypen unterscheiden können. Besonders auffallend (Abb. 67, 68) sind Verschiedenheiten im Grad der Ausbuchtung, in der Form der Blattspitze, in der Richtung der Fiedern, in der Behaarung usw., wie wir das früher gefunden haben. Man wählt einige besonders charakteristische aus, um die betreffenden Pflanzen bis zum Blühen weiterzukultivieren und auf Konstanz der Unterschiede zu prüfen.

Entfaltungsbewegungen. Betrachtet man die jüngsten sich bildenden Blättchen mit der Lupe an beliebig alten Rosetten genauer, so bekommt man eine gute Vorstellung von den Entfaltungsbewegungen während der Entwicklung derselben (Abb. 69 und 70). Die allerjüngsten eben noch erkennbaren sind stets steil aufwärts gerichtet, ihre beiden Blatthälften gegen die Mittelrippe hin zusammengefaltet. Allmählich kommen die Blättchen infolge des stärkeren Wachstums der Oberseite (Epinastie) in horizontale Lage und breiten gleichzeitig die beiden Hälften seitlich aus. Wir untersuchen nun ferner noch die

Wachstumsweise des Blattes in der Längsrichtung. Dazu werden von einer Rosette mit etwa 20 Blättern von dem kleinsten ab, welches mit der Pinzette unter Benutzung einer Lupe noch vollständig und ohne Verletzung isolierbar ist, etwa

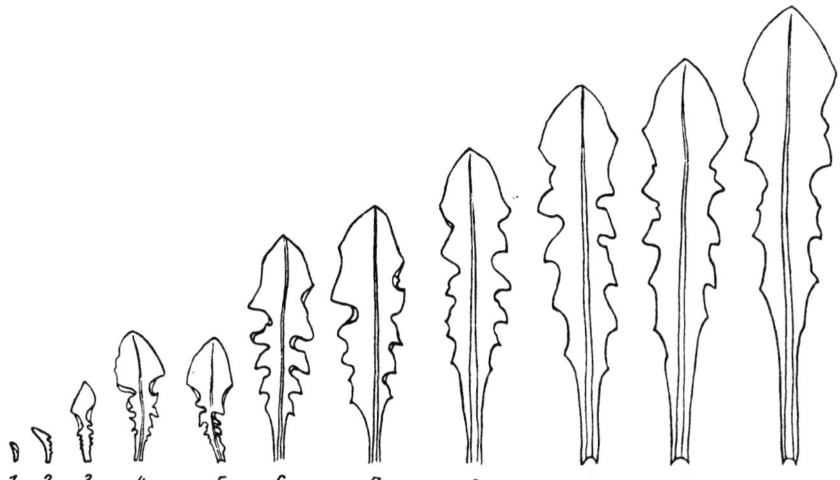

Abb. 69. Die jüngsten aufeinanderfolgenden Blätter einer Rosette bis zum ersten ausgewachsenen Blatt. Natürliche Größe.

12 aufeinanderfolgende abgetrennt und auf feuchtes Filtrierpapier der Reihe nach geordnet. Vergleicht man das Ausmaß des Wachstums der äußersten Blattspitze bis zum ersten deutlichen Zahn mit dem Ausmaß des Wachstums der Blattmitte und -basis (hier ebenfalls die Zähne als Markierung benutzend), so ergibt sich, daß die Blattspitze viel früher fertiggestellt ist, während Mitte und Basis noch lange Zeit weiterwachsen. Messungen ergeben etwa folgenden Längenzuwachs um das n-fache der ursprünglichen Größe von Blatt 2 bis Blatt 11 (Abb. 69):

Blattspitze: 3,5fach.
Blattmitte: 15fach.
Blattbasis: 40fach.

Diese Wachstumsweise eines Blattes mittels basaler Teilungs- und Streckungszone gilt für Phanerogamen allgemein. Dagegen verhält sich z. B. ein Farnblatt gerade umgekehrt. Hier ist die eingerollte Spitze die Teilungs- und Streckungszone des Blattes.

Gesetzmäßigkeiten der Blattstellung.

Bereits früher (S. 35 und Abb. 23) haben wir mehr gelegentlich beobachtet, daß die ersten Laubblätter in durchaus gesetzmäßiger Stellung unter 90° zu den Keimblättern erscheinen. Immer ist das erste Laubblatt schon deutlich erkennbar, ohne daß wir vom folgenden auch nur die geringste Spur entdecken. (Nur selten kann man Keimlinge finden, bei welchen die beiden ersten Laubblätter genau gleichzeitig erscheinen und sich auch gleich schnell weiterentwickeln.)

Abb. 70. Zwei junge Rosetten, in Reagenzgläsern mit Erde gezogen (zum Photographieren sind diese in einen Topf mit Erde gesteckt). Alle Blätter sind ihrem Alter nach bezeichnet, außer dem kleinsten, 8 und 7. Dieses ist bei der R-Pflanze (rechts) noch kleiner als bei der L-Pflanze (links). Natürliche Größe.

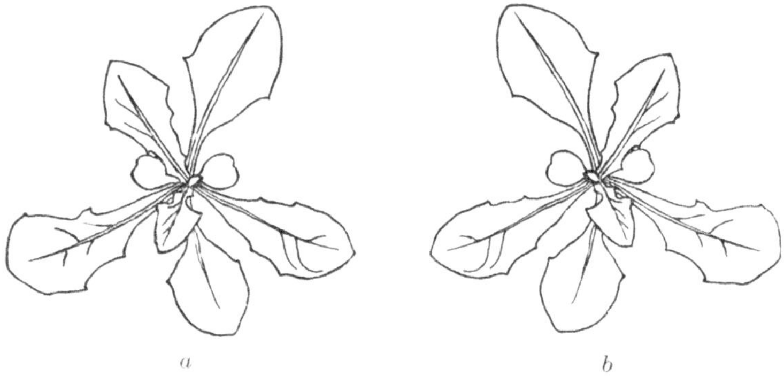

Abb. 71 *a b*. *b*) Pause der R-Pflanze aus Abb. 70. *a*) Das Spiegelbild der Pause; in diesem zeigen die Blätter 2, 3, 4, 5, 7 die entsprechende Stellung wie in der L-Pflanze in Abb. 70. Nur die Stellung von 1 und 6 zeigt keine genaue Übereinstimmung.

Durchmustert man eine größere Anzahl von Keimpflanzen in diesem Stadium, so ergibt sich erstens, daß die beiden Keimblätter jetzt meistens nicht mehr einen Winkel von 180° zueinander bilden, entsprechend ihrer Anordnung im ungekeimten Samen und unseren Beobachtungen bei ihrer Entfaltung, sondern daß sie in der Horizontalrichtung etwas aufeinander zugewachsen sind, einen stumpfen und einen überstumpfen Winkel miteinander bildend (Abb. 23 *c*, 70, 72). Die Beobachtung lehrt zweitens, daß das erste Laubblatt stets im überstumpfen Winkel auftritt, genau in der Mitte desselben.

Auch das zweite Laubblatt erscheint gesetzmäßig: es bildet mit dem ersten immer einen Winkel von 180°. Aber sekundär ändert sich dieser Winkel, indem die beiden ersten Laubblätter, wie früher die Keimblätter, in horizontaler Richtung aufeinander zuwachsen, so ebenfalls einen stumpfen und einen über-

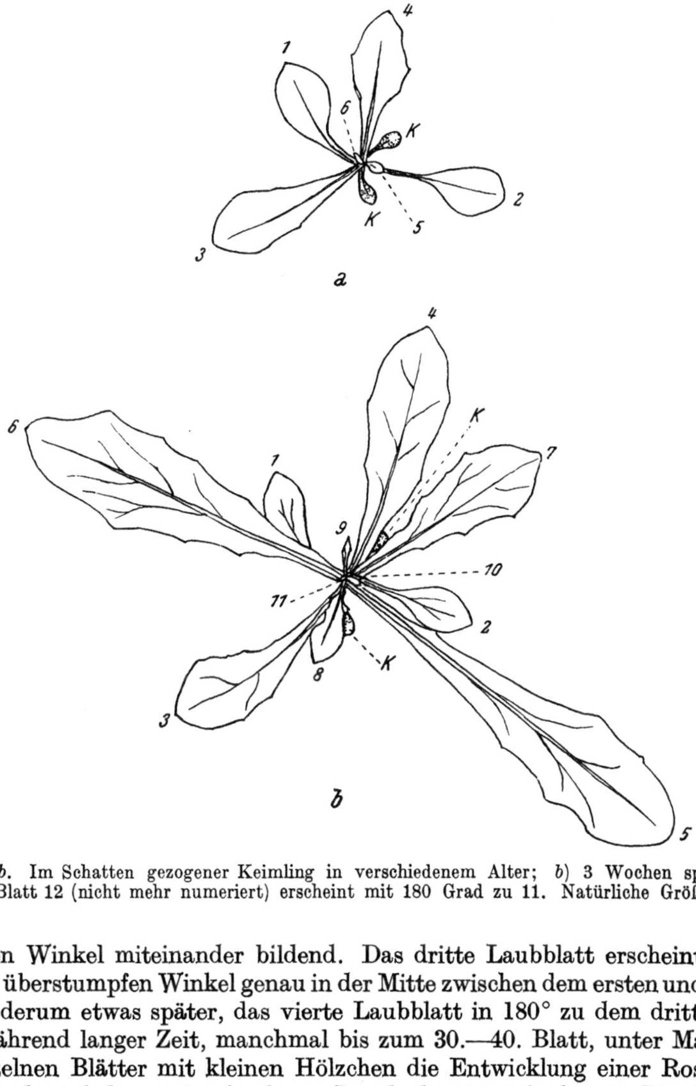

Abb. 72 *a b*. Im Schatten gezogener Keimling in verschiedenem Alter; *b*) 3 Wochen später als *a*. Blatt 12 (nicht mehr numeriert) erscheint mit 180 Grad zu 11. Natürliche Größe.

stumpfen Winkel miteinander bildend. Das dritte Laubblatt erscheint wie das erste im überstumpfen Winkel genau in der Mitte zwischen dem ersten und zweiten, und wiederum etwas später, das vierte Laubblatt in 180° zu dem dritten. Man kann während langer Zeit, manchmal bis zum 30.—40. Blatt, unter Markierung der einzelnen Blätter mit kleinen Hölzchen die Entwicklung einer Rosette verfolgen und wird die zwei gefundenen Regeln bestätigt finden: 1. Das Blatt mit der ungeraden Nummer entsteht immer im überstumpfen Winkel, den die beiden vorhergehenden Blätter sekundär miteinander bilden und genau in der Mitte desselben. 2. Das Blatt mit der geraden Nummer erscheint etwas später und in 180° mit dem „zugehörigen" ungeraden. Jedesmal kommt es darauf zwischen den beiden Blättern zur Bildung eines stumpfen und überstumpfen Winkels usw.

Die Gesetzmäßigkeit der Blattstellung bei Pflanzen ist im Gegensatz zu diesen Beobachtungen dadurch bedingt, daß die sich bildenden Blättchen den bestimmten Winkelabstand, in welchem sie angelegt werden, im Laufe der weiteren Entwicklung beibehalten. Die hier für jüngere Rosetten von *Crepis capillaris* gemachten Angaben dürfen demnach nicht verallgemeinert werden.

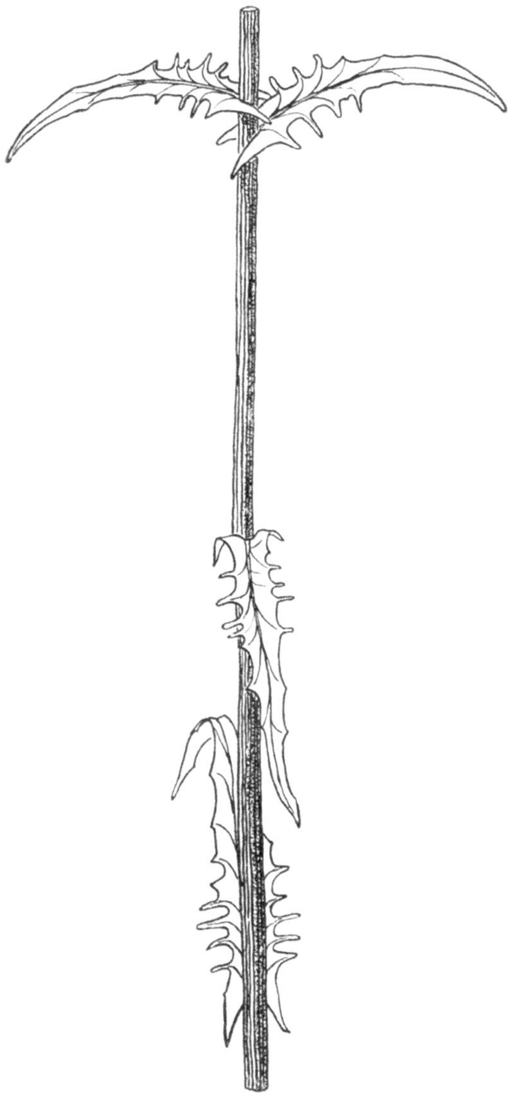

Abb. 73. Unterer Teil eines Blütenstengels, an welchem die Blattstellung der primären der jungen Rosettenblätter entspricht. Das zweite Stengelblatt (unterhalb Mitte) genau mit 180 Grad zum ersten; Blatt 3 und 4 mit 90 Grad zu 2 und untereinander mit 180 Grad fast gegenständig. Etwa halbe natürliche Größe.

Eine dritte Gesetzmäßigkeit wird offenbar, wenn man von mehreren 6- bis 8blättrigen Rosetten je zwei untereinander vergleicht (Abb. 70 bis 72). Sie erweisen sich oft als spiegelbildlich; oder, genauer gesagt: Bei der einen entstehen die aufeinanderfolgenden Blätter im Sinne des Uhrzeigers, bei der anderen entgegengesetzt dem Sinne des Uhrzeigers (Rechts- und Linkspflanzen). Ausschlaggebend für diese Gesetzmäßigkeit ist die Richtung der Winkeländerung der 2 ersten Laubblätter. Drehen sich diese (stumpfer Winkel zwischen den beiden Keimblättern vom Beschauer abgewandt) nach links, so wird das dritte Laubblatt in dem rechts liegenden überstumpfen Winkel von 1—2, also rechts von 2 entstehen, drehen sie sich dagegen nach rechts (gleiche Orientierung der Keimpflanze), so wird das dritte Laubblatt im jetzt links liegenden überstumpfen Winkel von 1—2, also links entstehen usw., da sich bei beiden Pflanzen das dritte und vierte Blatt wiederum im gleichen Sinne drehen wie das jeweilige erste und zweite. Die Verhältnisse erinnern an diejenigen bei Schneckenschalen gefundenen, wo es links- und rechtsgedrehte Individuen bei ein und derselben Art gibt. Es erhebt sich die Frage, ob die Anlage für derartige Unterschiede auf die Nachkommen übertragen wird, da der Richtungssinn in den einzelnen Rosetten bis zum 30.—40. Blatt konstant bleibt. Die wenigen Untersuchungen, welche bei Pflanzen in dieser Hinsicht vorliegen, haben jedoch gezeigt, daß dies nicht der Fall ist. (Bei den Schnecken hat sich der Drehungssinn der Schale bei den einen Arten ebenfalls als nicht erblich, bei anderen dagegen als erblich herausgestellt.)

Anhangsweise sei hier erwähnt, daß die ursprüngliche Stellung der jungen Blätter gelegentlich bei den Stengelblättern aufrechterhalten bleibt, wie aus Abb. 73 ersichtlich ist.

Betrachten wir die Änderung der Blattgestalt (s. o.) im Laufe der Entwicklung einer Rosette in Zusammenhang mit der jedesmaligen Winkeländerung von 180° zu einem stumpfen und überstumpfen Winkel, in bezug auf den Nutzen für die Pflanze. An jungen Rosetten mit noch großen Zwischenräumen zwischen den einzelnen Blättern vergrößern die ganzrandigen die gesamte zur Assimilation dienende Fläche bedeutend. Sobald aber die Blätter so dicht stehen, daß sie sich mehr oder weniger überdecken, ist dagegen die Aufteilung in Blattfiedern „zweckmäßig", da die Ganzrandigkeit insofern eine Materialverschwendung bedeuten würde, als viele Flächen infolge der Überdeckung durch andere doch nicht mehr assimilieren würden. Andererseits wird einer solchen Überdeckung durch die sekundäre Winkeländerung vorgebeugt. Ohne dieselbe würden in der Rosette vier Reihen von dicht aufeinanderliegenden Blättern vorhanden sein. Wir hätten dann gleichsam eine gestauchte Form der bekannten dekussierten Blattstellung, wie sie bei so vielen Pflanzen mit Stengeln (Brennessel) angetroffen wird.

Nastie; Geotropismus und Phototropismus der Blätter und Stengel.

Am natürlichen Standort wie in Topfkulturen sind die ohne weiteres sichtbaren Rosettenblätter im allgemeinen flach ausgebreitet. Beobachtet man aber einzelne Rosetten über mehrere Tage hin genauer, so zeigt sich, daß die noch nicht ausgewachsenen Blätter im Zentrum manchmal um 40, ja um 90° zu einem dichten Bündel einander genähert aufgerichtet sind. Dies ist der Fall bei sehr warmem Wetter und abnehmender Lichtintensität. So findet man diese Stellung der noch wachsenden Blätter am Abend nach einem heißen Sommertag, besonders bei Pflanzen, die im Halbschatten stehen.

Die Aufrichtung läßt sich willkürlich hervorrufen, wenn man Topfrosetten dunkel stellt (Abb. 74). Die wachsenden Blätter behalten dann diese Orientierung, solange die Pflanze im Dunkeln verbleibt, wobei sie unter Etiolement (S. 53) weiterwachsen. Wahrscheinlich spielen beide Reize, Änderung der Temperatur und der Lichtintensität, bei dem Zustandekommen dieser eindeutig nastischen Bewegungen, wie wir sie bereits bei den Keimblättern und dem ersten Laubblatt (S. 35; vgl. auch S. 47) angetroffen haben, zusammen eine Rolle. Eine rein endogen bedingte Aufrichtung auch größerer noch wachsender Rosettenblätter vollzieht sich regelmäßig kurz bevor der Blütenstengel aus dem Zentrum der Rosette hervorwächst.

Bei der seit 12 Stunden im Dunkeln um 90° aus der normalen Lage gedrehten Rosette haben sich die dadurch senkrecht nach unten orientierten Blätter der einen Rosettenhälfte, soweit sie noch im Wachstum begriffen sind, in einem Winkel von 180° aufwärts gekrümmt, sind demnach senkrecht nach oben gerichtet. Die Blätter reagieren negativ geotropisch. Betrachtet man die Rosette schon 1—2 Stunden nach Horizontalstellung des Blumentopfes, so ist das Ergebnis ein etwas anderes. Die wachsenden Blätter der unteren Rosettenhälfte haben sich, wie nach dem eben angestellten Versuch nicht anders zu erwarten, bereits etwas aufwärts gekrümmt, aber auch diejenigen der oberen Hälfte haben nach dieser Zeit eine Bewegung ausgeführt, und zwar abwärts gegen die Horizontale zu. Das heißt nichts anderes, als daß (wie an einer normal orientierten, ins Dunkle gestellten Rosette) zuerst die uns bereits bekannt nastische, gegen das Rosettenzentrum sich richtende Krümmung vollzogen wird. Im Verlaufe der folgenden

Stunden krümmen sich dann die hierdurch in eine geotropische Reizlage gekommenen Blätter der oberen Rosettenhälfte wie diejenigen der unteren negativ geotropisch.

Die Tatsache, daß bereits horizontal orientierte, aber noch wachsende Blätter der Rosette negativ geotropisch reagieren, falls sie in die entsprechende Reizlage gebracht werden, legt den Schluß nahe, daß für die horizontale Lage nicht allein die epinastische Entfaltungsbewegung verantwortlich sein kann, sondern daß dem

Abb. 74. Junge, 8blättrige Rosette; Reagenzglas — Erdkultur. Oben: Bei Licht mit flach ausgebreiteten Blättern. Unten: Nach 4 Stunden Verdunkelung. Alle 8 Blätter haben sich aufwärts gekrümmt, die drei jüngsten stehen fast senkrecht. (Abgrenzung von zwei jüngsten gegen die Nachbarblätter durch punktierte Linien verdeutlicht.) Ein Drittel unter natürlicher Größe.

negativen Geotropismus wenigstens tagsüber ein Plagiophototropismus entgegenwirkt. Daß die Blätter in dieser Weise zu reagieren vermögen, zeigt uns der Versuch, in welchem eine normal orientierte Rosette im Hintergrund der Schachtel seit einigen Tagen seitlich beleuchtet worden war. Hier haben sich die rückwärts befindlichen, noch wachsenden Blätter aufgerichtet, demnach quer zur Lichtrichtung eingestellt.

Eine etwas kompliziertere phototropische Bewegung haben dabei die wenigen wachsenden Blätter ausgeführt, welche beim Beginn des Versuches so orientiert waren, daß das Licht auf sie parallel zur Blattfläche, aber quer zu ihrer Längsrichtung, wie auf alle übrigen einwirkte. Wir finden gelegentlich auch diese

Blätter jetzt quer zur Lichtrichtung eingestellt. Die Stiele haben demnach eine Torsionskrümmung ausgeführt, eine Bewegungsweise, die man vielfach bei entsprechend orientierten plagiotrop-phototropisch reagierenden Laubblättern findet.

Zusätzlich kann man leicht den positiven Phototropismus und negativen Geotropismus der Blütenstengel zeigen und gleichzeitig — unter Benutzung von noch wachsenden sowie bereits ausgewachsenen — nachweisen, daß auch hier eine Wachstumsbewegung vorliegt (Abb. 75).

Wasseraufnahme und -abgabe, Geschwindigkeit der Wasserbewegung.

An der seit 2—3 Stunden unter die kleine Glasglocke gestellten Rosette (4) können wir die Abgabe von Wasser in Dampfform beobachten: Dieser hat sich zum Teil an der Innenseite der Glocke niedergeschlagen. Man betrachtet darauf die zweite mit ihren Wurzeln in die schmalhalsige Flasche gesetzte Rosette. Der Wasserspiegel ist um 2 bis 4 mm gesunken: Die Wurzeln haben Wasser aufgenommen. Man markiert wieder den Wasserstand und kann durch Auffüllen mit einer Meßpipette bis zum oberen Tuschestrich die Menge des von der Pflanze aufgesogenen Wassers feststellen. Anschließend wird die vor 1 bis 2 Stunden in dem anderen Kolben befindliche Rosette wiederum gewogen: Der Gewichtsverlust zeigt in Kombination mit dem Versuch unter der Glocke und demjenigen mit der Flasche, daß das aufgenommene Wasser durch Transpiration wieder abgegeben worden ist. Eine kleine 20blättrige Rosette von 8—9 cm Durchmesser kann innerhalb einer Stunde über 0,05 g Wasser aufnehmen und transpirieren. Man kann sich auf Grund dieses Wertes näherungsweise ausrechnen, wieviel Wasser allein eine Rosette ohne Einrechnung des Stengels und der Stengelblätter mit größeren und zahlreicheren Blättern im Laufe ihrer etwa 4monatigen Lebensdauer dem Boden entzieht und an die Atmosphäre abgibt. Auch wenn in Betracht gezogen wird, daß die Transpiration starken Schwankungen während dieser Zeit unterworfen ist und oft schwächer ausfallen wird als in unserem Versuch, so ergeben sich immerhin ein paar Liter, also sehr viel mehr, als das Gewicht der Pflanze. Ferner können wir uns vorstellen, wie riesig die Wassermengen sein müssen, welche ein Baum und ganze Wälder im Laufe einer Vegetationsperiode transpirieren. Der Transpirationsstrom versorgt die Organe der Pflanze außer mit Wasser mit in diesem gelösten, aus dem Boden stammenden Nährstoffen. Auch ist die mit der Transpiration verbundene Abkühlung für die Pflanze bei starker Bestrahlung von Nutzen.

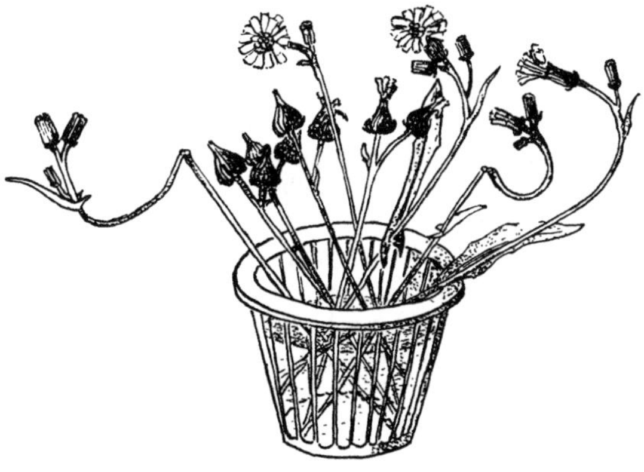

Abb. 75. Blütenstände mit geschlossenen, blühenden und bereits verwelkten Köpfen, in welchen die Fruchtbildung beginnt, in Wasser gestellt; zwei Stengel mit jungen, geschlossenen Köpfen vorher behutsam geknickt. Positiv phototropische und negativ geotropische Krümmung nur bei den Stengeln mit noch jungen geschlossenen oder blühenden Köpfen, nicht bei denjenigen mit gewelkten Blüten. Licht von links. Etwas unter natürlicher Größe.

Um eine Vorstellung über die Geschwindigkeit des Wasserstroms in der Pflanze zu gewinnen, begießen wir die zum Welken gebrachte Rosette reichlich und beobachten, daß sich die welken Blattspitzen bzw. die gewelkten Seitenäste bereits nach 5—10 Minuten zu heben beginnen und wieder turgeszent werden. Bringt man direkt unter den Spitzen einzelner gewelkter Blätter eine Markierung an (etwa in breite Korke eingesetzte Drähte, deren Enden durch beliebiges Biegen genau auf die Spitzen eingestellt werden können), so ist die Aufwärtsbewegung mit bloßem Auge gut zu beobachten. Um eine Hebelwirkung durch die Blattbasis zu verhindern, sucht man zur Beobachtung solche angewelkte Blätter aus, deren Enden nur 1—2 cm über den Topfrand vorstehen, und legt außerdem ein kleines Glasstück auf die Blätter in der Gegend des Topfrandes auf, so daß sie hier festgehalten werden. Sowohl für die zurückgelegte Strecke im Blatt wie im Stengel ergibt sich eine Geschwindigkeit des Wasserstroms von rund 3 cm in der Minute. Hierbei bleibt der in der Wurzel zurückgelegte Weg unberücksichtigt; die Geschwindigkeit ist also eher noch größer. Man hat neuerdings in Blättern Strömungsgeschwindigkeiten von 60 cm in der Minute gemessen. Benutzt werden hierfür fluoreszierende Farbstoffe, welche man in der Pflanze aufsteigen läßt und, allerdings nur mit Hilfe eines Fluoreszenzmikroskops, noch in sehr großen Verdünnungen nachweisen kann. Auf diese Art wurde auch festgestellt, daß der Wasserstrom nach Austritt aus den Enden der Blattnerven sich in den Zellen nicht etwa im Plasma, sondern in den Wänden weiterbewegt.

Auf bekannte einfache Weise kann man einen Anhaltspunkt gewinnen, daß die Gefäße der Blattnerven die Leitungsbahnen für den Transpirationsstrom sind. Wir stellen ein abgeschnittenes Rosettenblatt in 0,5—1%ige Eosinlösung. Nach einiger Zeit färben sich ausschließlich die Blattnerven und unter Umständen kann das ganze feine, vorher nicht sichtbare Geäder durch die rotbräunliche Anfärbung deutlich hervortreten. Querschnitte durch den vorher mit Wasser gut abgespülten und abgetrockneten Blattstiel zeigen den Farbstoff im Lumen und in den Wänden der Gefäße.

Zweiter Teil.

Ergänzende Untersuchung über Chlorophyll.

An einer in vollem Wachstum begriffenen älteren, aber noch nicht blühreifen Rosette kann man beobachten, daß die zuerst gebildeten Laubblätter allmählich gelb werden und ferner kann man feststellen, daß diese Vergilbung schneller erfolgt, wenn ein älteres Blatt dicht von darüberliegenden, später entstandenen überdeckt wird. Gleich alte Blätter werden schneller gelb, wenn sie beschattet, als wenn sie dem Licht ausgesetzt sind. Sieht man sich einzelne Blätter in dieser Hinsicht genauer an, so zeigt sich, daß auch an ein und demselben Blatt die von anderen Blättern bedeckten Stellen gelb werden, während die unbedeckten Teile schön grün bleiben. Oft kann man den genauen Verlauf des Randes des bedeckenden Blattes als Grenze zwischen dem grünen und dem gelben Teil erkennen (Abb. 76). So war das äußerste linke Blatt in der Abbildung links und rechts zu großen Teilen von den ausgebuchteten Rändern je eines anderen Blattes bedeckt. Die Ausbuchtungen dieser beiden Blätter sind an der Zickzacklinie, welche den längs der Mittelrippe liegenden unbedeckten und infolgedessen noch grünen (im Bild dunklen) Teil begrenzt, zu erkennen. Wir haben früher gesehen, daß sich Chlorophyll nur unter dem Einfluß des Lichtes bildet. Diese weitere Beobachtung lehrt uns, daß das Licht auch zur Erhaltung des Farbstoffes nötig ist. Bei Dunkelheit wird es offenbar zersetzt.

Ob der gelbe, in den verdunkelten Teilen jetzt vorhandene Farbstoff das Zersetzungsprodukt darstellt, oder ob durch das Verschwinden des Chlorophylls nur ein vorher bereits zugleich vorhandener, durch den grünen verdeckter, gelber Farbstoff zum Vorschein kommt, ist eine Frage für sich. Mit einer bekannten Methode kann man aber nachweisen, daß im grünen Blatt neben dem Chlorophyll jedenfalls noch ein gelber Farbstoff (es kann sich natürlich auch um mehrere handeln, s. u.) vorhanden ist. Wir benutzen das früher (S. 13) hergestellte Blattpulver und geben 2—4 Messerspitzen davon in ein kurzes Reagenzrohr und übergießen mit 5 ccm 95%igem Alkohol. Man kocht (vorsichtig!) bis zur Entfärbung des Pulvers und filtriert nach dem Erkalten in ein zweites Reagenzrohr. Darauf wird in die Lösung, welche tief dunkelgrün sein soll, ein etwa 10 cm langes und 1,5 cm breites, oben mehrfach geknicktes Filtrierpapier eingestellt. (Die

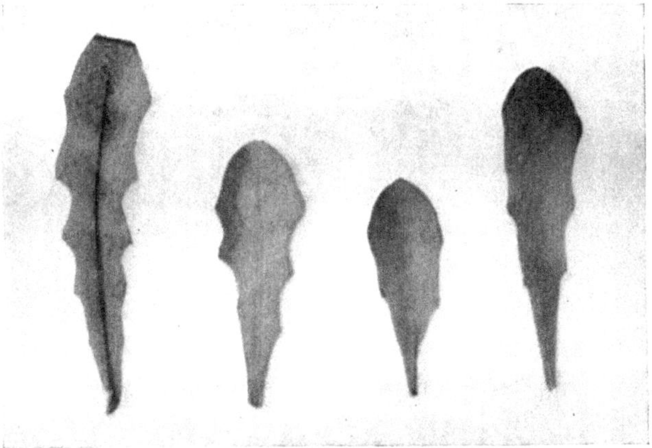

Abb. 76. Ältere Rosettenblätter, die von jüngeren wochenlang an bestimmten Stellen beschattet waren. An den betreffenden jetzt hellen Stellen ist das Chorophyll verschwunden; sie sind rein gelb. Man erkennt die Form der beschattenden Blätter. Natürliche Größe.

Knickung verhindert, daß im flachen Teil der Streifen die Wand des Rohrinnern berührt.) Nach 30—40 Minuten ist die Farblösung aufgestiegen, wobei sich der in den Capillaren des Filtrierpapiers schneller aufsteigende gelbe Farbstoff vom langsamer aufsteigenden grünen getrennt hat. (Wir können hier nicht nachweisen, daß dieser gelbe Farbstoff, von dem man noch nicht sicher weiß, ob er an der Assimilation beteiligt ist, ein Gemisch von 2 Farbstoffen, Karotin und Xanthophyll, darstellt; ebenso verzichten wir auf den Nachweis, daß der grüne Farbstoff aus 2 verschiedenen Chlorophyllen besteht, um so mehr als noch nicht sicher bekannt ist, was das Vorhandensein dieser 2 Chlorophylle für den Assimilationsvorgang zu bedeuten hat.)

An der alkoholischen Rohchlorophyllösung kann man leicht eine bemerkenswerte Eigenschaft des Farbstoffs beobachten. Lassen wir Sonnenlicht oder das Licht der 75—100-Watt-Lampe auf die Lösung fallen, so erscheint diese blutrot. Sie fluoresziert, d. h. das in Alkohol gelöste Chlorophyll (und ebenso das im Chloroplasten vorhandene) hat die Fähigkeit, die einfallenden Strahlen in solche größerer Wellenlänge umzuwandeln. Fluoreszierende Farbstoffe besitzen die Eigenschaft, die bei der Absorption des Lichts verbrauchte Energie auf chemische Reaktionen zu übertragen. Man nimmt deshalb an, daß die Fluoreszenz des Chlorophylls bei der Energie erfordernden (S. 49) Assimilation der Kohlensäure eine wesentliche Rolle spielt.

Der Bau des Laubblattes.

Benutzt werden ausgewachsene Blätter nicht zu alter Rosetten von 10—15 cm Durchmesser. Man erhält am leichtesten Einblick in die gesamte Blattstruktur, wenn wie beim Studium des ausgewachsenen Keimblattes verfahren wird: Fixierung von Blattstücken mit Zähnen in Alkohol-Eisessig bis zur vollkommenen Entfärbung, gegebenenfalls durch Kochen, darauf übertragen in C. E.-hell oder, für bestimmte Zwecke (S. 107), in C. E.-dunkel. Aufkochen ist in letzterer

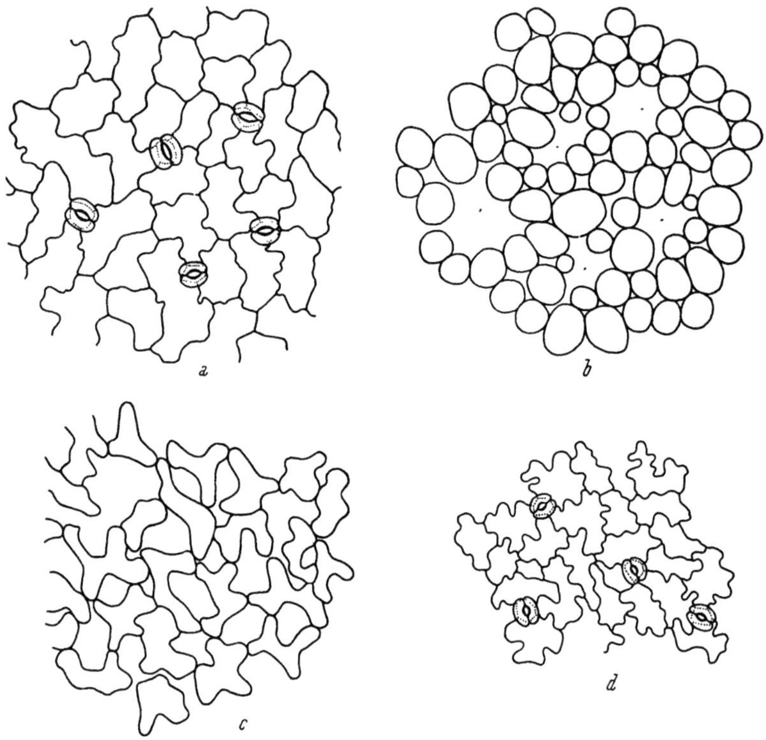

Abb. 77 *a*—*d*. Vier Zellschichten nach dem Totalpräparat eines in Alkohol-Eisessig fixierten und anschließend in 45%iger Essigsäure gekochten Blattes bei vier Einstellungen an derselben Stelle gezeichnet; *a*) Epidermis der Blattoberseite; *b*) Palisadenschicht; die jeweils durch einen Punkt bezeichnete Mitte der fünf Atemhöhlen korrespondierend zu den fünf Spaltöffnungen in *a*. *c*) Eine der Schwammparenchymschichten; *d*) Epidermis der Unterseite mit kleineren Zellen und stärker gewellten Epidermiszellen Objektiv C.

nötig, in ersterer oft von Nutzen. Einzelne Blattstücke werden dann aus dem Reagenzglas nach Abkühlen der Flüssigkeit entnommen und mit der morphologischen Oberseite nach oben in C. E.-hell untersucht.

Wie Abb. 77 zeigt, kann man durch ein solches Totalpräparat (in C. E.-hell) bequem hindurchmikroskopieren. Die obere Epidermis bietet im Vergleich zu derjenigen des Keimblattes nichts besonders Neues. Bei höchster Einstellung erkennen wir die mehr oder weniger gerillte Cuticula, ein dünnes Häutchen, welches sämtliche Zellen der Epidermis überzieht. Sie setzt infolge von eingelagerten fett- und wachsartigen Substanzen die Verdunstung des Wassers mindestens sehr stark herab. Wie beim Keimblatt sind in den Epidermiszellen wenige, in den Spaltöffnungen reichlicher, durch die Behandlung entfärbte Chloroplasten vorhanden. Die Blattunterseite fällt gegenüber der Oberseite durch deutlich kleinere Spaltöffnungen und stärker ineinander verschränkte Epidermiszellen auf (Abb. 77 *a*, *d*). Den letztgenannten Unterschied findet man bei vielen Angiospermen. Dagegen besitzt bei sehr vielen Vertretern derselben die Epidermis der Oberseite oft keine Spaltöffnungen. Auf die obere Epidermis folgt eine, manchmal auch zwei Schichten im Querschnitt runder Zellen (Abb. 77 *b*), die sehr viele Chloroplasten enthalten. An den in der Blickrichtung liegenden Wänden kann man mit der Mikrometerschraube entlang mikroskopieren; hieraus geht hervor, daß diese Zellen mehr oder weniger in der Querrichtung des Blattes gestreckt sind. Diese Schicht (bzw. Schichten) ist das eigentliche Assimilationsgewebe des Blattes. Es wird wegen der ganz allgemein vorhandenen zylin-

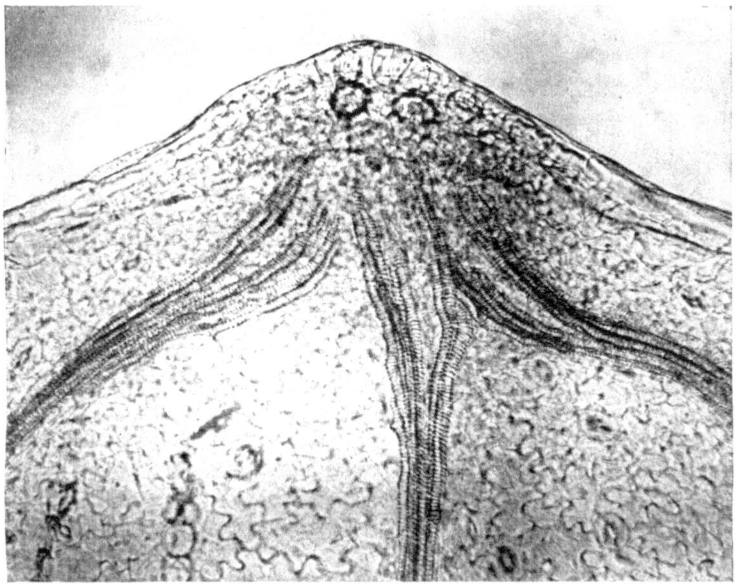

Abb. 78. Hydathoden mit drei pinselartig verbreiterten Gefäßbündeln in der Endspitze des 4. ausgewachsenen Blattes einer jungen Rosette. Totalpräparat in 45 %iger Essigsäure nach Fixierung in Alkohol-Eisessig. Aufnahme von der Blattunterseite aus. Objektiv C.

drischen Form ihrer Zellen als Palisadenschicht bezeichnet. Sehr auffallend sind in dieser (neben den zahlreichen kleinen, durch die im Querschnitt runden Zellen bedingten Interzellularen) die in Abständen liegenden sehr großen (Abb. 77 *b*). Beobachtet man, von den einzelnen Spaltöffnungen ausgehend, beim Senken des Tubus genau, so läßt sich feststellen, daß unter jeder Spaltöffnung eine große Interzellulare liegt (vgl. *a* und *b*). Jede Spaltöffnung steht also durch ihre zwischen den beiden Schließzellen liegende Interzellulare mit der großen darunter im Palisadengewebe liegenden in direkter Verbindung. Diese Interzellulare ist deshalb als Atemhöhle bezeichnet worden, insofern etwas ungenau, als sie nicht nur den Durchtritt der bei Atmung und Assimilation benötigten und abgegebenen Gase, sondern auch der Abgabe von Wasserdampf dient, also eine viel allgemeinere Bedeutung besitzt. Die Atemhöhlen stehen außerdem in Verbindung mit den zahlreichen kleinen Interzellularen der Palisadenschicht, so daß dieses Gewebe dauernd von Luft umspült ist; vor allem aber auch mit der darunterliegenden, mehrere Zellen hohen Schicht (Abb. 77 *c*). Die Zellen derselben erinnern an die Epidermiszellen, sind aber viel stärker, außerdem nach allen Richtungen und nicht nur in einer Ebene ausgebuchtet und von den Zellen an Zahl und Größe gleichen Interzellularen durchsetzt. Dieses Gewebe heißt entsprechend Schwammparenchym. Dessen Interzellularen stehen außer mit den Atemhöhlen nach obenhin mit den Spaltöffnungen der Unterseite in direkter Verbindung. Infolge der zahlreichen Interzellularen ist die Abgrenzung besonderer Atemhöhlen auf der Unterseite nicht so deutlich.

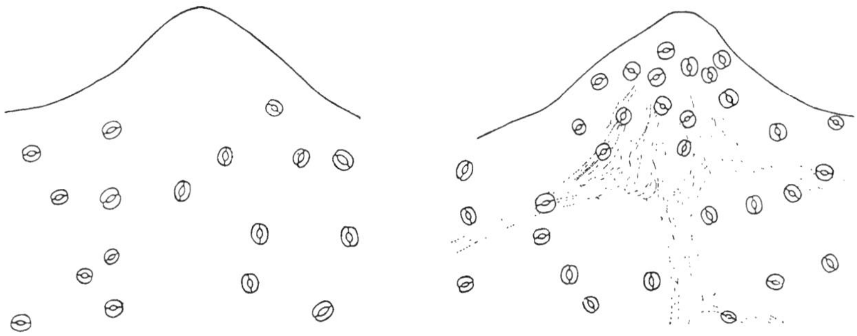

Abb. 79. Blattspitze vom Blatt einer jungen Rosette. Totalpräparat wie in Abb. 78 hergestellt; links von Oberseite aus; die Spitze ist frei von Spaltöffnungen; rechts von Unterseite aus, die Spitze ist dicht mit Wasserspalten besetzt. Die Gefäßbündel sind nur angedeutet. Objektiv C.

Die lockere Verbindung des Schwammparenchym mit der unteren Epidermis hat zur Folge, daß man letztere leicht abziehen kann, während dies mit der oberen Epidermis nicht oder nur schwer gelingt. Man kann durch Abziehen der unteren Epidermis auch am lebenden Blatt sehr schönen Einblick direkt in die Schwammparenchymzellen und, wenn diese gelegentlich an der abgezogenen Epidermis haften bleiben, auch in die lebenden Palisaden erhalten und sich von dem reichen Gehalt an Chloroplasten im Vergleich zu den Schwammparenchymzellen überzeugen. (Rißfläche natürlich nach oben im Päparat orientieren.) Diese Beobachtungen macht man am besten an dem für das Studium der Funktionsweise der Spaltöffnungen entsprechend herzustellenden Präparat (s. u.).

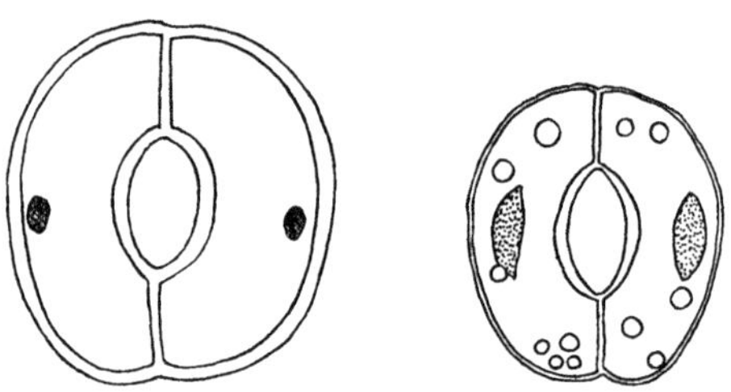

Abb. 80. Links typische Wasserspalte mit allseits gleichmäßig verdickten Membranen und kleinem, homogenem Zellkern; keine Chloroplasten. Rechts typische Spaltöffnung mit dünnen Membranen, großem lebendem Zellkern und Chloroplasten. Aus Totalpräparat nach Behandlung des Blattes wie in Abb. 78 angegeben. Objektiv E.

Schließlich untersuchen wir noch die Blattstruktur an einem Blattzahn an dem in C. E.-hell liegenden Präparat. Man findet hier sehr instruktive Bilder von den bereits am Keimblatt festgestellten Hydathoden mit den charakteristischen auseinanderspreizenden Gefäßen der einzelnen Gefäßbündel (Abb. 78). Je nachdem, ob man das Blatt von der Unterseite oder von der Oberseite aus betrachtet, ist das Bild verschieden (Abb. 79). Im Blattzahn ist die Epidermis der Oberseite stets vollkommen frei von Spaltöffnungen. Auf der Epidermis der Unterseite dagegen, wo die pinselartig verbreiterten Gefäßbündel enden, stehen sie dichter gedrängt, als irgendwo auf den beiden Epidermen. Bei stärkerer Vergrößerung (Abb. 80) zeigt sich, daß diese Spaltöffnungen eine andere Struktur besitzen als die über die ganze Epidermis verstreuten. Sie sind oft größer und haben immer allseitig und gleichmäßig stark verdickte Zellwände und kleine glasig-homogene Zellkerne; Chloroplasten fehlen. Derartig veränderte Spaltöffnungen, durch welche, wie wir an den Keimblättern gesehen haben, flüssiges

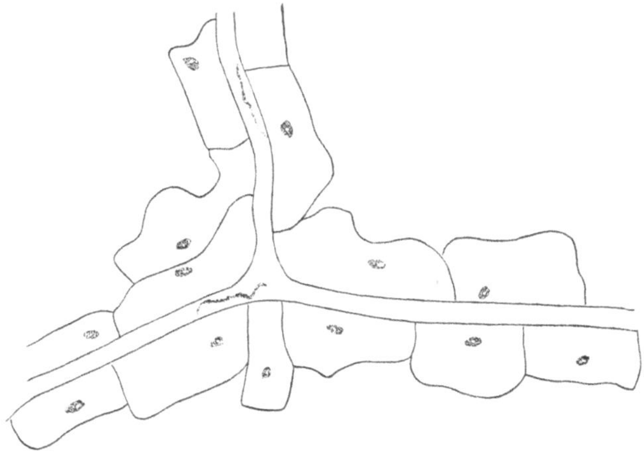

Abb. 81. Verzweigung einer Milchröhre mit umgebenden Parenchymzellen. In der Milchröhre zwei längliche Kerne sichtbar. Nach Totalpräparat (zuerst in Alkohol-Eisessig, dann in C. E.-hell gekocht) aus Nebennerv in der zweiten Schwammparenchymschicht. Objektiv E.

Wasser abgeschieden wird, werden als Wasserspalten bezeichnet. Der Gewebekomplex der Blattunterseite, in welcher die Gefäßbündel münden, ist sehr kleinzellig (manchmal nicht ganz leicht zu erkennen). Er wird Epithem genannt. (Bei der einen Sorte von Hydathoden soll es sich an der aktiven Wasserausscheidung beteiligen, bei der anderen Sorte, den passiven, hat es möglicherweise die Fähigkeit, bakterizide Stoffe zu bilden und dadurch die Pflanze vor Infektion, welche durch die dauernd geöffneten Wasserspalten leicht erfolgen kann, zu schützen.) Die früher (S. 37) beobachtete Guttation aus den Hydathoden findet nur statt, solange ein Blatt noch in Entwicklung begriffen ist. Später sind die Hydathoden funktionslos.

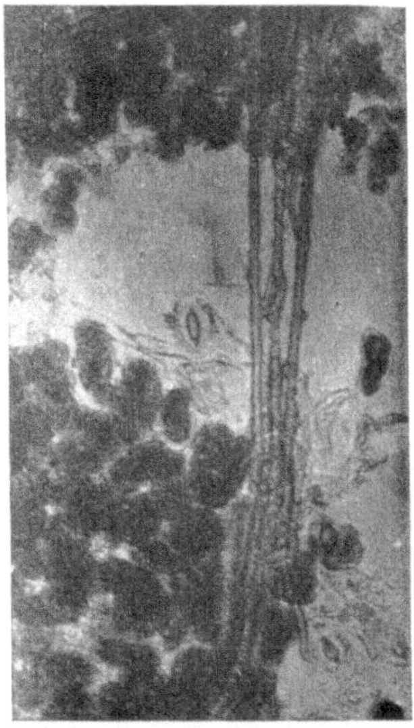

Abb. 82. Milchröhren durch Zerzupfen eines in C. E.-hell aufgekochten Keimblattes isoliert; in Jod-Jodkali. Die mittlere Röhre bildet eine Schleife, welche mit der links liegenden Röhre verbunden ist. Unten rechts eine weitere Verbindung zu einer dritten Röhre. Objektiv C.

Außer den Hydathoden, die bei vielen, aber durchaus nicht allen Phanerogamen vorhanden sind, kann man in dem Totalpräparat des Rosettenblattes auch die Milchröhren (S. 78 und 110) untersuchen. Hierzu werden die Blätter am besten in Carmin-Essigsäure gekocht, um gleichzeitig die Kerne sichtbar zu machen. Die Blattstücke werden von der morphologischen Unterseite aus betrachtet. (Außerdem benutze man auch die Präparate in C. E.-hell.) Die Milchröhren folgen dem Lauf der Gefäßbündel. Man findet sie unter 2 Schwammparenchymschichten. Wesentlich ist die Feststellung, daß in der Tat lange Röhren ohne Querwände vorliegen, die sich hie und da „verzweigen“ (Abb. 81, 82). Die bei den *Compositen* vorkommenden Milchröhren sind nicht wie etwa bei den *Euphorbiaceen* einzelne, sehr stark in die

Länge gewachsene Zellen, sondern durch Verschmelzung von Zellen entstanden. Sehr charakteristisch sind die langen, spindelförmigen Zellkerne. Das Auffinden der Milchröhren ist nicht immer ganz leicht. Man benutze gefärbte und ungefärbte Präparate. Bleibt der Versuch, die Milchröhren in den Präparaten von Rosettenblättern aufzufinden, erfolglos, so versuche man es mit ausgewachsenen Keimblättern. Diese werden direkt in C. E.-hell fixiert, kurz aufgekocht und in Jod-Jodkali untersucht. Im Blattstiel sind die Milchröhren deutlich zu erkennen. In Abb. 82 sind sie an einem zerzupften Keimblatt photographiert. Man weiß bis heute noch nichts Sicheres über die Bedeutung von Milchsaft und Milchröhren.

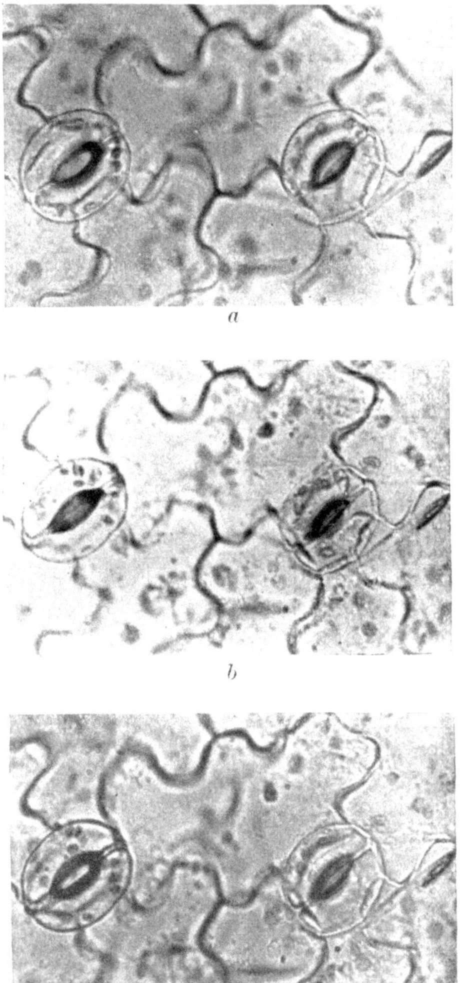

Abb. 83 *a*—*c*. *a*) 2 geöffnete Spaltöffnungen; *b*) Verschluß beider nach Plasmolyse mit Kaliumnitrat. Abnahme in der Gesamtbreite um rund 12%. Beachte die entspannten Zellwände. *c*) Öffnung besonders der linken Spaltöffnung nach Durchsaugen von Wasser. Objektiv C.

Funktion der Spaltöffnungen. Den Beweis dafür, daß die Transpiration im wesentlichen nur durch die Spaltöffnungen erfolgt, wie er bei Blättern mit ausschließlich unterseitigen Spalten möglich ist, kann man bei *Crepis capillaris* nicht erbringen. Dagegen läßt sich zunächst leicht feststellen, daß der Spalt zwischen den beiden „Schließzellen" geöffnet oder geschlossen sein kann. Man benutzt, wie oben angegeben, abgezogene Epidermen der Blattunterseite. Dem zu untersuchenden Stück sollte möglichst immer ein Teil des Schwammparenchyms anhaften. Nur so ist man sicher, unbeschädigte Schließzellen vor sich zu haben.

Zuerst fertigt man 2 Präparate an, das eine von einer belichteten, das andere von einer seit einigen Stunden verdunkelten Rosette und findet die Spaltöffnungen der Lichtpflanzen geöffnet, die der Dunkelpflanzen geschlossen. Die Gesamtbreite bei geschlossenen ist deutlich geringer (Abb. 83).

Um über den Bewegungsmechanismus Aufschluß zu erhalten, müssen wir den Bau der beiden Schließzellen etwas genauer kennenlernen. Querschnitte durch die dünnen Blätter sind schwierig, durch den Stengel dagegen leicht zu erhalten. Wir benutzen dazu wieder frische Rasierklingen. Benötigt werden möglichst dünne Schnitte, die nur durch den äußersten Teil des Stengels (am besten Alkoholmaterial, S. 13) geführt zu sein brauchen. Wird darauf geachtet, daß die Schnittrichtung annähernd in 90° quer zum Stengel verläuft, so ist es nicht schwer, in 3—5 Schnitten brauchbare Bilder, wie sie in Abb. 84 wiedergegeben sind, zu erhalten. Wie im Blatt, ist unter jeder Spaltöffnung eine Atemhöhle vorhanden. Die ganze Epidermis ist von der deutlich sich abgrenzenden Cuticula überzogen. Wir haben dieselbe bereits bei der Aufsicht auf die Epidermis beobachtet. Sind die Schnitte schön dünn ausgefallen, so läßt sich feststellen, daß die Cuticula auch die sogenannte Bauchwand der beiden Schließzellen überzieht (Abb. 84). Sie färbt sich mit Jod-Jodkali im Gegensatz zu dem Rest der Epidermisaußenwand kräftig gelb bis gelbrötlich (vgl. auch S. 112).

Besonders auffallend an den beiden Schließzellen ist die verschiedene Dicke der gegen die angrenzenden Epidermiszellen und gegen den Spalt zu gelegenen Wände. Stellt man sich 2 mit den Enden aneinandergebundene, aufpumpbare Schläuche vor, deren nach innen zu liegende Wände durch eine längslaufende Leiste analog verdickt sind, wie die entsprechenden Wände der Schließzellen einer

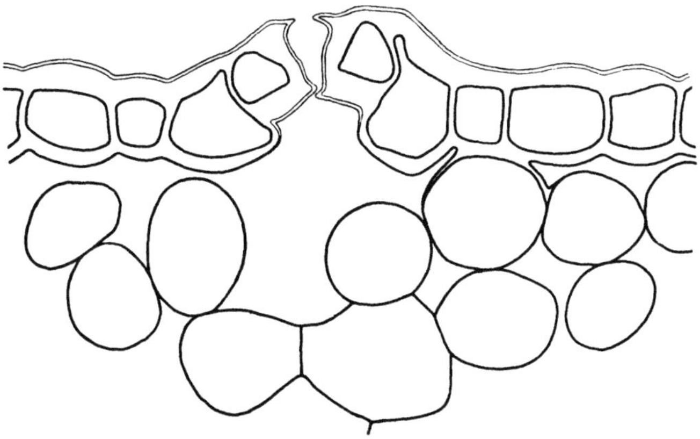

Abb. 84. Spaltöffnung mit den beiden Schließzellen; beachte den Verlauf der Cuticula. Aus Stengelquerschnitt. Objektiv E.

Spaltöffnung, so ist einzusehen, daß sich die beiden dünnen, außenliegenden Wände beim Aufpumpen stärker ausdehnen müssen als die innern. Infolgedessen muß sich der künstliche Spaltöffnungsapparat öffnen, beim Herauslassen der Luft wieder schließen. Wir haben früher (S. 32) gesehen, daß die in der Vakuole gelösten anorganischen oder organischen Stoffe infolge der Semipermeabilität des Plasmaschlauches eine Zelle zur Wasseraufnahme befähigen und dadurch einen Turgordruck zu entwickeln. Entzieht man also einer geöffneten Schließzelle Wasser durch Plasmolyse, so wird sich die Spaltöffnung infolge der Turgorabnahme schließen müssen; saugt man darauf Wasser durch das Präparat, so wird sich die Spaltöffnung wieder öffnen. Dieser Versuch gelingt an den eingangs hergestellten Präparaten ohne weiteres (Abb. 83). Das Plasma der Spaltöffnungen von *Crepis* scheint sehr widerstandsfähig zu sein. Man kann Schließen und Öffnen durch Plasmolyse und Deplasmolyse bis 6mal wiederholen. (Vom dritten Mal ab wird der Prozentsatz der sich wieder öffnenden Spalten geringer.) Die Pflanze bewerkstelligt Öffnen und Schließen durch Erhöhung bzw. Erniedrigung der Zellsaftkonzentration (Zuckerbildung bzw. Stärkebildung). Die von den Schließzellen ausgeführten Bewegungen sind Turgorbewegungen im Gegensatz zu den ebenfalls nastischen Wachstumsbewegungen der Blätter (S. 99) und Blüten (S. 119) und zu den Wachstumsbewegungen von Hypokotyl und Wurzel.

Dritter Teil.

Der Bau des Stengels.

An dem sich entwickelnden Stengel, der gerade aus der Rosette hervortritt, erkennt man bereits die ersten Anlagen der Blütenköpfe. Hat er die Höhe von 6—10 cm erreicht, so verläuft die Streckung recht schnell. Bei 20—30° beträgt der Zuwachs 3—6 cm in 12 Stunden, demnach rund das 10fache des früher bei der Wurzel gefundenen Wertes (S. 68). Dabei ist aber zu berücksichtigen, daß in diesem Stadium bereits mehrere Internodien (Stengelglieder) vorhanden sind, von welchen jedes einzelne seine eigene Wachstumszone besitzt. (Durch Tuschemarkierung läßt sich Lage und Größe der Wachstumszonen ermitteln, womit erst ein Vergleich der absoluten Wachstumsgeschwindigkeiten beider Organe möglich ist.) Vom Zeitpunkt des ersten Erscheinens des Stengels bis zum Aufblühen der ersten Blütenköpfe vergehen 3—4 Wochen.

Von dickeren, schön gerade gewachsenen und roten Stengeln (S. 1) werden mit Rasiermesser oder frischer Rasierklinge möglichst dünne Quer- und Längsschnitte angefertigt. Erstere sollen wieder genau rechtwinkelig zur Längsrichtung des Stengels liegen. Es ist viel notwendiger, kleine aber sehr dünne Sektoren, als weniger dünne, den ganzen Stengelquerschnitt umfassende Präparate zu erhalten. Außer frischen Stengeln werden noch die früher in Alkohol eingelegten (S. 13) benutzt, ebenso für die genau parallel zur Längsrichtung zu führenden Schnitte. Für deren Herstellung gilt dasselbe wie für die Herstellung der Querschnitte.

Man liest die dünnsten erhaltenen Schnitte aus, wirft die dickeren fort und legt einen Teil für etwa eine Stunde in eine Glasdose mit fuchsinschwefliger Säure (S. 154). Der andere Teil kommt in einen Tropfen Wasser und wird nach Auflegen eines Deckglases gleich untersucht. Die in fuchsinschweflige Säure eingelegten kommen zur gegebenen Zeit in C. E.-hell.

Beim Anschneiden des lebenden Stengels tritt der Milchsaft aus, wie wir beim Einsammeln der Pflanze bereits beobachtet haben. Schon mit dem bloßen Auge kann man feststellen (besonders nachdem mehrere Male quergeschnitten worden ist, wodurch der Gehalt an Milchsaft abnimmt), daß derselbe nicht an der ganzen Schnittfläche erscheint, sondern nur an der Stengelperipherie. Mit der Lupe läßt sich mindestens hie und da weiter erkennen, daß der Austritt nicht gleichmäßig in einem Ring erfolgt, sondern an einzelnen Punkten, und zwar in dem nach der Peripherie des Stengels zu gelegenen Teil der Gefäßbündel. Diese selbst sind, wie wir gleichzeitig beobachten können (aber nur an Schnitten durch kräftige Stengel), zu einem Ring untereinander verbunden. Die mikroskopische Untersuchung bei schwächster Vergrößerung ergibt folgendes: Jedes Gefäßbündel besteht aus 2 deutlich voneinander verschiedenen Teilen, einem nach innen zu gelegenen sehr weitmaschigen und einem jedesmal darüber gelegenen sehr engmaschigen. Ersterer ist der Gefäßteil (Xylem, Hadrom), welchen wir hier zum erstenmal in Aufsicht zu sehen bekommen. Seitenansichten kennen wir von den Totalpräparaten der Keimblätter, Laubblätter und Wurzeln. Letzterer wird als Siebteil (Phloem, Leptom) bezeichnet. Er dient im Gegensatz zu dem wasserleitenden Gefäßstrang der Leitung von organischen Stoffen. Dies ist durch exakte Versuche neuerer Zeit in bester Übereinstimmung mit schon lange bestehenden Annahmen endgültig bewiesen worden.

Jeder Gefäßteil ist gegen das sehr großzellige Grundgewebe (Zentralzylinder) von einer Schicht englumiger und dickwandiger Zellen umgeben (Abb. 85 *a*, *b*). Im Längsschnitt (*h*) erweisen sie sich als langgestreckt und an den Enden zuge-

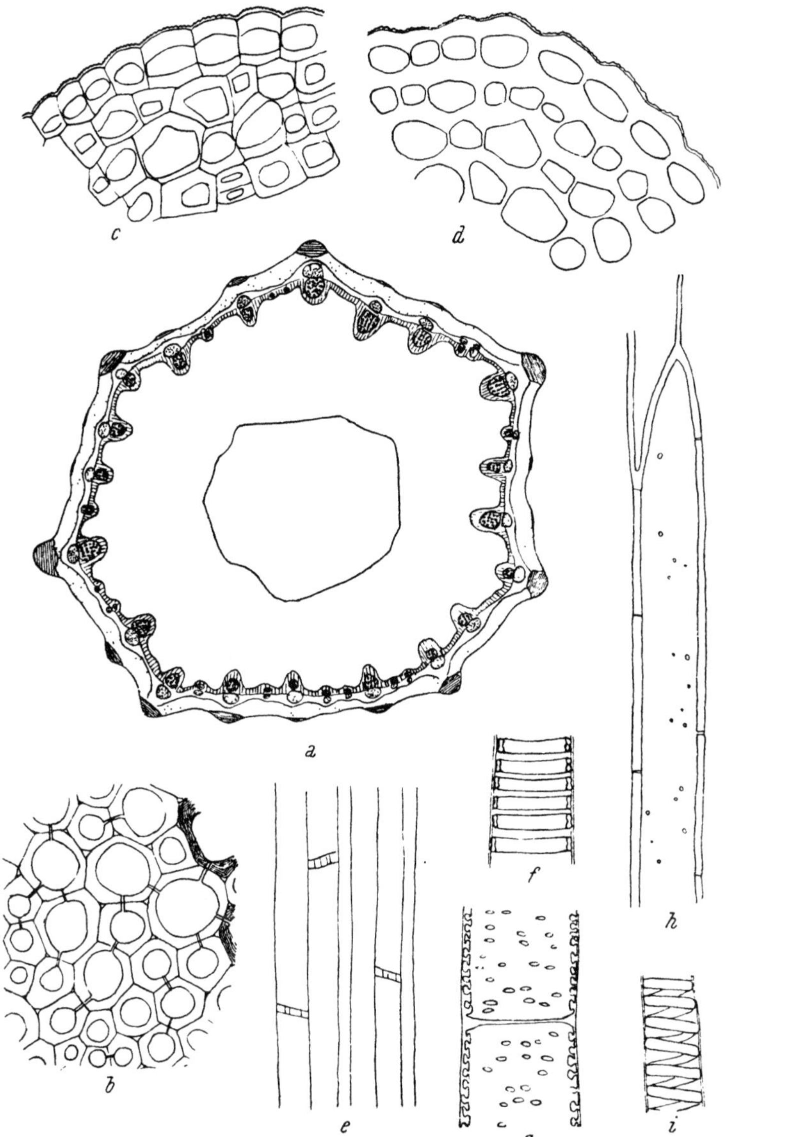

Abb. 85 *a—i*. Querschnitte (*a—d*) und Längsschnitte (*e—h*) durch den Stengel; *a*) Übersicht: Tangential gestrichelt das an den Stengelkanten besonders stark ausgebildete Plattencollenchym. Locker punktiert die grüne Rindenschicht, nach Innen abgegrenzt durch die Stärkescheide. Fein punktiert die Siebteile, dick punktiert die Gefäßteile der Gefäßbündel. **Radial** gestrichelt das die Gefäßteile halbkreisförmig umgebende und alle zu einem großen Festigungsring zusammenschließende Sklerenchym. In der Mitte die große Interzellulare umgeben vom Grundparenchym. *b*) Sklerenchymzellen mit den korrespondierenden Tüpfeln, Mittellamellen und Wandschichten (rechts oben). *c*) und *d*) Plattencollenchym; in *c* die nur an sehr dünnen Schnitten erkennbaren Mittellamellen. *e*) Stück aus dem Siebteil mit Teilen von Geleitzellen und Siebzellen mit ihren Siebplatten, *f*), *g*) *i*) Teile eines Ring-, Tüpfel- und Spiralgefäßes. *h*) Enden von 2 aneinandergrenzenden Sklerenchymzellen mit Tüpfeln. *a* etwa 15fach vergrößert; übrige Figuren Objektiv E.

spitzt. Die beobachteten Merkmale sind für „Sklerenchymzellen" charakteristisch. Analoge Schichten liegen auch zwischen den Gefäßen, wodurch der mit der Lupe festgestellte ringförmige Zusammenschluß derselben zustande kommt. Über den

Gefäßbündeln folgt nach außen hin eine mehrzellige, an Chloroplasten reiche, demnach der Kohlensäureassimilation dienende Schicht, die Rinde. Aus wiederum andersartigen Zellen sind die Stengelkanten aufgebaut. Sie weisen starke Wandverdickungen auf, aber vorwiegend in tangentialer Richtung. Es handelt sich um „Plattencollenchym". (So genannt im Gegensatz zum „Eckencollenchym" mit Verdickungen lediglich in den Zellecken.) Schließlich stellt man in der Mitte des Grundparenchym noch einen großen interzellularen Gang fest, welcher aber nicht immer vorhanden zu sein braucht. Alle diese Differenzierungen sind schon bei der schwächsten Vergrößerung zu erkennen.

Dieser Aufbau des Stengels, wie er sich aus dem Querschnitt ergibt, ist bei Dikotylen weit verbreitet. Im Gegensatz zu den bei der Keimlingswurzel gefundenen Verhältnissen liegt demnach die Gesamtheit der Gefäße nicht im Zentrum des Organs, sondern peripherisch. Der Stengel ist ganz analog gebaut, wie eine bekanntlich sehr biegungsfeste Röhre aus Eisen, also unter Materialersparnis im Innern. Die Versteifung wird noch durch die collenchymatischen Gewebsgruppen an den Kanten des Stengels verstärkt. Der Stengel muß im Gegensatz zu der Wurzel biegungsfest sein, diese zugfest. Entsprechend findet man in der Wurzel die Gefäße im Zentrum liegend (wovon man sich leicht an einem Querschnitt auch durch eine ältere Wurzel überzeugen kann).

Man untersucht den Siebteil noch etwas genauer. Er besteht im Gegensatz zum Gefäßteil aus plasmahaltigen, lebenden, sehr englumigen Zellen. Am Quer- und Längsschnitt erkennt man deutlich etwas breitere und etwas engere Elemente. Die breiteren sind die Siebzellen, sogenannt nach den die Querwände durchsetzenden Poren (Tüpfel), bei *Crepis capillaris* jedoch nur schwer zu erkennen (Abb. 85 *e*). Am Längsschnitt stellt man fest, daß die Gefäße aus mehreren, hintereinander liegenden Zellen bestehen, deren Querwände bis auf einen kleinen Wulst aufgelöst worden sind (Abb. 85 *g*). Nach Art der Verdickungsweise lassen sich Tüpfel-, Ring- und Spiralgefäße unterscheiden (*f*, *g*, *i*). Besonders gut sind die Tüpfel in den stark verdickten, die Gefäßteile umgebenden Zellen zu beobachten, ferner die Mittellamelle, welche schon in der Fruchtschale festgestellt worden ist (S. 26) und die der Mittellamelle aufgelagerten Verdickungsschichten (*b*). Schließlich sehen wir das Plattencollenchym noch etwas genauer an. An dünnen Querschnitten sind auch hier die Mittellamellen deutlich sichtbar (*c*).

Instruktiv ist die in fuchsinschwefliger Säure eingetretene Reaktion, infolge deren (vgl. S. 30) bestimmte Zellarten bzw. Teile von Zellen intensiv gefärbt sind. Die Cuticula ist dunkelrotviolett, auch dort, wo sie an den Spalt grenzt. Ferner sind rot: Die radialen Wände der Endodermis, welche vor der Reaktion nicht besonders in die Augen fiel; hell rosa bis lila die Verdickungsschichten der um die Gefäßteile liegenden Zellen und intensiv rot die Mittellamellen. Auch die dicken, vorher bräunlichen Wände der Gefäße sind gefärbt. Nicht reagiert haben und sind infolgedessen vollkommen farblos geblieben: Die Wände der Epidermis (auch nicht die dicken Außenwände), die dicken Wände des Plattencollenchyms, der Siebteil sowie die denselben umgebenden, schwach verdickten Zellen. Die Zellen des Grundparenchyms sind je nach der Dauer der Reaktion leicht gefärbt. Die Reaktion in der fuchsinschwefligen Säure beruht auf der Verholzung bzw. Kutinisierung der betreffenden Membranen. Erstere dient der Festigung, letztere der Abdichtung gegenüber Wasser. (Eine ganz entsprechende Differenzierung, braun-farblos, erhält man auch nach Einlegen der Schnitte in Jod-Jodkali.)

Verletzungen an Stengeln, welche im Freien eingesammelt worden sind, kommen häufig vor. An Querschnitten durch die betreffende Region findet man, falls die Verwundung nicht erst vor ganz kurzer Zeit geschah, ein deutliches Wundkambium ausgebildet (Abb. 86), wie wir es von den abgetrennten Keimblättern her kennen.

Anthozyan. Wir haben festgestellt, daß die grüne Färbung der Blätter und des Stengels auf dem Vorhandensein von Chlorophyll in mikroskopisch kleinen Organellen des Plasma, den Chloroplasten, beruht. Die Untersuchung des Stengels macht uns mit einer ganz andersartigen, bei Pflanzen weitverbreiteten Färbung bekannt. Beim Einsammeln (S. 1) fanden sich häufig Individuen,

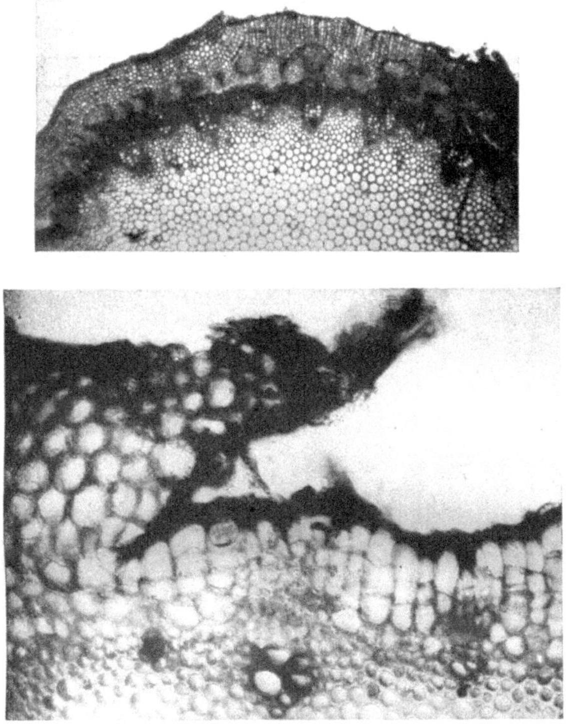

Abb. 86. Querschnitt durch eine verletzte Partie eines Stengels mit Wundcambium. Oben bei schwacher Vergrößerung, unten — von anderer Stelle des Stengels — bei stärkerer Vergrößerung (Objektiv E). Man erkennt außerdem die zu einem Ring durch Schichten verdickter Zellen zusammengeschlossenen Gefäßbündel.

deren Blätter und Stengel besonders im unteren Teil intensiv rot gefärbt waren. In den Stengelquerschnitten von solchen Pflanzen (frisches Material) fallen einzelne, oft nebeneinander liegende, verschieden stark homogen rote Zellen auf. Sie befinden sich in der Epidermis oder den äußeren Rindenschichten. Zur genaueren Untersuchung stellt man oberflächliche Längsschnitte her oder kann auch nach ganz schwachem Einschneiden ein Stück der roten Stengeloberfläche abziehen. Die auf die eine oder andere Weise erhaltenen Stückchen werden mit der morphologischen Innenseite nach oben in Wasser eingelegt und mit Deckglas bedeckt. Man findet reichlich neben- und hintereinander liegende, lange, rotgefärbte Zellen. Nun wird an den Rand des Deckglases ein Tropfen 5%iger Kaliumnitratlösung gegeben und von der gegenüberliegenden Seite her durchgesaugt. Unter der Wirkung des Plasmolyticum (S. 31) beginnen sich die

Plasmaschläuche oben und unten von den Membranen der Zellen abzuheben. Während der Kontraktion des Schlauches ziehen sich Plasmafäden zwischen diesem und der Zellwand aus. An den plasmolysierten Zellen läßt sich gut beobachten, daß der rote Farbstoff ausschließlich in der Vakuole gelöst enthalten ist. Weder Zellwand noch Plasma sind gefärbt. Die Farblosigkeit des Plasma ist besonders deutlich in den sich ausziehenden Plasmafäden. In denselben Zellen erkennt man außerdem Chloroplasten. Die eigentliche grüne Stengelfarbe wird demnach für das bloße Auge durch den in der Vakuole gelösten Farbstoff, das Anthozyan, verdeckt. So liegen die Verhältnisse auch bei rotblättrigen Varietäten, die bei verschiedenen Pflanzen vorkommen. Das hier in sämtlichen Zellen vorhandene Anthozyan läßt die grüne Färbung nicht mehr zur Geltung kommen.

Über die Funktion des Anthozyan[1] ist, soweit es in Blättern und Stengel vorkommt, nichts Sicheres bekannt, wenn auch verschiedene Vermutungen vorliegen. Dagegen ist seine Bedeutung in den so häufigen Fällen, in welchen es die rote und blaue Färbung von Blütenblättern bedingt, klar (vgl. S. 125).

---

[1] Das Anthozyan gehört zu der Gruppe der Glykoside, bei welchen die eine organische Komponente, beim Anthozyan der eigentliche Farbstoff, das Anthozyanidin, an Zucker gebunden ist.

Die Blüte.

Wir kehren zum Ausgangspunkt unserer Untersuchung zurück und vertiefen uns noch einmal in die Betrachtung der Blüten, jedoch in anderer Weise als dies im einleitenden Kapitel geschah. Dort wurde die Kenntnis ihres Aufbaus und ihrer eigenartigen Zusammenordnung benutzt, um die Pflanze im System der Phanerogamen einzuordnen. Wir sind dagegen an verschiedenen Baueigentümlichkeiten und Lebensvorgängen stillschweigend vorübergegangen und haben vor allen Dingen noch nicht versucht, Aufschluß zu erhalten über das Wesen, die Funktion der Blüte als Ganzes, sowie ihrer einzelnen Organe: Blütenkrone, Griffel, Staubbeutel und Fruchtknoten. Nur diese Feststellung machten wir noch: Jede reife, aus je einem Fruchtknoten hervorgegangene Frucht enthält einen einzigen Samen. In dünnhäutigen Säckchen, den Samenschalen, eingeschlossen stehen die winzigen geraden Embryonen, in einen Ruhezustand versetzt, aufrecht auf der Blütenscheibe. Ferner ergab sich: Die Embryonen bestehen aus einer kleinen Wurzel und zwei Keimblättern, und in sämtlichen Zellen der beiden — einzig vorhandenen — Organe sind Reservestoffe angehäuft, welche in den ersten Keimungstagen zur Atmung und zum Aufbau von Protoplasma und Zellwänden verbraucht werden. Das spätere Wachstum des Keimlings nimmt seinen Ausgang von dem nur mikroskopisch sichtbaren Vegetationspunkt zwischen den beiden Keimblättern. Auch alle diese Feststellungen waren wegweisend bei der Einordnung der Pflanze in Abteilung, Klasse, Ordnung und Familie.

Nach der Entstehungsweise dieses Samens haben wir aber nicht gefragt. Wir könnten eine möglichst einfache Vorstellung bildend, etwa vermuten, der Embryo entwickle sich direkt aus einem kleinen, im Innern des noch unentwickelten Fruchtknotens befindlichen Zellkomplex, bzw. aus einer einzelnen Zelle. Wäre das so, dann läge lediglich eine sehr schöne Einrichtung vor, durch welche sich unsere Pflanze, die ja aus Wurzel, Stengel und Blatt kein neues Individuum zu regenerieren vermag, in großem Maßstab vermehrt und verbreitet. Der komplizierte Bau der Blüte und ihre auffallende Färbung blieben unverständlich (vgl. aber S. 139). Tatsächlich vollzieht sich jedoch die Entstehung des Samens nicht auf so einfache Weise, sondern ist mit einer ganzen Reihe höchst eigenartiger Vorgänge verbunden, welche ein Grundphänomen des Lebens bilden. Die Gesamtheit des zellularen Geschehens bei der Bildung des Embryo von Pflanzen und Tieren sind die Ursache für bestimmte Gesetze der Vererbung.

Erster Teil.

Bevor wir uns der Hauptuntersuchung zuwenden, wollen wir noch wesentliche Einzelheiten und Lebensvorgänge an den Blüten und Blütenköpfen studieren. Einerseits wird dadurch das Bild, welches wir bisher von der Pflanze gewonnen

Abb. 87. Aufblühen und Schließen der Blütenköpfe morgens und abends am zweiten Tage nach Abschneiden und Einstellen in Wasser. (Der im oberen Bild am linken Rand in der Mitte befindliche Stengel mit 3 Kopfknospen ist im unteren Bild um 90 Grad nach rechts verschoben.) Etwas unter natürlicher Größe.

haben, in verschiedenen Richtungen vervollständigt, andererseits stehen diese Dinge in mehr oder weniger engem Zusammenhang mit der Bildung des pflanzlichen Embryo. Außerdem ist die genaue Kenntnis derselben zu einem großen Teil die unerläßliche, methodisch-technische Voraussetzung, um die Hauptuntersuchung beginnen zu können.

Die Öffnungs- und Schließbewegungen der Blütenköpfe und Einzelblüten.

Wenn wir am frühen Morgen mit der aufgehenden Sonne einen Feldweg entlang gehen, an dessen Rändern wir schon oft die Pflanze zwischen anderen fanden, oder um diese Zeit unsere Kultur im Topf oder Garten betrachten, ist noch kein einziger Kopf geöffnet, auch wenn am Tage vorher die Pflanzen in voller Blüte standen. Sie sehen jetzt eher unansehnlich aus. Erst gegen 8 Uhr, bei kühler Witterung gegen 9 Uhr oder noch später, öffnen sich Köpfe und Blüten. Bei ausnahmsweise kaltem Wetter — 10—12° — bleiben sie auch tagsüber zu. Sie schließen sich wieder am späten Nachmittag, bei sehr warmem Sommerwetter dagegen (etwa 25° C im Schatten) schon gegen Mittag. Am nächsten Morgen sind die Blütenköpfe um dieselbe Zeit wieder geöffnet. Man kann leicht feststellen, daß sich einzelne mehrere Tage hintereinander öffnen und schließen, wenn man ihre Stiele mit einem locker gebundenen Wollfaden oder einem kleinen Streifen Zeitungspapier, in welchem ein Schlitz eingeschnitten wird, kennzeichnet. Ebenso wie im Freien wiederholt sich die Öffnungs- und Schließbewegung an 15—20 cm lang abgeschnittenen, in Wasser gestellten Blütenständen auch im Zimmer über mehrere Tage und Nächte hin und kann bequem, mindestens eine Woche lang, verfolgt werden (Abb. 87). Während dieses Zeitraums blühen nicht nur neue Köpfe auf, sondern auch bereits vorhandene, noch nicht ausgereifte Fruchtköpfe reifen und öffnen sich normal (S. 144). Die Zahl der sich öffnenden Blütenköpfe kann innerhalb 4 Tagen bis gegen das Doppelte ansteigen. Die zuerst vorhandenen beginnen nach dieser Zeit zu welken.

Wir haben damit eine sehr ausgesprochene, während der Entwicklung der Blüten erfolgende periodische Bewegung kennengelernt, welche an diejenige der Keimblätter und jüngeren Laubblätter erinnert (S. 35 und Abb. 20, 74). Die

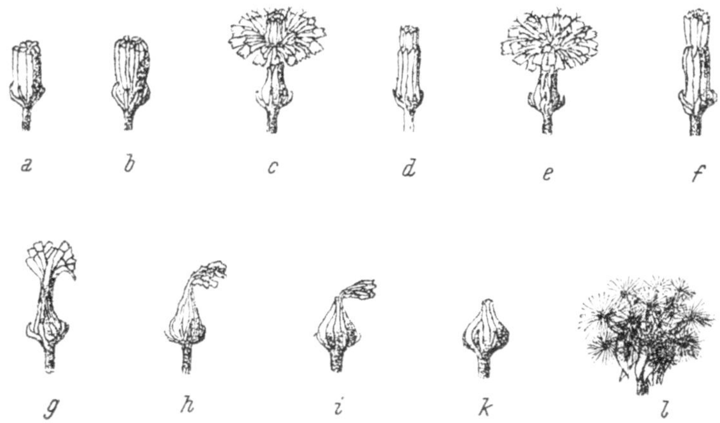

Abb. 88 *a—l*. Entwicklung des Blütenkopfes von der ausgewachsenen Knospe bis zu der Reife der Achaenen. *a*) Geschlossene Knospe: die Spitzen der inneren Hüllblätter zu einem Dach nach dem Zentrum des Kopfes rechtwinkelig umgebogen. *b*) Knospe abends vor, bzw. früh morgens am 1. Öffnungstag in *c*), nur der äußerste Blütenkreis ist entfaltet; zwischen *b* und *c* Längenwachstum der Blütenblätter dieses Kreises. *d*) Kopf am späten Nachmittag des 1. Öffnungstages wieder geschlossen, Blütenkronen noch nicht zum Kegel zusammengelegt; der äußerste Blütenkreis ragt jetzt aus den Hüllblättern hervor. *e*) Der geöffnete Blütenkopf am 3. und 4. Tag; zwischen *e* und *f* erfolgt jedesmal Schließen des Kopfes am späten Nachmittag. *f*) Geschlossener Blütenkopf am späten Nachmittag des 4. Tages; die Blütenkronen sind während dem 2. und 3. Öffnungstage noch weiter gewachsen (vgl. *d*). *g*) 5.—6. Tag, die noch gelben Blütenblätter beginnen zu welken: Erstes Verwelkungsstadium. *h*), *i*) Zweites und drittes Welkstadium der Blüten; basale Verbreiterung des von *g* ab bis zur Reife der Früchte ständig geschlossenen Kopfes während der Embryoentwicklung. Die Blütenblätter in *h* gelb-braun werdend, sind in *i* stark gebräunt und hängen, ein kleines Bündel bildend, noch an der Spitze der Hüllblätter; im zwiebelförmigen Kopf *k*) sind sie abgefallen, 2—3 Wochen nach der Bestäubung; *l*) Kopf unter Zurückschlagen der inneren Hüllblätter um 180 Grad jetzt wieder geöffnet; die reifen Achaenen divergierend mit ausgebreitetem Pappus rund 3 Wochen nach Bestäubung. Alles nach dem Leben; etwas über natürliche Größe.

Gesamtheit der auf der Scheibe stehenden Blüten führen die entsprechende Bewegung aus wie die einzelnen Blütenblätter, z. B. einer Tulpe oder eines *Crocus*. Der Blütenkopf als Ganzes verhält sich beim Öffnen und Schließen wie eine einzelne Blüte, was gewiß bemerkenswert ist.

Nach zwei verschiedenen Richtungen soll, nach dieser ersten, einfachen Orientierung, durch Beobachtung und Versuch das Studium fortgesetzt werden. Zunächst wollen wir noch ein genaueres Bild des Öffnens der Köpfe wie der einzelnen Blüten erhalten. Hierbei erwerben wir uns die Kenntnis von manchen für die Untersuchung der Embryobildung in ihrer Gesamtheit (S. 125ff. und S. 132ff.) wesentlichen Tatsachen. Gleichzeitig werden wir uns über den Bewegungsmechanismus Klarheit verschaffen. Während diese Arbeiten im Gang sind, können die nötigen Versuche angesetzt werden zur Beantwortung der Frage nach den auslösenden Ursachen des Schließens und Öffnens der Blütenköpfe (S. 120f.).

Öffnungsvorgang und Öffnungsmechanismus. Es war bereits früher (S. 5; Abb. 2 und 3) festgestellt worden, daß an voll erblühten und bereits fruchtenden Pflanzen 2 Sorten von geschlossenen Köpfen vorhanden sind: Einmal mehr oder weniger zylindrische, von sehr verschiedener Größe, dann kegel- und zwiebelförmige, die sich in der Größe nur wenig voneinander unterscheiden. Wir finden leicht, daß sich die beiden letztgenannten nicht mehr periodisch jeden Morgen öffnen, sondern erst — und zwar oft ein letztes Mal —, wenn die Früchte ausgereift sind (vgl. S. 144). An den kegelförmigen haftet zunächst oft noch das kleine Päckchen der welkenden und verwelkten Blüten (Abb. 88 *h*, *i*, auch Abb. 2 und 3). Unter den vielen zylindrischen Kopfknospen befinden sich sehr kleine, eben erst angelegte bis zu solchen, welche bei einer Länge von 6—7 mm fast ausgewachsen sind (Abb. 88 *a*). Bei diesen Knospen findet man die Zipfel der inneren Hüllblätter (wie bei allen Compositen) im rechten Winkel nach innen umgeschlagen. Sie decken so die Blüten mit einem horizontal liegenden Dach.

Wir beobachten, daß sich die größten Kopfknospen weder im Laufe des Tages noch am folgenden Tage öffnen. Außer diesen fest verschlossenen sind an jedem Stock, jedoch nur spät abends (bzw. früh morgens), immer eine geringe Zahl ebenso großer vorhanden, deren innere Hüllblätter ganz wenig auseinanderspreizen, so daß hie und da in den entstandenen Zwischenräumen die Knospen der gelben Blüten sichtbar werden. Die Hüllblattzipfel sind jetzt mehr oder weniger schräg aufwärts gerichtet (Abb. 88 *b*). Diese Köpfe werden, wie oben angegeben, mit einem geschlitzten Streifen Zeitungspapier, auf welchem eine Nummer eingetragen ist, markiert. Man findet sie am kommenden (bzw. am gleichen) Morgen geöffnet (Abb. 88 *c*). Hierbei macht nur der allein sich entfaltende äußere Blütenkreis die Öffnungsbewegung, alle weiter innen stehenden Blüten bleiben an diesem ersten Tage noch vollständig geschlossen. Bei solchen, gegen Abend sich wieder schließenden Köpfen ragt dann der äußere Blütenkreis ein Stück aus dem Hüllkelch hervor (Abb. 88 *d*). Es hat demnach Wachstum stattgefunden.

Zusätzlich kann man die Schließbewegung noch weiter verfolgen. Die Blüten bewegen sich nicht nur in die ursprüngliche Lage zurück, sondern rollen auch die Zunge seitlich wieder mindestens zu einem Halbkreis ein. Schließlich sind alle Zungen des ersten Kreises über den noch geschlossenen Blüten der übrigen Kreise in einem kegelförmigen Bündel zusammengebogen. Sie haben sich demnach über die Knospenlage hinaus gegen das Zentrum des Kopfes hin gekrümmt. Die inneren Hüllblätter sind der Bewegung der Blüten gefolgt (vgl. S. 120).

Am folgenden Morgen öffnet sich mit dem ersten Blütenkreis auch der zweite (markierte Köpfe); die restlichen inneren bleiben wiederum geschlossen. Diese entfalten sich erst — meistens zusammen, seltener einzeln nacheinander — am dritten bis vierten Tage. Während dieses Zeitraums sind die Blütenkronen des ersten und zweiten Kreises dauernd weitergewachsen (Abb. 88 *f*). Vom fünften Tage ab bleiben die Köpfe geschlossen. Nur bei sehr warmem Wetter überstürzt sich diese mit rhythmischen Bewegungen verbundene Entwicklung, indem nach alleiniger Entfaltung des ersten Kreises, am zweiten Tag alle übrigen zusammen aufblühen und der Kopf sich nach dem abendlichen Schließen schon vom dritten Tage ab nicht mehr öffnet. Nicht nur bei *Crepis capillaris*, sondern bei sämtlichen Compositen überhaupt öffnen sich die Blütenköpfe in diesem gesetzmäßigen, durch die Reihenfolge der Anlage der einzelnen Blütenkreise bedingten Rhythmus.

Die Richtung, in welcher die zur Öffnung und Schließung des Kopfes führende Bewegung stattfindet, ist, wie offensichtlich, allein abhängig von der Gestalt der

Blüte. Die Krümmung erfolgt immer nur in der Ebene, welche quersenkrecht zur Zunge liegt. In dieser Hinsicht gleicht die Bewegung ganz derjenigen, die wir an Keimblättern und jungen Laubblättern beobachtet haben (S. 35). Auch hier war die Richtung der Bewegungen, welche beim Wechsel von Licht und Dunkelheit oder von hoher und niedriger Temperatur einsetzten, von vornherein endogen festgelegt. Es handelt sich demnach um eine Nastie.

Wir sehen, wie sich das Öffnen und Schließen der Köpfe während dauernd anhaltendem Wachstum der Blütenkronen vollzieht (s. o. und Abb. 88 *d* und *f*), wenigstens während der ersten 3 Tage. Damit ist ein Hinweis dafür gegeben, daß auch diese nastische Bewegung durch Wachstum bewerkstelligt wird (und nicht, was von vornherein denkbar wäre und für Blütenblätter anderer Pflanzen zutrifft, durch Unterschiede im Turgor zwischen morphologischer Ober- und Unterseite). Dafür spricht auch weiter der Ort, an welchem die Bewegung ausgeführt wird: Die Hauptkrümmung liegt an der Grenze zwischen dem gelben, zungenförmigen und dem weißlichen, röhrigen Teil an der Basis der Blütenkrone; demnach gerade dort, wo sich bei einem Laubblatt (S. 95) und ebenso bei einem Blütenblatt die Wachstumszone befindet. Man überzeugt sich hiervon an einigen herausgezogenen Blüten des ersten Kreises aus einem erstmalig geöffneten Kopf. Ein Vergleich mit den noch geschlossenen Blüten des zweiten Kreises zeigt gleichzeitig, daß die basale Röhre um 70—100% gewachsen sein muß. Weiter ergibt sich, daß beim Schließen des Kopfes die Krümmung wieder zurückgeht und genaue vergleichende Messungen unter der Lupe zeigen, daß auch vom ersten zum zweiten, sowie vom zweiten zum dritten Öffnungstage basales Wachstum stattgefunden hat. Im Gegensatz hierzu wächst der kaum sich krümmende Zungenteil nur vom ersten zum zweiten Öffnungstage in die Länge und nur um 10—30%. Für solche Messungen werden die aufeinanderfolgenden Kreise von Köpfen am zweiten und dritten Öffnungstage benutzt, und zwar wenn sie nahezu noch, bzw. eben wieder geschlossen sind. Hier sind die Blüten ja geradegestreckt, so daß beide Teile gut gemessen werden können. Im späteren Stadium des kegelförmigen Zusammenneigens der Blüten (s. o.) kann man dann feststellen, daß die basalen Teile der Blüten gegen das Zentrum des Blütenbodens zu gekrümmt sind.

Der Vorgang der Krümmung läßt sich übrigens direkt an den herausgezogenen Blüten beobachten. Sie werden zu diesem Zweck vor der ersten Öffnung des Kopfes auf einen Objektträger in eine Schale mit feuchtem Filtrierpapier (oder direkt auf dieses) gelegt. Im Laufe einer Stunde krümmen sich die basalen Teile, die Zunge breitet sich aus, und am Nachmittag geht die Krümmung wieder vollständig zurück. Schließlich schlägt sie in die entgegengesetzte Richtung um, und es erfolgt Einrollung der Zunge zum Halbzylinder. So kann man die von den einzelnen Blüten ausgeführten Bewegungen, welche am Morgen zur Öffnung, am Nachmittag zum Schließen der Blütenköpfe führen, direkt bequem verfolgen.

Überdies ergibt sich hier Gelegenheit, auf recht einfache Weise den Einfluß der Temperatur auf einen Lebensvorgang, in diesem Fall die Krümmung bzw. das Wachstum, nachzuweisen (vgl. S. 68). Bei einer Außentemperatur von 15 — 20° bringt man die losgelösten Knospen auf feuchtes Filtrierpapier in einer flachen, kleinen Glasdose, und steckt diese in die äussere bzw. innere Westentasche. Bei der hier herrschenden Temperatur von 26 bzw. 30° erfolgt die Krümmung und die Ausbreitung zur Zunge sowie die Streckung des Griffels in kurzer Zeit und viel schneller als bei den entsprechenden an der Pflanze verbliebenen Blüten bzw. in der im Zimmer stehenden Schale (zugleich Nachweis der Thermonastie, vgl. S. 122).

Die Entfaltung der geschlossenen Knospe zur offenen Blüte ist — wie bei allen liguliflоren Compositen — dadurch bemerkenswert, daß aus einer kurzen Röhre eine lange Zunge wird. (Bei abgeschnittenen und längere Zeit im Wasser stehenden Blütenständen kommt es vor, daß die Blüten lediglich die Krümmung ausführen, durch welche der Kopf sich öffnet, die Röhre jedoch nicht zur Zunge entfalten, Abb. 89. Welche Ursache in den Blüten die Trennung dieser beiden normalerweise etwa gleichzeitig ablaufenden Vorgänge unter solchen Verhältnissen bedingt, bleibt unbekannt.) Man stellt mit der Lupe fest, daß jede Blüte in einer offenbar vorgebildeten Längslinie, welche immer an der dem Mittelpunkt der Scheibe zugekehrten Seite liegt, auseinanderreißt. Gleichzeitig wächst die Krone in die Länge, bewegt ihre 5 Zipfel nach oben, breitet sich seitlich zur Zunge aus, wobei sich im unteren Teil die beobachtete Krümmung nach außen vollzieht. Nicht weniger als fünf verschiedene, koordinierte, ohne weiteres wahrnehmbare Einzelvorgänge laufen demnach bei der erstmaligen Öffnung der Blütenkronen ab: Streckung, Einreißen, Ausbreitung von Krone und Kronzipfeln, Krümmung nach außen. Während dieser Vorgänge wächst außerdem der Griffel durch die Röhre der Staubfäden hindurch; später krümmen sich die Narben zurück.

Abb. 89. Kopf eines abgeschnittenen und seit 8 Tagen in Wasser stehenden Blütenstandes. Die Öffnungsbewegung der Blüten hat stattgefunden, dagegen ist die Entfaltung der Röhre zur Zunge bei dem größten Teil der Blüten zunächst unterblieben. Nach dem Leben; nicht ganz 3fach vergrößert.

Abb. 90. Aufwärtskrümmung der inneren Hüllblätter, nachdem auf der einen Hälfte des geöffneten Kopfes die Blüten herausgezogen worden sind. Etwa 4fach vergrößert.

Mit der Ausbreitung der Blütenkronen öffnet sich auch der Außenkelch unter Krümmung der kräftigen inneren Hüllblätter. Man könnte zunächst den Eindruck haben, dies geschehe ebenfalls aktiv, sei es auf Grund von Turgordifferenzen, sei es auf Grund von Wachstum. Die Bewegung ist jedoch vollständig passiv: Die inneren Hüllblätter werden durch die sich krümmenden Blütenkronen abwärts gedrückt. Dies läßt sich leicht nachweisen. Man zieht bei einem Kopfe kurz vor seiner erstmaligen Öffnung, bei einem anderen, nachdem er voll geöffnet ist, sämtliche Randblüten auf der einen Hälfte heraus. Im ersten Fall werden die betreffenden Hüllblätter ihre Knospenlage unverändert beibehalten, im zweiten Falle sich sofort in diese zurückbiegen (Abb. 90). Der Hüllkelch ist demnach weder an der Öffnung noch an der Schließung der Köpfe beteiligt. Die Wachstumskrümmung der Blüten stößt also auf beträchtlichen Widerstand. Erst bei der Öffnung des reifen Fruchtkopfes treten die inneren Hüllblätter in Aktion (S. 144f.).

Periodizität, Thermo- und Photonastie. Der Vorgang des periodischen Öffnens und Schließens führt zu zwei Fragen: 1. Ist derselbe ausschließlich durch einen in der Pflanze gegebenen Rhythmus (autonom, endogen) oder (aitionom) durch den Tag-Nachtwechsel bedingt? 2. Welches sind, falls letzteres zutrifft, die genaueren auslösenden Ursachen? Es ist nicht einfach, auf die erste und wesentliche Frage eine eindeutige Antwort zu geben. Wir müssen uns damit begnügen, verschiedene leicht auszuführende Versuche anzustellen, um in die Vorgänge wenigstens einen kleinen Einblick zu erhalten.

Eine größere Anzahl von Blütenständen wird in der angegebenen Länge (S. 116) am Abend vor dem Versuchstage abgeschnitten. Es müssen genügend viele Köpfe vorhanden sein, welche vor der ersten oder zweiten Öffnung (Abb. 88*b*, *d*) stehen. Alle schon öfter geöffneten werden entfernt. Man verteilt die Blütenstände gleichmäßig auf 4 Gläser mit Wasser und achtet darauf, daß in jedes Glas etwa die gleiche Anzahl von Köpfen kommt, welche sich voraussichtlich zum ersten bzw. zweiten Male öffnen werden. Dann stellen wir an einem nicht von der Sonne beschienenen Fenster wie folgt auf: Glas 1 in einer Entfernung von nur einigen Zentimetern; Glas 2 in 1,50 m Abstand; Glas 3 ebenso, aber in den vollen Schatten eines senkrechten Karton. Glas 4 wird in einer größeren Schachtel oder Blechdose dunkel gehalten. Für den Versuch wählt man eine Zeit warmer, stabiler Witterung bei wolkenlosem Himmel und möglichst gleichbleibender Temperatur.

Am folgenden Vormittag öffnen sich die Köpfe in Glas 1 sehr gut; viel weniger gut dagegen diejenigen in Glas 2 bei 1,50 m Entfernung vom Fenster, und nur mäßig die im Schatten stehenden in Glas 3. Das läßt sich genauer feststellen, indem man den Grad der Öffnung und die Anzahl der jeweils geöffneten Köpfe bestimmt. Die Größe des Öffnungswinkels wie des Prozentsatzes der überhaupt geöffneten ist demnach bei gleicher Temperatur vom Licht abhängig: Die Blütenköpfe reagieren wie die wachsenden Laubblätter (S. 99) „photonastisch". Wir beobachten aber weiter, daß sich mindestens ein Teil der Köpfe in Dunkelheit (Glas 4) ebenfalls, wenn auch nur in kleinem Winkel öffnet — und gegen Abend, trotzdem zu dieser Zeit gar kein Wechsel von Belichtung zu Verdunklung stattfindet, genau so schließt wie die unter normalem Tag-Nachtwechsel aufgestellten in Glas 1—3. Daraus kann man aber noch nicht folgern, daß der Bewegungsrhythmus autonom bedingt ist. Er könnte der Pflanze durch den Tag-Nachtwechsel, unter welchem sie während der Entwicklung stand, aufgeprägt worden sein. Daß dem so ist, wurde schon seit längerem für verschiedene periodische Bewegungen herausgefunden. So kann man einer Pflanze auch einen schnelleren oder langsameren Rhythmus durch Änderung der Belichtungs- und Verdunklungszeit aufzwingen oder den Rhythmus umkehren dadurch, daß bei Nacht belichtet, am Tag verdunkelt wird. Dieser umgekehrte Rhythmus wird dann bei anschließender dauernder Dunkelheit beibehalten.

Sicher endogen bedingt ist der Zeitpunkt des Öffnens und Schließens nach Beginn der Belichtung und Verdunklung, kann er doch bei Arten ein und derselben Gattung um Stunden verschieden sein, wofür wir z. B. bei *Crepis* Beispiele finden: *Crepis setosa* öffnet sich zusammen mit *C. capillaris* wachsend immer etwas früher als diese Art; *Crepis pulchra* dagegen ist nur während des Vormittags, rund 3 Stunden, geöffnet, von 6—9 bzw. 7—10 Uhr. *C. Jaquini* wiederum von 9—13 Uhr.

Wie bei vielen Pflanzen, tritt bei Dauerdunkelheit und auch bei Dauerlicht Starre ein. Schon am zweiten Morgen öffnen sich die Köpfe in Glas 4 nicht mehr. Die einzelnen Blüten wachsen jedoch weiter, und zwar in Dunkelheit (wie ein Stiel sich verhaltend, vgl. S. 53) schneller als diejenigen in Glas 1 bei normalem Tag-Nachtwechsel. Um dies zu beobachten, braucht man nur alle 12 oder 24 Stunden die in Glas 4 und Glas 1 vorhandenen Köpfe mit sichtbaren gelben Zungen zu zählen. Es handelt sich demnach bemerkenswerterweise nur um eine Bewegungs-, nicht aber eine Wachstumsstarre. — In normale Verhältnisse zurückgestellt, vollziehen sich in Glas 4 die Öffnungs- und Schließbewegungen wieder.

Die Blüten unserer Pflanze sind thermonastisch noch empfindlicher als photonastisch: Die geschlossenen Köpfe in Glas 4, 3 und 2 öffnen sich, also trotz Dunkelheit bzw. schwachem Licht, wenn nur die Temperatur (Westentasche S. 119, verdunkelte starke Birne) um 5—10° erhöht wird. Umgekehrt schließen sich vollständig geöffnete Köpfe innerhalb 40—50 Minuten, wenn sie z. B. aus 20° in 10° (Eis-Salz-Mischung unter Einmachglas) kommen. Dagegen ist es nicht möglich, die einmal im Gang befindliche Öffnungs- wie Schließbewegung rückgängig zu machen, weder durch Änderung der Lichtintensität noch durch Änderung der Temperatur. Die Blüten einer Reihe von Pflanzen reagieren ebenfalls zugleich photo- und thermonastisch.

Neuere Untersuchungen haben den Nachweis erbracht, daß fertig ausgebildete Organe endogen bedingte periodische Bewegungen ausführen (Auf- und Abwärtsbewegung von Laubblättern infolge von Turgor oder Permeabilitätsänderungen). — Zum Wesen der Entwicklung gehört rhythmisches Geschehen wohl ebenso wie Polarität und Korrelation. Der Rhythmus, in welchem sich eine embryonale Zelle abwechselnd teilt und wächst, oder in welchem an einem Vegetationspunkt in bestimmten zeitlichen Abständen die Blätter angelegt werden, muß endogen bestimmt sein.

Pollenfächer, Pollenkörner, Protandrie; Chromoplasten.

Wir haben uns bei der einführenden Betrachtung der Pflanze damit begnügt, in der Blüte das Vorhandensein eines Griffels und der 5 Staubfäden festzustellen, welche mit den beiden Griffelästen zu der Zunge in bestimmter Weise orientiert sind (S. 3). Schon damals und vor allem jetzt während der Untersuchung über das Schließen und Öffnen der Köpfe ist wohl aufgefallen, daß der aus der Staubfadenröhre weit hervorragende Griffel von einer gelben körnigen Masse umgeben ist. Man entnimmt einer geschlossenen, 5—6 mm langen Kopfknospe eine Blüte, die also noch eine Röhre bildet. Sie wird mit Hilfe von 2 Nadeln unter der Lupe auf einem trockenen Objektträger geöffnet und mit dem Skalpell kurz über der Ansatzstelle der Filamente quer durchgetrennt. Darauf entfernt man Krone und Griffel, dessen beide Narbenäste noch zusammengelegt sind. Die Staubfadenröhre läßt sich leicht ausbreiten und haftet von selbst am Objektträger fest. In jeder der 5 Antheren sieht man zwei lange Reihen großer, von einer kompliziert gebauten Membran umgebener Kugeln liegen. Es sind die Pollenkörner in ihren Pollenfächern. (Wie bei allen Angiospermen, besitzt jede Anthere 4 Pollenfächer, die man aber bei unserer Pflanze nicht ohne weiteres feststellen kann.)

Werden die Blüten nun einer 7 mm langen Kopfknospe entnommen, so finden wir die Pollenkörner bereits aus den Pollenfächern ausgetreten, demnach bevor die Blüte und bevor der Griffel sich entfaltet haben. Während der erstmaligen Öffnung der Blüte wächst der Griffel, wie festzustellen ist, unter starker, bis 100%iger Verlängerung durch die Staubfadenröhre hindurch und nimmt die um ihn herumliegenden Pollenkörner mit sich. Wir werden später nachweisen, daß Staubbeutel und Fruchtknoten einschließlich Griffel die männlichen und weiblichen Organe der Pflanze sind. Wird der Pollen vor Entwicklungsabschluß des Griffels aus den Antheren entleert, so bezeichnet man eine Blüte als protandrisch (erstmännlich), im Gegensatz zu protogynen (erstweiblichen) Blüten, in welchen vor der Öffnung der Antheren der Griffel fertig entwickelt (bzw. sogar schon verwelkt) ist. Protandrie ist häufig; die meisten Compositen sind protandrisch. Protogyn sind z. B. die Blüten der Obstbäume und, wenn auch schwächer ausgeprägt, eine große Zahl von Cruciferen. (Protandrie und Protogynie stehen zusammen als Dichogamie denjenigen Fällen gegenüber, in welchen Staubbeutel und Griffel zur selben Zeit fertig entwickelt sind: Homogamie.)

Anschließend an diese kurze Orientierung über die Antheren und Pollenkörner verschaffen wir uns noch Klarheit über die so auffallende und im Gegensatz zur grünen Blattfärbung stehende gelbe Farbe der Blüten. Eine geöffnete Krone wird in einem Tropfen Wasser mit Hilfe von 2 Nadeln in der Längsrichtung in 2—4 Teile auseinandergerissen und unter dem Mikroskop angesehen. Man stellt auf einen Rißrand ein und kann dann mit dem starken Trockensystem in den Zellen, welche in der Nähe des Randes liegen, oft verhältnismäßig große, tellerförmige hellgelbe Plastiden, die Chromoplasten, erkennen (Abb. 91 *a*). Sie bedingen bei unserer Pflanze wohl nicht ausschließlich die gelbe Blütenfarbe.[1] Denn außer ihnen, die wie alle Plastiden im Plasma liegen, ist die Vakuole dicht mit kleinen, sehr wahrscheinlich ebenfalls gelbgefärbten Körnchen erfüllt. (Sie befinden sich in lebhafter Bewegung. Diese wird als Brownsche Molekularbewegung bezeichnet. Die kleinen Körner werden von den die Vakuole anfüllenden Molekülen als primär sich bewegenden Teilchen [S. 31] in Bewegung gesetzt.) Um uns davon zu überzeugen, daß die Chromoplasten nicht infolge der Verletzung der Krone beim Reißen geschädigt worden sind, kann man noch einige unversehrte Zungenteile untersuchen und — allerdings nicht allzu häufig — die Chromoplasten in den sehr langen Kantenzellen der Krone auffinden (Abb. 91 *b*). (Die Brownsche Molekularbewegung ist an den in der Vakuole der unversehrten Krone enthaltenen Körnchen sehr schön zu beobachten.)

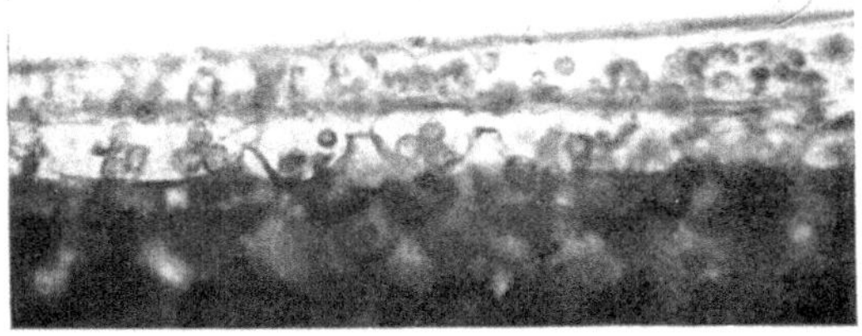

a

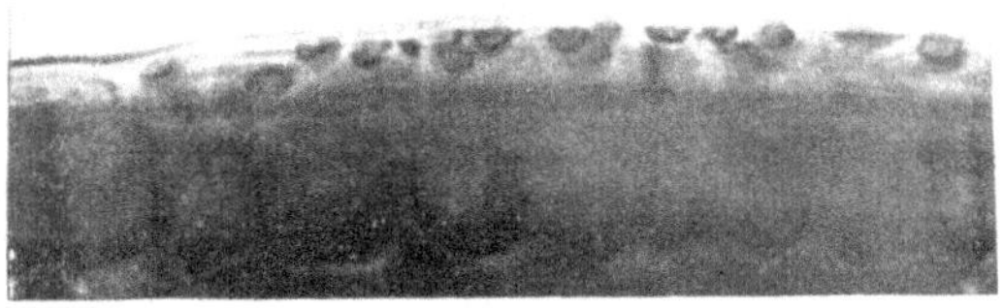

b

Abb. 91 *a b*. Chromoplasten in der Blütenkrone, lebend; entlang einer Rißkante sind sie unversehrt in der zweiten Zellreihe von oben; *b*) in den langgestreckten Randzellen einer intakten Blütenkrone. Immersion.

Wie bei einem Blatt die grünen, so befinden sich bei der Blüte die gelben Farbstoffe in den Plastiden. Das gilt für die meisten gelben Blütenfärbungen. Seltener sind die Fälle, in welchen die gelben Farbstoffe in der Vakuole gelöst gefunden werden. Dagegen beruht eine rote oder blaue Blütenfärbung auf Vorhandensein von Anthozyan (vgl. S. 113f.) in der Vakuole. Über den Sinn der gelben Färbung wird weiter unten zu sprechen sein.

[1] Legt man die Kronen in Jod-Jodkali ein, so nehmen die Chromoplasten intensive bläulichgrüne Farbe an. Hieraus geht hervor, daß auch die Chromoplasten Stärke (aus in der Zelle vorhandenem Zucker, nicht im Anschluß an eigene Kohlensäureassimilation) bilden können. Die Blaufärbung der Stärke durch Jod-Jodkali (S. 40) ergibt dann zusammen mit dem gelben Chromoplastenfarbstoff die bläulichgrüne Farbe.

Im farblosen, röhrenförmigen Teil der Krone lassen sich, wenn auch nicht in jedem Präparat — aber im gegebenen Fall sehr klar — die hier vorhandenen Leukoplasten (vgl. S. 40 und 77) erkennen. In jungen Blütenknospen, deren Spitze hellgrün gefärbt ist, finden sich demnach hier in ein und demselben Organ Leukoplasten, Chloroplasten und Chromoplasten gleichzeitig.

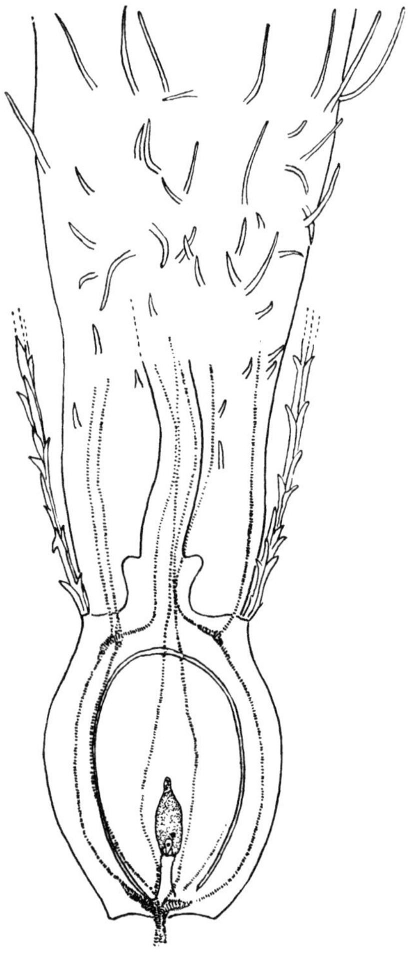

Abb. 92. Unterer Teil des Totalpräparates einer Blüte. Technik wie in Abb. 99 angegeben, ohne Nuklealreaktion. Auf dem Scheitel des Fruchtknotens links und rechts der Blütenkronbasis zwei der vielzelligen Haare des Pappus (nur Basis derselben eingetragen); auf der Außenseite der Blütenkrone einzellige Haare (vgl. Abb. 55 *e*). Das vom Blütenboden kommende Gefäßbündel besteht nach dem Eintritt in die Basis des Fruchtknotens aus 5 Strängen, welche durch die Wandung des Fruchtknotens und die Blütenkrone laufend später in die 5 — im Bild nicht mehr vorhandenen — Staubgefäße einmünden. Von 2, im Bild links und rechts liegenden, Gefäßbündeln zweigt am Scheitel des Fruchtknotens je ein in den Griffel eintretender Strang ab. An der Basis des Griffels befindet sich der Nektarwulst. In der anatropen Samenanlage mit abwärts gekehrter Mikropyle erkennt man rechts ein, nur kurzes, Gefäß (an der Basis nicht in Verbindung mit den übrigen); es verläuft in dem von der Samenanlage verdeckten Funiculus. Im Embryosack an der Mikropyle die Eizelle mit dem Eikern; links und rechts der Eizelle die 2 Synergiden; direkt über der Eizelle liegt der sehr große sekundäre Embryosackkern, am verschmälerten Ende des Embryosacks die 3 Antipoden (der Inhalt des Embryosacks aus einem gequetschten Präparat, Abb. 99, bei derselben Vergrößerung eingezeichnet). Siehe auch Text S. 133. Objektiv A.

Pollenübertragung.

Zum Abschluß der Untersuchungen in morphologisch-anatomischer Hinsicht vervollständigen wir unsere Kenntnis über die Blüte noch durch einige wesentliche Beobachtungen anderer Art. Die diesbezüglichen Tatsachen und Vorgänge, welche man an vielen Angiospermen ermitteln kann, haben für die Entstehung des Embryo von *Crepis capillaris* besondere Bedeutung (vgl. S. 140). An warmen Sommertagen werden die Blütenköpfe der Pflanze von einer ganzen Anzahl verschiedener Insekten aufgesucht: Außer Schmetterlingen und Käfern stellen sich besonders häufig Bienen- und Fliegenarten ein, von letzteren vor allem Schwebe- und Dickkopffliegen (*Syrphiden* und *Conopiden*). Die einen senken ihren Rüssel in den röhrenförmigen Grund der Blüten, andere, wie die *Syrphiden*, saugen häufig die Pollenmassen von den Blüten ab. Es ist nicht leicht festzustellen, was die saugenden Besucher in der Blütenröhre sammeln. Gelegentlich gelingt es nach einer warmen Nacht zu beobachten (Lupe), daß der Blütengrund mit einer Flüssigkeit angefüllt ist, dem Nektar. Er wird von einem wulstförmigen Höcker, welcher die Basis des Griffels umgibt (Abb. 92), abgesondert und von den Insekten aufgesogen; an deren Körper, in erster Linie an Kopf und Beinen, bleibt reichlich Pollen haften, auch bei Pollen fressenden. Die unvermeidliche Folge ist, daß letzterer auf diese Weise nicht nur von einem Blütenkopf zum anderen desselben, sondern auch verschiedener Individuen übertragen wird.

Es ist sicher, wenn auch erst durch wenige aber genaue Versuche an einigen Insekten erwiesen, daß diese Farbensinn besitzen und durch die verschiedenen, vom Grün der Laubblätter sich abhebenden Farben tatsächlich angelockt werden. Darin liegt die Bedeutung der Chromoplasten, welche wir an Stelle der Chloroplasten in den Blüten aufgefunden haben.

Zweiter Teil.

Wir wenden uns nun der Hauptfrage zu, nämlich der nach Entstehung der Embryonen in den Fruchtknoten. Bei diesen und allen folgenden Untersuchungen ist es wichtig, daß nur kräftige, mitten in der Blüte stehende Pflanzen benutzt werden.

Bau, Inhalt, Entstehung und Funktion des Pollenkorns.

Zunächst fixieren wir in Alkohol-Eisessig wie folgt: Glas 1: Die vollkommen geschlossenen einzelnen Blüten der inneren Kreise eines erstmals geöffneten Kopfes oder eines noch geschlossenen, am Abend vor (bzw. am Morgen) seiner ersten Öffnung (Abb. 88 *c* bzw. *b*). Glas 2: Kopfknospen von 3—4 mm Länge; Glas 3: Kopfknospen von 1—2 mm Länge. Beidemal werden die Köpfe vor dem Einlegen mit einer Rasierklinge zwischen Daumen und Zeigefinger längs halbiert; so dringt die Fixierungsflüssigkeit schneller ein, und die Farbstoffe werden bälder extrahiert.

Während man auf die Entfärbung wartet, wird folgender Versuch angesetzt, der uns über die Funktion des Pollens Aufklärung geben soll. Er ist von wesentlicher Bedeutung. Wir bringen auf die eben ausgebreiteten Narben im äußeren Blütenkreis erstmal geöffneter Köpfe reichlich Pollen aus vollständig geöffneten Blütenköpfen (dritter bis vierter Tag, s. o.) anderer Individuen. (Warum hierzu nicht Blüten desselben Individuum benutzt werden, erfahren wir später, S. 140). Diese „Bestäubung“ kann man auf zweierlei Weise ausführen. Entweder wird der Pollen mit einem weichen Pinsel von den voll geöffneten Köpfen abgefegt und behutsam auf die zu bestäubenden Narben gestrichen, oder man benutzt die abgeschnittenen, Pollen liefernden Blütenköpfe direkt selbst. Nach 10, 20 und 30 Minuten wird fixiert, und zwar zum betreffenden Zeitpunkt jeweils Blüten aus verschiedenen Köpfen. Die Blüten werden mit der Pinzette an der Basis gepackt und herausgezogen. Sämtliche, zu verschiedener Zeit fixierte Blüten kommen zusammen in dasselbe Glas. Man trennt dann nur in 2 Gruppen. Die eine läßt man Stunden oder Tage lang in der Fixierungsflüssigkeit liegen (besonders gute Ergebnisse erhält man mit bereits 3 Tage fixierten): Glas 4; die andere Gruppe wird bereits nach 10—15 Minuten, wie auf S. 154 angegeben, in n-Salzsäure hydrolysiert und anschließend der Nuklealreaktion unterworfen: Glas 5.

Membran und Inhalt des Pollenkorns. In den zur Verfügung stehenden Pausen wird mit der Untersuchung des zuerst fixierten Materials in Glas 1 begonnen. Die Knospen werden wie früher die Keimblätter, Wurzeln usw. behandelt (Abgießen der Fixierungsflüssigkeit, nachdem Entfärbung eingetreten ist, Einfüllen von C. E.-dunkel, Kochen usw.). Dann werden 3—4 der behandelten Blütenknospen auf dem Objektträger in C. E.-hell so lange zerzupft, bis reichlich Pollenkörner im Tropfen liegen. Man erhält auch sehr gute Präparate, wenn die fixierten Blüten aus dem Alkohol-Eisessig direkt in C. E.-dunkel auf dem Objektträger zerkleinert und nach Auflegen des Deckglases bis nahe zum Kochen erhitzt werden.

Wir benutzen die auf die eine oder die andere Art hergestellten Präparate zuerst zum Studium der kompliziert gebauten Membran, wie sie im Prinzip bei den

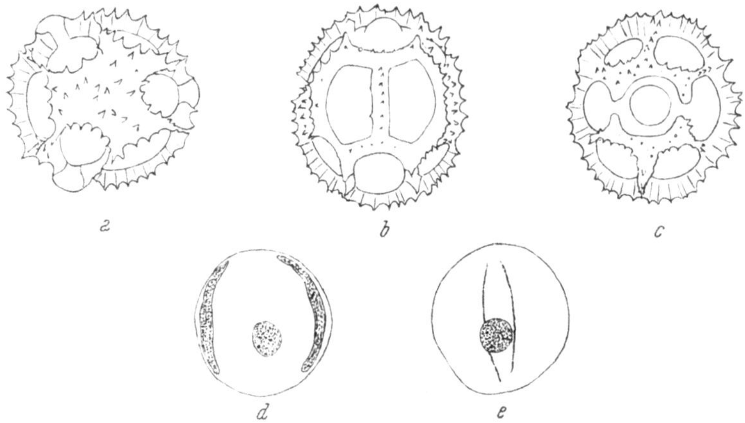

Abb. 93 *a*—*e*. Bau und Inhalt des Pollenkorns. *a*) Aufsicht auf die eine der zwei einander gegenüberliegenden, großen, hexagonalen, bestachelten Platten der Exine. Die 3 Keimfelder mit vorgewölbtem Zellinneren sind hier (im optischen Schnitt) gleichzeitig sichtbar; vor jedem Keimfeld liegt, durch eine Aussparung in der Exine mit diesem verbunden, ein Nebenfeld und zwischen letzteren 3 der im ganzen 6 großen Felder. Beim Senken des Tubus erscheint auf der vom Beschauer abgewandten Seite der Kalotte in entsprechender Lage die zweite große Platte. *b*) Figur *a* um 90 Grad nach rechts gedreht zu denken, so daß jetzt zwei nebeneinanderliegende große Felder, und in der Fortsetzung der Mittelleiste je ein Keimfeld mit den zwei angrenzenden Nebenfeldern sichtbar wird; die zwei hexagonalen Platten links und rechts jetzt in Seitenansicht. *c*) Figur *b* um 90 Grad nach vorne gedreht zu denken, so daß jetzt das obere Keimfeld aus *b* mit den zwei Nebenfeldern in Aufsicht erscheint, außerdem oben und unten je zwei benachbarte große Felder in schräger Sicht; beim Senken des Tubus findet man oben und unten im Bild die zwei restlichen Keimfelder; *d*) und *e*) Inhalt des Pollenkorns mit dem vegetativen und den zwei generativen Kernen; *d*) die beiden abgeflachten generativen Kerne in Aufsicht, *e*) in Seitenansicht. Ganzer Blütenkopf kurz vor der Öffnung (vgl. Abb. 88 *b*) bis zur Entfärbung in Alkohol-Eisessig bei ca. 60 Grad fixiert, dann eine Einzelblüte auf Objektträger in C. E.-hell gründlich zerkleinert und unter dem Deckglas bis nahe zum Kochen erhitzt. Alle Figuren mit Objektiv E.

Pollenkörnern vieler Phanerogamen gefunden wird. Man erkennt eine äußere, fein strukturierte, mit Stacheln versehene Schicht. Sie wird als Exine bezeichnet und besteht (wohl bei allen *Crepis*-Arten) aus 2 einander gegenüberliegenden hexagonalen Platten, welche durch je 6 ebenfalls bestachelte Leisten miteinander in Verbindung stehen. Zwischen den je 6 (zur Hälfte mehr flachen, zur Hälfte tieferen) Ausbuchtungen und den Leisten bleiben im ganzen 15 Felder frei. Diese sind nur von der inneren Wandschicht, der Intine, überzogen, welche man bei Einstellung auf die optische Mitte des Pollenkorns als solche gut wahrnehmen kann. Drei der 15 Felder sind durch die, auch im lebenden Korn vorhandene Vorwölbung der Intine gekennzeichnet. Wir werden später (S. 130) nachweisen, daß aus einem dieser Keimfelder oder Keimporen der Pollenschlauch hervorwächst. Man versuche, die Anzahl der Platten, Hauptfelder, Keimfelder und Vorfelder durch

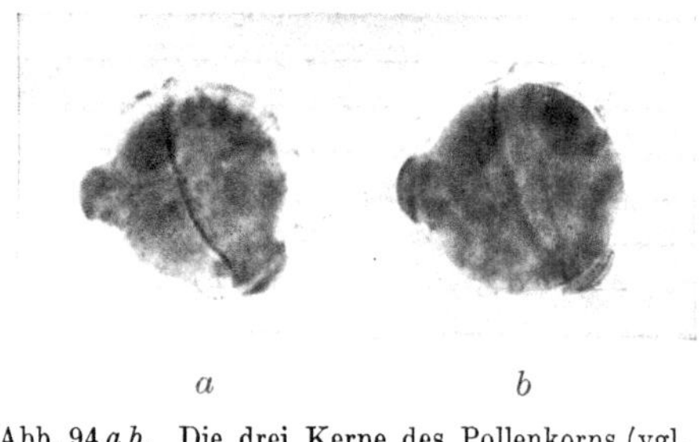

a *b*

Abb. 94 *a b*. Die drei Kerne des Pollenkorns (vgl. Abb. 93 *e*): *a*) bei hoher Einstellung; der sehr lange eine generative Kern von oben links nach unten rechts verlaufend ist sichtbar; *b*) bei mittlerer Einstellung; derselbe generative Kern breiter und unscharf, rechts davon sehr dünn der zweite generative Kern; außerdem links neben der Mitte des ersten der vegetative Kern mit grobkörniger Struktur. Immersion. Für Technik vgl. Text S. 125.

Betrachtung einzelner, verschieden orientierter Pollenkörner, wie sie sich in der Flüssigkeit vorfinden, genau zu ermitteln (Abb. 93).

Bei Untersuchung des Inhalts der Pollenkörner (starkes Trockensystem genügt auch hier vollständig) wird man unschwer in jedem Korn 2 große, nadelförmige, intensiv rot gefärbte Kerne finden, welche an der Peripherie der Äquatorialebene des Korninnern liegend, den Inhalt wie 2 Spangen umfassen (Abb. 93, 94). Wie etwas genauere Beobachtung lehrt, sind diese 2 Kerne abgeflacht und bilden gleichsam 2 halbkreisförmige Balkons (Abb. 92 *d*). Bei weiterer sorgfältiger Durchmusterung des hellroten Plasmas findet man im Innern noch einen dritten Kern von gewohnter, breitovaler, rundlicher Form (Abb. 93 *d*, *e*; 94 *b*). Er ist viel weniger intensiv gefärbt; wir erkennen außerdem (Abb. 94 *b*) in einem gelungenen Präparat deutlich die von den meristematischen Zellen her bekannten Chromozentren (S. 91).

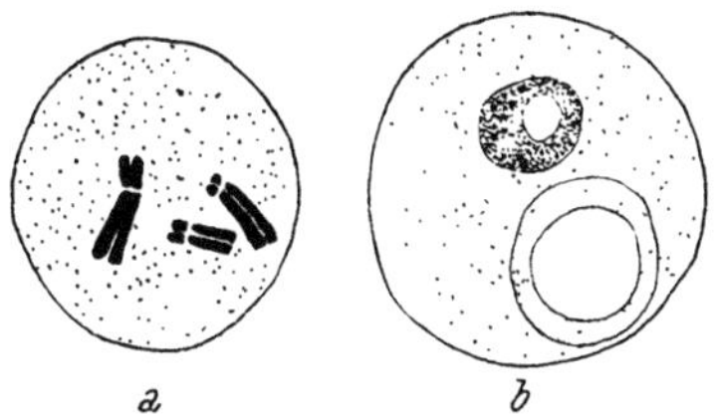

Abb. 95 *a b*. *a*) Die 1. Metaphase im reifenden Pollenkorn zeigt die haploide Zahl mit den drei Chromosomentypen (vgl. Metaphase Abb. 62); *b*) aus dieser Teilung resultierendes Pollenkorn mit einem vegetativen und einem generativen Kern (oben). *a* und *b* aus geschlossenen gelben Blüten einer Kopfknospe. Technik wie in Abb. 93.

Die haploide Chromosomenzahl im Pollenkorn. Wir gehen nun einen Schritt zurück und untersuchen mit derselben Technik die Pollenkörner auf einem früheren Entwicklungsstadium in ganz geschlossenen jüngeren Blütenknospen aus den Köpfen von 3—4 mm Länge (Glas 2). Es gelingt manchmal, die 2—3 nötigen Zustände in ein und demselben Blütenkopf zu erhalten, da die einzelnen Blütenkreise, wie wir sahen, verschieden alt sind. Einmal findet man Pollenkörner, die nur einen einzigen Kern besitzen; diesen können wir auf Grund seiner Form, Färbung und Struktur leicht mit dem in der Einzahl im reifen Korn bereits ermittelten homologisieren. Durch Lockerung des ursprünglichen Verbandes entstehen also im Innern eines Staubbeutels zahlreiche isolierte Zellen. Es kommt nun alles darauf an, daß man den „primären“ Kern dieser jungen Pollenzellen, aus welchem die 2 intensiv gefärbten Kerne des fertigen Pollenkorns, sowie der gewöhnlich gestaltete zurückgehen müssen, in Teilung auffindet. Das ist bei einiger Geduld nicht schwierig. Am günstigsten ist die „erste Pollenkornmitose“. Beim Studium von Metaphasen in Aufsicht oder Anaphasen in Auf- oder Seitenansicht macht man die wesentliche Feststellung, daß im Gegensatz zu den Kernteilungen in Blättern und in der Wurzel hier 3 anstatt 6 Chromosomen vorhanden sind (Abb. 95). Man wird ferner bald herausbekommen, daß der Satz immer aus einem A-, einem B- und einem C-Chromosom besteht. Anstatt des diploiden Satzes in Sproß und Wurzel (S. 87f.), ist demnach im jungen Pollenkorn der halbe oder „haploide“ Satz vorhanden. Wir stellen also ausdrücklich fest, daß in der halbierten Chromosomenzahl des Pollenkorns nicht etwa irgendwelche 3 der 6 Chromosomen, die alle vegetativen Zellen enthalten, in beliebiger und etwa jeweils verschiedener Kombination vorhanden sind, sondern stets von jedem Paar der eine Partner. Was für *Crepis capillaris* gilt, das gilt für die Pollenkörner sämtlicher Phanerogamen.

Der bei der ersten Pollenkornmitose entstehende kleinere und intensiv gefärbte Kern allein (Abb. 95 *b*) teilt sich nochmals (zweite Pollenkornmitose). Auf diese Weise entstehen die 2, bald in die Länge sich streckenden Kerne, welche wir im reifen Pollenkorn vorgefunden haben. Bei beiden Mitosen findet die übliche Längsteilung der Chromosomen statt. (Diese zweite Mitose läuft bei allen Compositen und bei manchen anderen Familien der Angiospermen immer bereits im Pollenkorn ab. Bei den meisten Angiospermen ist sie dagegen bis zur Keimung des Pollens (s. S. 130) verschoben.)

Die reduzierende Teilung (Meiose). Die Frage erhebt sich, wie die Herabsetzung, die „Reduktion" der Chromosomenzahl auf die Hälfte bei reinlicher Trennung in die 2 Sätze der diploiden Zahl bewerkstelligt wird. Wem die bisherigen Untersuchungen an den entstehenden Pollenkörnern gelungen sind,

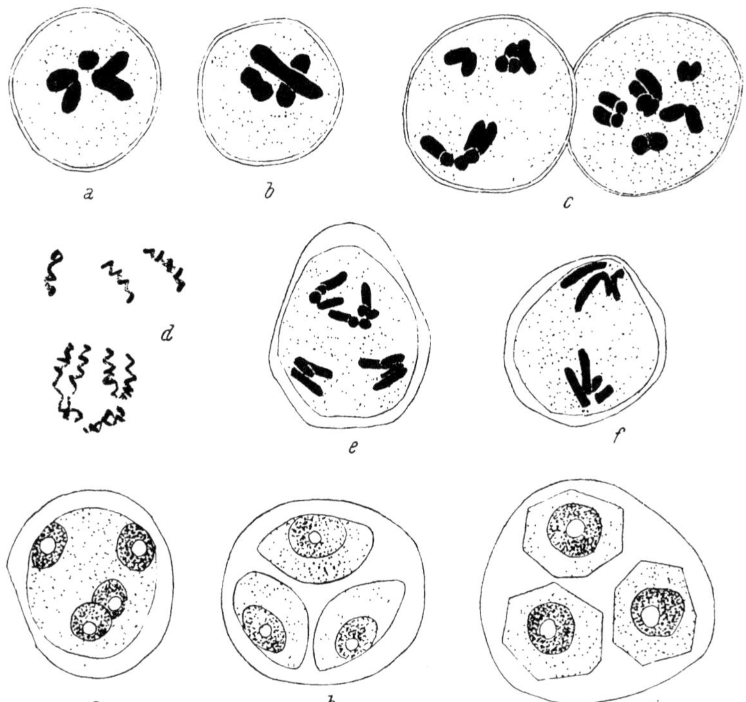

Abb. 96 *a*—*l*. Pollenmutterzellen aus 1,5—2,5 mm hohen Kopfknospen im Stadium der Reduktionsteilung (Meiose I und II): *a*—*f*, und Tetradenbildung: *g*—*i*. *a*), *b*) Metaphasen I mit den gepaarten Chromosomen; in *a* liegt *A*, *A'* (rechts), *B*, *B'* (links); ein Partner von *C* durch den zugehörigen verdeckt. Beginn des Auseinanderweichens der Partner. *c*) 2 Zellen in Anaphase I links in Seitenansicht, rechts in Aufsicht; die Chromosomen zeigen bereits die Spaltung für Anaphase II, besonders klar erkennbar in der rechten Zelle. *d*) Chromosomenspiralen während des Übergangs von Anaphase I zu Anaphase II, oben einzelne Spiralen für sich gezeichnet, unten die Spiralen der Spalthälften der 3 Chromosomentypen (*A* links, *B* rechts, *C* unten). *e*) und *f*) Anaphasen II (in *f* liegt die zweite nicht gezeichnete Anaphase senkrecht zu der eingetragenen). *g*) Die vier resultierenden Kerne. *h*), *i*) Bildung der Tetradenzellen, welche die vier Pollenkörner liefern (in beiden Figuren die tiefer liegende vierte Zelle nicht gezeichnet). Technik wie in Abb. 93 angegeben. Immersion.

der mag versuchen, auch diese Frage selbst zu lösen. Man benutzt hierfür die kleinsten Kopfknospen von 1—2 mm Länge in Glas 3. Die an sich nicht schwierige Untersuchung erfordert lediglich etwas mehr Zeit, weil in diesem Stadium die Knospen der einzelnen Blüten winzig sind, und man meistens mehrere der fixierten Köpfe durchmustern muß, um die gewünschten Stadien zu finden. Eine größere Anzahl von Knospen der Einzelblüten wird in C. E.-hell isoliert (Lupe) und dann, nach Absaugung der Flüssigkeit, mit tadellos spitzen Nadeln in C. E.-dunkel sehr fein zerzupft. Nach sorgfältiger Entfernung sämtlicher gröberen Partikel und Auflegen des Deckglases quetscht man kräftig und erwärmt leicht.

In einem gelungenen Präparat findet man in späten Prophasen der in kleineren Verbänden noch zusammenhängenden „Pollenmutterzellen" die 6 Chromosomen nicht gleichmäßig über den Kernraum verteilt, wie in der Teilungszone von Wurzeln und Blättern (S. 86f.), sondern zu im ganzen 3 Paaren zusammengetreten. Entsprechend den Feststellungen in der Wurzel erkennt man in Metaphasen (Abb. 96 *a*, *b*) 1 recht großes, 1 etwas weniger großes und 1 kleineres Paar. In Anaphasen (die besonders leicht zu untersuchen sind, Abb. 96 *c*), sieht man, wie sich die Partner eines Paares voneinander trennen. Die Reduktion der Chromosomenzahl bei der Bildung der Pollenkörner kommt demnach durch Paarung von je 2 entsprechenden „homologen" Chromosomen und nachherige Trennung der Partner zustande.

Es sei, was aus den eben gemachten Beobachtungen nicht abzuleiten ist, noch folgender, für die Frage der Lokalisierung der Merkmalsanlagen in der Zelle (S. 139) wesentliche Befund hier vermerkt: Es ist nicht etwa so, daß immer dieselben 3 Chromosomen in einem haploiden Satz als A, B, C, bzw. A', B', C' bei der Reduktionsteilung zusammenbleiben, sondern in freier Kombination in bezug auf die gegenseitige Lage in der Spindel sich verteilen, also:

$$\text{entweder: } \frac{A\,B\,C}{A'\,B'\,C'} \quad \text{oder: } \frac{A'\,B\,C}{A\,B'\,C'} \quad \text{oder: } \frac{A\,B'\,C}{A'\,B\,C'} \quad \text{oder: } \frac{A\,B\,C'}{A'\,B'\,C}$$

in gleicher Häufigkeit im Ganzen. Es sind demnach in Bezug auf die 3 Chromosomen A, B, C bzw. A', B', C' 8 verschiedene Zusammenstellungen zum haploiden Satz möglich. Bei einem Organismus mit im ganzen nur 4 Chromosomen wären es, wie leicht einzusehen, nur 4 und bei einem solchen mit 2 Chromosomen nur 2 Sorten Pollenkörner.

Um diese zufallsmäßige Lage der Paare zueinander nachzuweisen, müßten mindestens in 2 Paaren eines Satzes die homologen Partner (entsprechend unseren mit Strichen unterschiedenen Buchstaben) irgendwie unterscheidbar sein, etwa durch verschiedene Länge, Verdickungen oder anderes mehr. Derartige Verschiedenheiten kommen bei Heuschreckenarten vor, so daß hier der erwünschte Nachweis der zufallsmäßigen gegenseitigen Lage in der Spindel erbracht werden konnte.

Auf die erste Anaphase folgt in jeder Pollenmutterzelle (wie bei allen Blütenpflanzen) nach ganz kurzem Ruhestadium eine zweite (Abb. 96 *e*, *f*). So enthalten die Pollenmutterzellen schließlich immer 4 Kerne (*g*) mit je nur einem halben Chromosomensatz. Nachträglich werden durch Zellteilung die Kerne mit dem zugehörigen Plasma (Wandbildung nach vorausgegangener Furchung) voneinander abgetrennt (*h*). Die so entstandenen 4 Zellen bleiben vorerst noch zu „Tetraden" zusammengeschlossen (*h*, *i*), um später in die 4 Pollenkörner auseinanderzufallen, nachdem inzwischen um jedes der 4 die komplizierte, von uns bereits untersuchte Membran ausgebildet worden ist.

Hat man derartige Präparate mit der Reduktionsteilung erhalten, so fällt es nicht schwer, die erwähnten kurzen Ruhestadien zwischen den 2 schnell aufeinanderfolgenden Anaphasen (*c* links und *e*, *f*) aufzufinden. Sie sind deshalb bemerkenswert, weil die Chromosomen hier im Gegensatz zu denen in den Telophasen der Wurzelspitze oder der embryonalen Blätter als Individuen einzeln erkennbar sind. Sie haben die Form einer Spirale (Abb. 96 *d*). Diese Spirale ist während der Reduktionsteilung bei vielen Pflanzen und Tieren (auch innerhalb der Chromosomen der ersten Metaphase und der folgenden Anaphasen) aufgefunden worden. Sie ist das eigentliche permanente Element eines Chromosoms, welches von einer Zellteilung zur anderen als Individuum unter Längsteilung erhalten bleibt. Es gilt heute als sicher, daß das Wesen der Telophase auch in den Körperzellen (vgl. S. 90) darin besteht, daß die Hüllmasse, welche in diesen Zellen in Metaphasen und Anaphasen die Spirale verdeckt, verschwindet, und die Spiralen zu sehr langen Fäden, den eigentlichen Elementen des Kerns, abgewickelt werden. Die Körnchen eines Zellkerns sind nichts anderes als die allein beobachtbaren Querschnitte durch die Fäden. Letztere sind in den langen Kernen der Wurzelhaare von *Crepis* (Abb. 55 *d*) oft erkennbar.

Die Keimung der Pollenkörner auf der Narbe. Zum Abschluß wird ein Präparat der mit Pollen bestäubten Blüten angefertigt (S. 125). Diejenigen aus Glas 4 kommen auf einen Objektträger mit einem Tropfen C. E.-dunkel, diejenigen aus der fuchsinschwefligen Säure, Glas 5, ebenso aber in C. E.-hell. In beiden Präparaten schlägt man bei einem Teil der Blüten die Kronen zurück, so daß die Griffel frei liegen, bei anderen isoliert man die Griffel außerdem von den Fruchtknoten. Dadurch wird erreicht, daß die Griffel mit den Narben nach dem Auflegen des Deckglases in möglichst verschiedene, für die Beobachtung günstige Lage kommen. Dann wird das erste Präparat mehrere Male hintereinander vorsichtig bis knapp zum Kochen erhitzt, das zweite direkt untersucht.

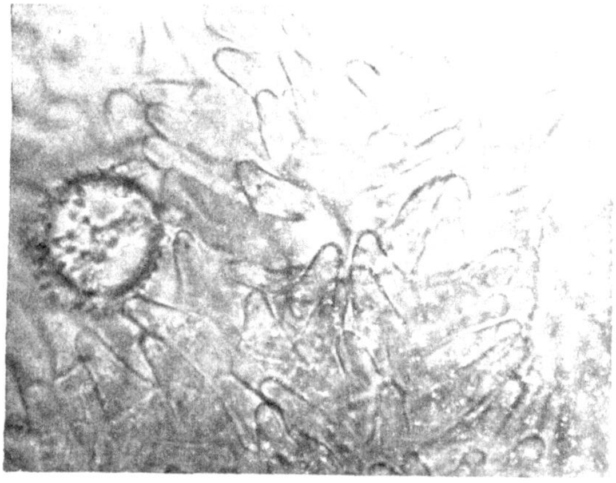

Abb. 97. Totalpräparat des Griffels mit keimendem Pollenkorn etwa 2 Stunden nach Bestäubung; Technik wie in Abb. 99. Aufsicht auf die Narbenpapillen. Der breite Pollenschlauch dringt, aus dem Keimfeld austretend, zwischen den Papillen in das Griffelgewebe ein. Links vom Keimfeld erkennt man ein Vorfeld, daran anschließend die eine große Platte und rechts unten eines der großen Felder; vgl. Abb. 93. In der Mitte des rechten Bildrandes ist die Spitze eines Fegehaares sichtbar. Immersion.

Griffel und Narbe sind dicht mit Haaren besetzt. An ersterem und an der morphologischen Unterseite der Narben sind dieselben steil nach oben gerichtet und an der Spitze mit stark verdickter Membran versehen, Abb. 98 *b*. (In jedem Haar findet man einen sehr kleinen Kern.) Diese Fegehaare haben, ihrem Namen entsprechend, wie allgemein bei Compositen und auch in anderen Familien die Funktion, während des Wachstums des Griffels die in den Raum zwischen diesem und der Staubfadenröhre bereits entleerten Pollenkörner (S. 122) hinauszufegen. Sie sind auch mit die Ursache dafür, daß die Pollenkörner in Massen am Griffel haften bleiben. Auf ihrer morphologischen Oberseite besitzen die Narbenäste einen andersartigen Belag: Kurze, dünnwandige, papillenartige Haare (Abb. 97, 98 *a*). Sie sind wie die Fegehaare einzellig, enthalten aber einen verhältnismäßig großen Kern. Die Pollenkörner müssen infolge ihrer durch Stacheln, Leisten und Felder rauhen Oberfläche, auf diesen Papillen, wie sie die meisten Angiospermen besitzen, haften bleiben, wenn sie einmal auf die Narbenoberseite gelangt sind.

Bei der vorangegangenen Behandlung der Blüten ist durch die Fixierungsflüssigkeit usw. eine große Zahl von Pollenkörnern abgespült worden. Wir erkennen, daß viele der verbliebenen aus einer der 3 Keimporen einen dicken Schlauch zwischen die Papillen getrieben haben (Abb. 97, 98 *b*). Manche dieser Pollenschläuche sind bereits in das Innere des Narbengewebes hineingewachsen. Hier sind sie in den Nuklealpräparaten (aus Glas 5) dank ihrer oft schwach hellroten Färbung durch mehrere Zellschichten hindurch wahrnehmbar. In solchen Präparaten ist es jedoch schwierig, das Verhalten der Kerne während der Keimung des Pollenkorns festzustellen. Das gelingt jedoch gut in den mit C. E. gefärbten Präparaten aus Glas 4. Je nachdem, ob seit der Keimung kürzere oder längere Zeit verflossen ist, findet man etwa die in Abb. 98 wiedergegebenen wesentlichen

Stadien: Bald nach Keimungsbeginn wandern die 2 langen Kerne aus dem Pollenkorn in den Pollenschlauch aus (*b*—*d*).

Bei vielen Angiospermen kann man die Pollenkörner leicht in Zuckerlösung, welche je nach der untersuchten Art eine bestimmte Konzentration haben muß,

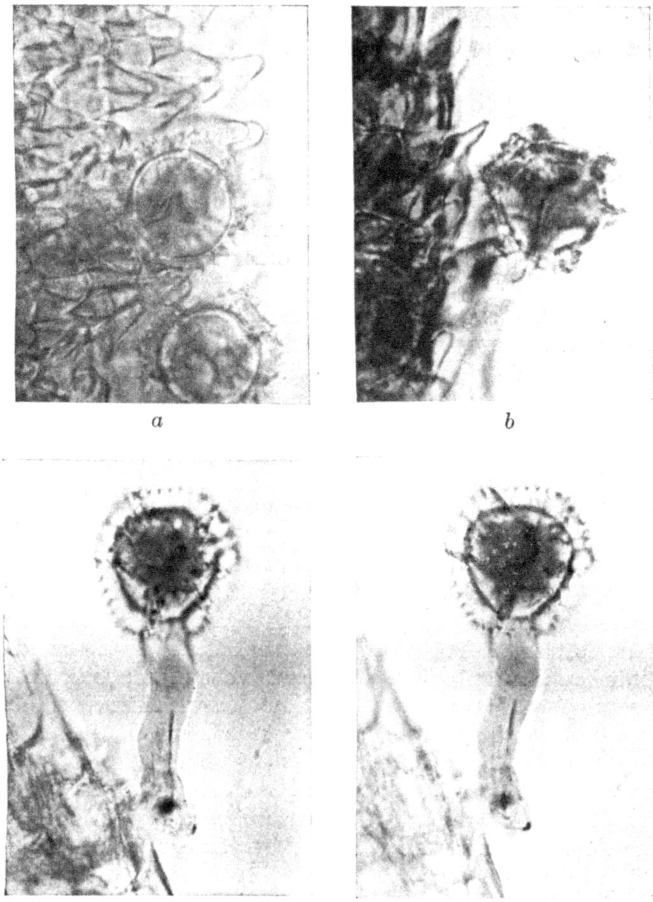

a *b* *c* *d*

Abb. 98 *a*—*d*. Die generativen Kerne während der Keimung der Pollenkörner auf der Narbe. In *a* die beiden nebeneinanderliegenden, wurmartig geschlängelten Kerne kurz vor dem Austritt in den Pollenschlauch (oberes Pollenkorn); in *b* sind sie (nicht im ganzen Verlauf deutlich) mit etwa $^1/_3$ ihrer Länge in den Pollenschlauch eingetreten, die oberen $^2/_3$ noch im Pollenkorn; beide Kerne schwach S-förmig gebogen (oben sind zwei der spitzen Fegehaare des Griffels zu erkennen; in *c* und *d* sind die zwei Kerne in den Pollenschlauch eingewandert; bei hoher Einstellung (*c*) ist rechts der eine gerade gestreckte in der unteren Hälfte des Schlauches sichtbar, vom zweiten das eine aufgebogene Ende (ganz unten rechts); bei tiefer Einstellung in *d* erkennt man das obere Drittel des ersten und den zweiten, welcher einen oben rechts offenen Bogen bildet; seine beiden aufgebogenen Enden dunkel, im übrigen Verlauf hell. (Pollenkorn mit Pollenschlauch während der Präparation von der Narbe weggedrückt; Pollenschlauch unten verletzt oder abgerissen.) Alles Fixierung mit Alkohol-Eisessig 1—5 Tage. Griffel in Carmin-Essigsäure mehrere Male bis knapp zum Kochen erhitzt. Totalpräparat der bestäubten Narbe. Immersion.

zum Keimen bringen, bei anderen nur, wenn etwas Narbenextrakt zugegeben wird. Das gelingt bei *Crepis capillaris* und den meisten anderen Compositen nicht. Dagegen erhält man wenigstens schwache Keimung, entsprechend den bei einigen Dikotylen gemachten Erfahrungen, nach Aussaat der Pollenkörner auf dünnen

Häutchen eingetrockneter 10%iger Gelatine, welche dann in einer feuchtgehaltenen Schale zum Quellen gebracht wird. Versuche mit verschiedenen Kombinationen, etwa Zusatz von Zucker und Narbenextrakt, würden wohl auch in diesem Falle bessere Keimung und besseres Schlauchwachstum ergeben. (Daß die Narbenpapillen auch bei *Crepis capillaris* Stoffe abgeben, welche Keimung und Wachstum der Pollenschläuche fördern, ist angesichts der großen Zellkerne, die für drüsenartige Zellen bezeichnend sind, recht wahrscheinlich.)

Dritter Teil.

Unser Befund, daß die von der Pflanze in besonderen Behältern, den Staubbeuteln gebildeten, aus dem Tetradenverband sich sondernden Pollenkörner auf die Narbe des Griffels gelangt, auskeimen und ihren Plasmaleib mitsamt den 2 so auffallenden, langen, die haploide Chromosomenzahl enthaltenden Kernen in das Gewebe der Pflanze hineinwachsen lassen, ist ebenso erstaunlich wie wesentlich. Die Vermutung erhebt sich, die Pollenschläuche mit den beiden Kernen könnten in Zusammenhang stehen mit der Samenbildung im Fruchtknoten. Zum Beweis für die Richtigkeit dieser Vermutung sollen im folgenden die nötigen Versuche angesetzt und Bau und Inhalt des Fruchtknotens studiert werden.

Bau, Inhalt und Funktion des Fruchtknotens.

Von 1—2 erstmals sich öffnenden Köpfen (S. 118) werden alle Blüten des äußersten Kreises sofort nach der Entfaltung, noch bevor die Griffel aus der Staubfadenröhre hervorgetreten sind, mitsamt den Fruchtknoten fixiert. Man hält den Blütenkreis mit Daumen und Zeigefinger der linken Hand zusammen und entfernt mit der Pinzette die innern Hüllblätter, indem man sie zuerst abwärts biegt und dann lostrennt. Darauf werden die Blüten durch sachtes Umbiegen nach unten mit den Fingern oder der Pinzette vom Blütenboden losgelöst. Auf diese Weise vermeiden wir, daß die Fruchtknoten vom Röhrenteil abreißen und auf der Blütenscheibe zurückbleiben. Die Blüten kommen in Alkohol-Eisessig: Glas 1. Ferner werden 6 andere sich erstmals öffnende Köpfe, wie auf S. 116 angegeben, markiert und die Blüten der äußeren Kreise, sobald die Narben auseinanderspreizen, wie früher (S. 125), mit reichlich Pollen eines anderen Individuum bestäubt. Am folgenden Tage bestäubt man an den 6 markierten Köpfen auch die Blüten der zweiten Kreise (S. 118) in demselben Stadium und fixiert sie bei 2 Köpfen 45 Minuten, bei 2 weiteren 60 und bei den 2 letzten 75 Minuten nach der Bestäubung, alle zusammen in Glas 2. Um dieselbe Zeit werden vorher noch die am Vortage bestäubten Blüten der ersten Kreise fixiert: Glas 3. Beim Lostrennen verfährt man stets wie oben beschrieben. Es sind demnach vorhanden:

Glas 1. Ohne vorherige Bestäubung fixierte Blüten.
Glas 2. 45, 60 und 75 Minuten nach der Bestäubung fixierte.
Glas 3. Rund 24 Stunden nach der Bestäubung fixierte.

Sämtliche Blüten werden in n-Salzsäure hydrolysiert (s. S. 154). Nur ein kleiner Teil aus Glas 1 wird nach der Hydrolyse ungefärbt in C. E.-hell untersucht. Während dieser Zeit wird an allen übrigen (Rest aus Glas 1; Glas 2, 3) die Nuklealreaktion vorgenommen, wenn man nicht die Färbung mit C. E.-dunkel (ohne Erwärmen!) vorzieht, die ebenfalls gute Resultate gibt.

Fruchtknoten, Samenanlage und Embryosack vor der Bestäubung. Von den hydrolysierten, aber ungefärbten Blüten aus Glas 1 werden Totalpräparate zu je 6 Blüten angefertigt. Das aufzulegende Deckglas ist zu unterstützen. Erscheinen die Blüten nicht durchsichtig genug, so kann man zusätzlich noch schwach erhitzen. Die Einzelheiten der Anatomie des Fruchtknotens sind im Text zu Abb. 92 enthalten. In erster Linie interessiert hier der große, flach ovale Gewebskörper im Innern desselben. Es ist die Samenanlage. Sie steht nur an der Basis durch einen Stiel, den Funiculus, mit dem Fruchtknoten in Verbindung. Die Verbindungsstelle wird als Placenta bezeichnet. Die Samenanlage ist am Funiculus nach abwärts gebogen (anatrop), was in der Abbildung nicht zu erkennen ist. An dem abwärts gekehrten Ende liegt eine kleine Öffnung, die Mikropyle. Diese bildet den Zugang zu einem deutlich von der Samenanlage gesonderten, nach oben zu keulig verschmälertem Gebilde. Es ist der Embryosack. In ihm entsteht und entwickelt sich, wie der Name andeutet und wie wir

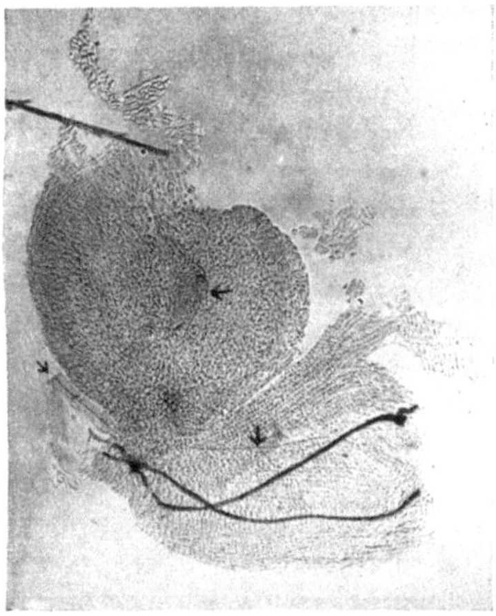

a

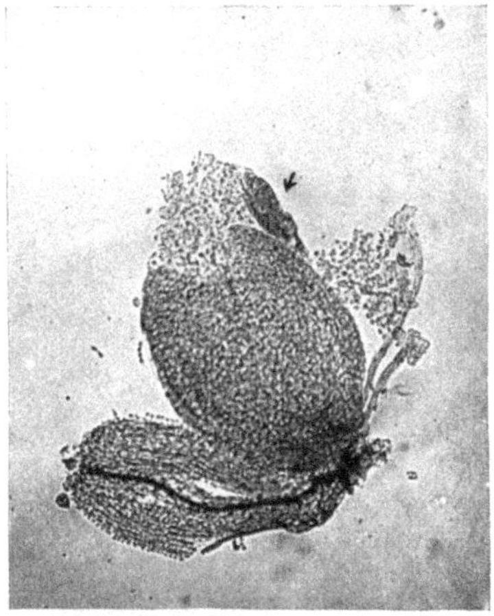

b

Abb. 99 *a b*. Zwei Samenanlagen nach Fixierung bestäubter Blüten in Alkohol-Eisessig und anschließender Hydrolyse in n-HCl und Nuklealreaktion, in C. E.-hell aus dem Fruchtknoten herauspräpariert, durch Auflegen des Deckglases gequetscht. In *a* liegt der Embryosack noch in der Samenanlage (Pfeil), in *b* ist er aus derselben herausgedrückt (Pfeil). In *a* sind die Leitstränge für den Pollenschlauch (2 Pfeile) zu erkennen. Teile der Fruchtknotenwand mit Gefäßbündel liegen in *a* rechts, in *b* links unten horizontal noch in Verbindung mit der Samenanlage. Objektiv A.

nachweisen werden, der im reifen Samen vorhandene Embryo. Die eben beschriebenen Verhältnisse sollten an mindestens einer der 4—6 im Präparat befindlichen Blüten klar erkennbar sein. Die Samenanlage mit dem im Fruchtknoten befestigten Stiel und dem Embryosack ist für alle Angiospermen charakteristisch. Dabei können Form und Zahl der Samenanlagen im Fruchtknoten im einzelnen recht verschieden sein.

Wir werden nun unsere Aufmerksamkeit auf den Inhalt des Embryosacks konzentrieren und benutzen das Material aus Glas 1, welches nach Hydrolyse zum Erhalt der Nuklealreaktion in fuchsinschweflige Säure gelegt worden war, bzw. das nur hydrolysierte, welches zunächst ebenfalls in C. E.-hell gebracht wird. Die Samenanlage muß aus dem Fruchtknoten herauspräpariert und darauf der Embryosack aus ersterer herausgequetscht werden. Dies ist nicht schwer. Von 6—8 Blüten wird ein Präparat auf folgende Weise angefertigt: Man orientiert unter der Lupe die einzelnen Blüten mit dem Zungenteil auf sich zu und sorgt mit Hilfe der Präpariernadeln dafür, daß auch alle Pappushaare ebenso zu liegen kommen. Dann wird mit der linken Nadel der Fruchtknoten ganz oben an der

Ansatzstelle des Pappus festgehalten. Mit der rechten Nadel schlitzt man den Fruchtknoten in der Längsrichtung zuerst rechts, dann links auf und schiebt, während die linke Nadel den Fruchtknoten weiter festhält, mit der rechten die Samenanlage behutsam seitlich nach rechts hinaus. Die Samenanlage darf unter keinen Umständen verletzt werden. Bei dieser Präparation soll nur so viel Flüssigkeit auf dem Objektträger vorhanden sein, daß die isolierten Samenanlagen nicht umherschwimmen. (Bei Verwendung von nur hydrolysiertem Material wird jetzt die C. E.-hell durch einen kleinen Tropfen C. E.-dunkel ersetzt.) Die Samenanlagen ordnen wir noch sauber in 2—3 Reihen, entfernen herumliegende Pappushaare und legen ein Deckglas auf. Dieses drückt die Samenanlagen breit, wobei vielfach die Embryosäcke herausgequetscht werden (Abb. 99). Unter dem Mikroskop lassen sich dann bei schwacher Vergrößerung die kleinen, etwa 0,3 mm langen, an einem Ende keulenförmigen Gebilde ohne Schwierigkeit auffinden (Abb. 99 *b*). Liegen sie noch innerhalb der gequetschten Samenanlage (Abb. 99 *a*), so sucht man nach dem keulenförmigen Ende. Dieses ist, auch wenn es von Gewebstücken der Samenanlage überdeckt wird, an 3 hier liegenden, sehr großen und intensiv gefärbten Kernen fast immer zu erkennen (Abb. 100 *a*, 101 *a*). Jeder Kern liegt für sich in einer Zelle (Abb. 100 *b*, 101 *a*). Auch wenn aus diesen 3 Kernen, was öfter vorkommt, durch Teilung bereits 5—8 geworden sind, so fallen dieselben doch immer noch durch Größe und intensive Färbung im Vergleich mit den übrigen Kernen der Samenanlage auf (Abb. 100 *a* Mitte und *b* links). Manchmal sind die Embryosäcke auch in 2 Teile zertrennt, der eine Teil herausgedrückt, der andere nicht usw.

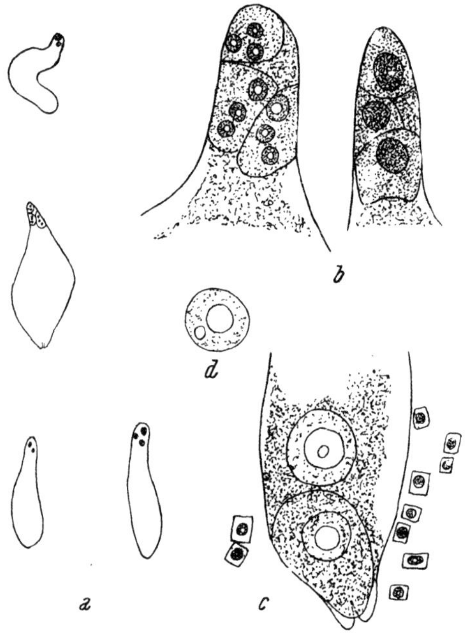

Abb. 100 *a*—*d*. *a*) Vier aus den Samenanlagen herausgequetschte Embryosäcke (vgl. Abb. 99) mit den leicht auffindbaren Antipodenkernen im verschmälerten Ende, bei schwacher Vergrößerung (Objektiv A), in *b*) zwei Enden mit den 3 Antipoden bei stärkerer Vergrößerung (Objektiv E); *c*) mikropylares Ende des Embryosacks mit den zwei stark lichtbrechenden Enden der Synergiden, Eizelle mit Eikern und sekundärem Embrysackkern; in beiden Kernen je ein großer Kernkörper, derjenige des sekundären Embryosackkerns mit einer Vakuole. Neben dem Embryosack liegen einige Zellen von der umgebenden Schicht der Samenanlage. *d*) Eikern nach Verschmelzung mit dem männlichen Kern; außer dem großen Kernkörper ist jetzt noch ein zweiter, kleiner, vorhanden. Technik wie in Abb. 99 angegeben. Objektiv E.

Nachdem diese 3 bzw. 5—8 großen an dem keulenförmigen Ende des Embryosacks liegenden Kerne aufgefunden sind, durchsucht man den Inhalt desselben nach weiteren Kernen. Das kann mit positivem Erfolg an einem einzigen Embryosack gelingen, andernfalls muß man die Ergebnisse aus verschiedenen — eventuell voneinander getrennten — Embryosackstücken kombinieren. Diese Untersuchung ist aus 2 Gründen nicht ganz leicht. Einmal ist der Embryosack in seinem mittleren und unteren, gegen die Mikropyle zu gelegenen Teil dicht mit Protoplasma erfüllt. Ferner geben die gesuchten Kerne im Gegensatz zu allen übrigen keine Nuklealreaktion, sind also ungefärbt.[1] Man durchmustert auf das sorgfältigste den an die Mikropyle grenzenden, also dem keulenförmigen Ende gegenüberliegenden Teil. Hier finden sich 2 Kerne von beträchtlicher Größe, meistens mehr oder weniger nahe beieinander. Trotzdem sie im Gegensatz zu den viel kleineren Kernen der Samen-

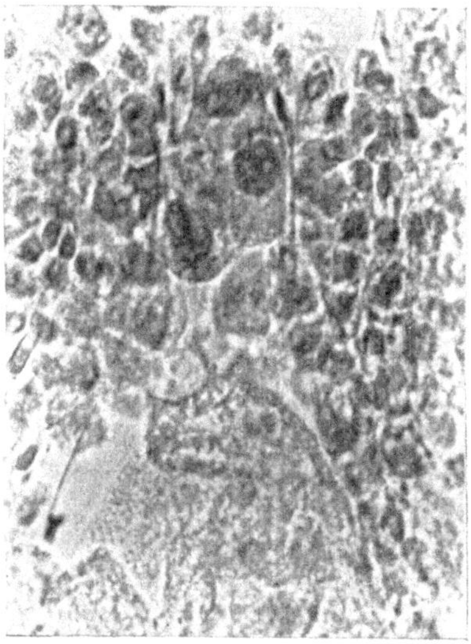

a

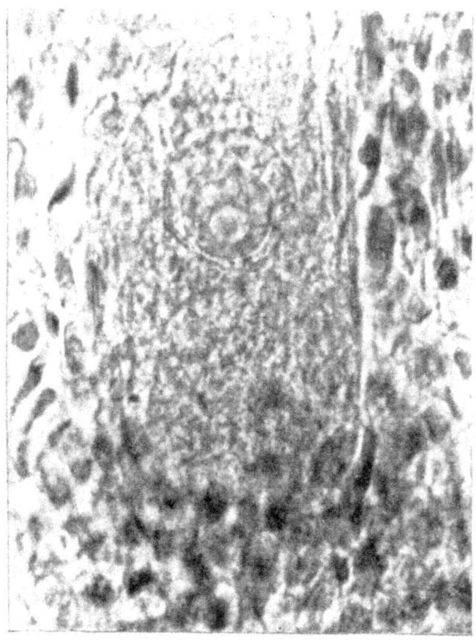

b

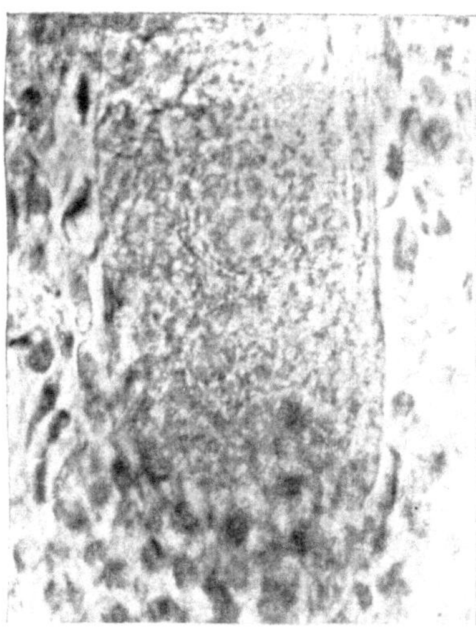

c

Abb. 101 *a—c*. *a*) Oberer Teil eines Embryosacks mit den 3 Antipoden im schmalen Ende; 3 große, intensiv gefärbte Kerne. Im erweiterten Teil das von der Wand (links unten gut erkennbar) abgehobene Plasma. *b*) unterer Teil eines Embryosacks mit dem sehr großen sekundären Embryosackkern (oberhalb der Bildmitte), welcher einen Nukleolus mit Vakuole enthält. Unter dem sekundären Embryosackkern liegt der kleinere Eikern, der in *c*) bei genauer Einstellung photographiert ist. Die Abgrenzung zwischen Eizelle und Protoplasma des Embryosacks ist in *b* links und rechts als mehrfach unterbrochene Linie erkennbar. Leicht gequetschtes Präparat von Samenanlagen, die aus dem Fruchtknoten herauspräpariert wurden. Nuklealreaktion ganzer Blüten. Objektiv E.

anlage und den 3 zuerst aufgefundenen des Embryosacks nicht gefärbt sind, erkennt man sie leicht an den großen, glasigen, fast immer eine oder mehrere Vakuolen enthaltenden Kernkörpern (Abb. 100 *c*, 101 *b*, *c*). Schließlich wird noch festgestellt, daß der etwas kleinere, der Mikropyle näher gelegene Kern innerhalb des Embryosacks in einer Zelle für sich liegt, welche durch eine

[1] Diese „Anuklealität" ist sehr wahrscheinlich ein Charakteristikum aller pflanzlichen und tierischen Eikerne.

sehr dünne, gebogene Wand vom Plasma des ersteren abgegrenzt ist. Es ist die Eizelle mit dem Eikern. Aus dieser Zelle und diesem Kern allein geht der Embryo hervor, wie die Untersuchung noch ergeben wird.

Der benachbarte, frei im Plasma des Embryo liegende Kern wird als sekundärer Embryosackkern bezeichnet, ein Name, der uns zunächst nicht mehr sagt, als daß einmal ein primärer Embryosackkern vorhanden gewesen sein muß. Mit der einfachen, hier angewandten Technik können wir über die Herkunft des sekundären Embryosackkerns ebensowenig etwas erfahren wie über die Entwicklung des Embryosacks im ganzen, die Weiterentwicklung werden wir jedoch verfolgen. Die zuerst gefundenen, am entgegengesetzten Ende des Sacks gelegenen Zellen heißen entsprechend ihrer Lagebeziehung zu der Eizelle Antipoden (Gegenfüßler). Schließlich sind annähernd in derselben Höhe wie die Eizelle noch 2 viel kleinere Zellen vorhanden, welche an ihrem glasigen Aussehen an dem zur Mikropyle hin gewandten Ende meistens ohne weiteres zu erkennen sind. Die Kerne sind dagegen nur sehr schwer und selten zu sehen. Diese Zellen hat man als Helferinnen (der Eizelle) oder Synergiden bezeichnet (Abb. 100 *c*, unten).

In dem fertigen Embryosack von *Crepis capillaris* — und das gilt wieder im Prinzip für alle Angiospermen — sind demnach 7 Kerne vorhanden: 3 antipodiale, 1 sekundärer Embryosackkern direkt im Plasma des Embryosacks, 1 Eikern in der Eizelle und 2 in den Synergiden.

Die zum Embryosack werdende Zelle enthält, wie jede andere, zunächst einen einzigen Kern, den primären Embryosackkern. Die bei dessen erster Teilung gebildeten Kerne rücken an gegenüberliegende Pole der Zelle. Hier entstehen durch weitere Teilungen je 4 Kerne. Aus beiden Gruppen wird je ein Kern in die Mitte der Zelle verlagert, worauf Verschmelzung zu einem einzigen erfolgt. Gewiß ein auffallender Vorgang: durch ihn ist der von uns aufgefundene, frei im Plasma des Embryosacks liegende sekundäre Embryosackkern entstanden. Um die an beiden Polen liegengebliebenen 3 Kerne grenzt sich ein Plasmabezirk durch Zellwände ab. So entstehen an der Mikropyle die Eizelle und die 2 Synergiden, gegenüber die 3 Antipoden (deren Kerne sich, wie wir beobachteten, noch sekundär teilen können).

Fruchtknoten, Samenanlage und Embryosack nach der Bestäubung. Wir gehen nun an die Herstellung von Präparaten der seit 45, 60, 75 Minuten und 24 Stunden bestäubten Blüten (Glas 2 und 3, S. 132). Sie werden genau so präpariert wie diejenigen aus Glas 1 (S. 132). Außerdem stellt man von dem Material aus Glas 2 noch Totalpräparate her, bei welchen die Samenanlage im Fruchtknoten verbleibt und das aufgelegte Deckglas durch 1 oder 2 Deckgläser gestützt wird, um die Quetschung des Fruchtknotens vorerst zu vermeiden. Man beginnt mit dem Studium dieser Totalpräparate. In ihnen werden bald außer den Gefäßbündeln des Fruchtknotens 2, im ersten Präparat nicht beachtete, zarte Gewebsstränge auffallen (Abb. 99 *a*), welche im Innern von ein bis mehreren rosa gefärbten Schläuchen der Länge nach durchzogen sind. Ein Vergleich mit den auf der Narbe keimenden Pollenkörnern zeigt, daß es sich bei letzteren um Pollenschläuche handelt. Diese sind demnach von der Narbe durch den Griffel in den sie leitenden Strängen bis weit in den Fruchtknoten vorgedrungen. Wesentlich ist nun herauszubekommen, wohin die mehrere Millimeter langen Pollenschläuche im Verlauf ihres Wachstums durch den 6—7 mm langen Griffel gelangen. Die Untersuchung ist nicht ganz leicht. Möglicherweise wird man mehrere Präparate durchmustern müssen. Manchmal ist es auch angebracht, durch vorsichtigen Druck auf das Deckglas oder durch Herausziehen des einen der beiden stützenden Deckgläser leicht zu quetschen. Bei sorgfältiger Beobachtung findet man die runden Enden eines oder mehrerer Pollenschläuche bis zur Mikropyle vorgedrungen (Abb. 102) oder bereits durch diese hindurchwachsend. Die Wachstumsgeschwindigkeit der Schläuche ist, wie sich ausrechnen läßt, sehr groß im Vergleich zu derjenigen der Wurzelhaare (S. 71). Die Pollenschläuche wachsen 300—400mal schneller als diese.

Es gelingt nur selten, die Kerne des Pollenschlauches zu Gesicht zu bekommen (Abb. 102), da derselbe vom Gewebe des Fruchtknotens und der Samenanlage umgeben ist. Wir setzen unsere Untersuchung an den isolierten Samenanlagen fort. Bei genauer Durchmusterung einer genügend großen Anzahl wird man die 2 jetzt stark kontrahierten, intensiv gefärbten Kerne des Pollenschlauchs im Embryosack, beide in der Nähe der Eizelle und des sekundären Embryosackkerns feststellen können. Das Hauptereignis ist dann der Übertritt des einen dieser Kerne in die Eizelle und anschließend die Verschmelzung mit dem Eikern. Es erfordert Zeit und Geduld, um derartige Stadien zu erhalten. In dieser Kernverschmelzung liegt das Wesen der Befruchtung bei allen geschlechtlich sich vermehrenden Pflanzen und Tieren. Wir müssen uns, falls nicht längere Zeit zur Verfügung steht, damit begnügen, ein Indizium dafür aufzufinden, daß der eine generative Kern, wie er genannt wird, aus dem Pollenschlauch mit dem Eikern verschmolzen ist. Während man im Eikern unbestäubter oder ebenso in erst seit einigen Minuten bestäubter Blüten stets nur den einen riesigen Kernkörper findet — und dasselbe gilt für den sekundären Embryosackkern —, tritt nach stattgefundener Kernverschmelzung bald neben dem großen ein viel kleinerer Nucleolus auf (Abb. 100 *d*). Dies ist ein sicheres Zeichen der vollzogenen Verschmelzung des generativen Kerns mit dem Eikern. Ist seit der Vereinigung des weiblichen und männlichen Kerns noch nicht viel Zeit verflossen, so kann man das Chromatin des letztgenannten in der Nähe des kleinen Nucleolus liegend erkennen. In späteren Stadien verschmelzen dann auch die beiden Kernkörper (was ohne besondere Bedeutung ist).

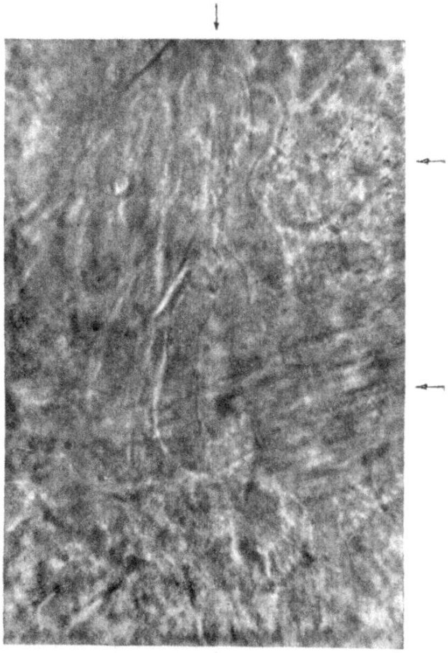

Abb. 102. Totalpräparat einer leicht gequetschten Samenanlage; Region der Mikropyle in natürlicher Lage, vgl. Abb. 92; 3—4 von rechts (unterhalb der Bildmitte) kommende Pollenschläuche treten scharf nach oben umbiegend in die Mikropyle ein. Ihre Spitzen am oberen Bildrand (Pfeil). Im rechts liegenden der zwei längeren Pollenschläuche ist (auf der Höhe des oberen Pfeils am rechten Bildrand) der korkzieherartig gewundene eine generative Kern zu erkennen. (Am rechten Bildrand unterhalb Mitte schimmert das Ende des Funiculusgefäßes durch, Pfeil.) Immersion.

Ganz entsprechende Feststellungen bezüglich der Nukleolenzahl macht man auch an dem in der Nähe der Eizellen liegenden sekundären Embryosackkern, ein Indizium dafür, daß der zweite generative Kern mit diesem Embryosackkern zum sogenannten Endospermkern verschmolzen ist. Diese eigenartige, für alle Angiospermen charakteristische zweifache Kernverschmelzung wird als doppelte Befruchtung bezeichnet.

Die durch die doppelte Befruchtung ausgelösten Vorgänge finden wir in dem Präparat mit den vor rund 24 Stunden bestäubten Blüten aus Glas 3 (s. S. 132). Die Eizelle hat sich durch eine Anzahl von Teilungen zu einem mehrzelligen Gebilde entwickelt: Sie ist infolge der Befruchtung zum jungen Embryo geworden.

Auch der Endospermkern hat sich inzwischen meistens mehrfach geteilt. Ganz abweichend vom Verhalten der befruchteten Eizelle sind aber zwischen den neu entstandenen Kernen keine Zellwände gebildet worden. (Diese treten, wie bei vielen Angiospermen, erst später alle gleichzeitig miteinander auf.) Wir haben mit dem Abstand von 24 Stunden seit der Bestäubung einen großen Sprung gemacht. Will man die lückenlose Entwicklung vom Augenblick der Kernverschmelzung an untersuchen, so muß alle 2—4 Stunden nach der Bestäubung fixiert werden. Etwa 4—5 Stunden nach dieser befindet sich der Ei- und auch der Endospermkern in Prophase. Bei beiden fällt um diese Zeit die Nuklealreaktion zum ersten Male, wenn auch schwach, so doch deutlich positiv aus (vgl. S. 134f. und Anmerkung 1).

Bevor im folgenden Abschnitt die Weiterentwicklung des Embryo verfolgt wird, müssen die bisherigen Beobachtungen über die Sexualität der Pflanze durch die Aufführung eines sehr wesentlichen Befundes der mittels der hier angewandten Technik nur schwer zu erheben ist, vervollständigt werden. Es zeigte sich, daß der primäre Kern im Pollenkorn und infolgedessen auch die beiden generativen, befruchtenden Kerne die haploide Chromosomenzahl besitzen (S. 127). Wir hatten früher festgestellt, daß in allen Zellen der Pflanze die diploide Zahl der Chromosomen vorhanden ist. Die Befruchtung müßte also eine Zelle mit $6 + 3 = 9$ Chromosomen oder, genauer gesagt, mit 3 haploiden Sätzen ergeben. Das ist aber nicht der Fall; wir haben ja nie Pflanzen mit dieser Zahl gefunden (S. 87). So liegt die Vermutung nahe, daß der Eikern, genau so wie die beiden generativen Kerne des Pollenschlauchs, die auf die Hälfte herabgesetzte Chromosomenzahl enthält. In der Tat ist wie bei der ersten Metaphase in den Pollenmutterzellen der Staubbeutel, auch bei der ersten Teilung der Embryosackmutterzelle die Chromosomenzahl 6 durch Paarung und Auseinanderweichen homologer Chromosomen auf 3 reduziert worden. Hierbei gilt bezüglich der Kombinationsmöglichkeiten der Chromosomen A, B, C mit A', B', C' im haploiden Satz dasselbe wie für die Reduktionsteilung bei der Pollenbildung auf S. 129 Gesagte. (Im Anschluß an die Reduktionsteilung erfolgt, wie bei der Bildung der Pollenkörner, eine mitotische Teilung, so daß auch hier 4 Zellen entstehen. Nur eine derselben entwickelt sich aber zum Embryosack.) Infolgedessen sind alle 8 Kerne des jungen Embryosacks haploid. Der Endospermkern des fertigen Embryosacks dagegen muß, da er durch die Verschmelzung zweier haploider Kerne zustande gekommen ist (s. S. 136), diploid sein, nach erfolgter Befruchtung also den dreifachen oder „triploiden" Chromosomensatz enthalten. Daß dem so ist, werden wir bei der Untersuchung der Embryoentwicklung nachweisen.

Das Wesen des Befruchtungsvorganges bei Pflanzen und Tieren besteht in der Verschmelzung zweier Kerne mit dem haploiden Chromosomensatz, ohne Verschmelzung der Chromosomen. Dies ist die Ursache dafür, daß die Chromosomenzahl in den Körperzellen aller höheren Pflanzen und Tiere — bis auf die genannten Ausnahmen — stets eine gerade ist (vgl. S. 88).

Die Tatsache der zahlenmäßig genauen Verteilung der Chromosomen — als eigentlichen, den Zellkern zusammensetzenden, über ungezählte Generationen hin permanenten Individuen — durch Längsspaltung eines jeden einzelnen (Mitose) bei der Zellteilung im Gegensatz zu der einfachen Halbierung des Plasma durch Wandbildung (S. 89f.), hat zu der Vorstellung von den Chromosomen als wesentlichen Trägern der Gesamtheit der erblichen Anlagen von Pflanzen und Tieren geführt. Die weitere Tatsache, daß bei der Befruchtung in die weibliche Zelle häufig nachweisbar nur der männliche Kern übertritt, nicht aber männliches Plasma, und ferner, daß auch Merkmale des männlichen Partners bei den Nachkommen erscheinen, demnach also als Anlagen übertragen werden, bildet ein Indicium für die Richtigkeit dieser Vorstellung. Heute wissen wir auf Grund einer großen Zahl planmäßiger und mannigfaltiger Untersuchungen, daß die Trennung homologer Chromosomen (Meiose) bei der Pollen- und Eizellbildung der von MENDEL entdeckten paarweisen Trennung der im Bastard vereinigten, unterschiedlichen Merkmalsanlagen der Eltern bei der Bildung der männlichen und weiblichen Geschlechtszellen entspricht und in der Tat der Mechanismus für dieselbe ist. Ferner: Das Zusammentreten der durch freie Kombination in den Pollenkörnern wie in den Eizellen entstandenen haploiden Chromosomensätze (s. o. und S. 129) nach den Gesetzen des Zufalls ist der Mechanismus der von MENDEL gefundenen zufallsmäßigen Kombination der Merkmalsanlagen bei der Befruchtung.

Im Anschluß an unsere Untersuchungen über die Vorgänge, welche zur Entstehung der Embryonen führen, soll noch eine recht eigenartige Erscheinung erwähnt werden. Bei einer Reihe von Pflanzen (und auch Tieren) ist die geschlechtliche Vermehrung wieder verlorengegangen und durch eine ungeschlechtliche (apomiktische) ersetzt, wobei die einmal ausgebildeten weiblichen Geschlechtsorgane benutzt werden. Derartige Fälle sind bis jetzt bei über 40 Gattungen allein der Samenpflanzen bekannt geworden. Apomiktisch vermehren sich z. B. verschiedene Arten von Gräsern, Rosen, Brombeeren, Fingerkräutern; ferner auch Compositen, so Vertreter der Gattungen *Taraxacum* und vor allem *Hieracium*. Auch bei *Crepis* sind in neuerer Zeit einige apomiktische Arten aus dem westlichen Nordamerika bekanntgeworden. Das Wesen der Apomixis in den einzelnen Fällen ist sehr verschieden. Bei den *Crepis*-Arten wird z. B. der entstehende Embryosack durch eine in seiner Nachbarschaft liegende, sich stark vergrößernde Zelle des Gewebes der Samenanlage zerdrückt und ersetzt. Aus dieser Zelle, die von vornherein (als Zelle der Samenanlage) die diploide Chromosomenzahl besitzt, entsteht dann ohne Befruchtung der Embryo. Bei den betreffenden Arten von *Crepis* erfolgt die Samenbildung demnach so, wie wir das einleitend (ganz willkürlich und schematisch) als möglich angedeutet hatten (S. 115).

Vierter Teil.

Wem die genaue Untersuchung der Reduktionsteilung, der Veränderungen am Eikern und sekundären Embryosackkern nach dem Eindringen des Pollenschlauchs zu schwierig und zeitraubend erscheint, der begnüge sich damit, die so wesentliche Feststellung der haploiden Chromosomenzahl im Pollenkorn zu machen und die verschiedenen Kerne im Embryosack aufzufinden. Von der Notwendigkeit des Pollens für die Entstehung des Embryo kann man sich dann beim Studium der

Fruchtbildung und Embryoentwicklung

überzeugen und sich so wenigstens durch eigene Arbeit eine Teilkenntnis vom Wesen der pflanzlichen Sexualität aneignen.

Bestäubung und Fruchtbildung. Wir setzen zunächst, möglichst an ein und derselben Pflanze, die Versuche A und B an.

A. An einigen erstmals sich öffnenden Köpfen entfernt man mit Schere oder feiner Pinzette die Röhre der Staubbeutel sowie den Griffel, bevor dieser noch durch die Röhre hindurchgewachsen ist. Alle übrigen Köpfe und Kopfknospen werden entfernt und der ganze Blütenstand in ein dünnes Cellophanpapier eingebunden, um Insektenbesuch (S. 124) zu verhindern. Am nächsten Tage entfernt man auch aus den nun sich öffnenden Blüten der zweiten Kreise Griffel und Staubbeutelröhren und zieht vorsichtig sämtliche Blüten der innern Kreise mit der Pinzette heraus. Dann wird der Blütenstand wieder in Cellophan eingeschlossen und während der nächsten 10—20 Tage sich selbst überlassen.

B. An demselben Vormittag schneidet man aus einem anderen Blütenstand ebenfalls alle Kopfknospen sowie alle sich nicht erstmals an diesem Tage öffnenden Köpfe heraus. Die verbliebenen werden bei schönem Wetter während 2—3 Tagen der Pollenübertragung durch Insekten überlassen, so daß häufige Fremdbestäubung gesichert ist (vgl. S. 124). Nur bei spärlichem Insektenbesuch nimmt man die Bestäubung, wie früher angegeben, selbst vor. Will man den Versuch im Vergleich zu A genauer gestalten, so werden nach diesen Tagen die Griffel und Staubbeutel ebenfalls entfernt, auch die Blüten der innern Kreise herausgezogen. Der Blütenstand wird in Cellophan gepackt.

Bereits nach 1—2 Wochen läßt sich nach Öffnung von je 1, nötigenfalls 2 Köpfen folgendes feststellen: Die Fruchtknoten der Blüten, welche der freien Bestäubung überlassen worden waren, sind in die Dicke gewachsen, diejenigen der in der ersten Serie „kastrierten" Blüten dagegen nicht. Nach rund 3 Wochen haben sich die Fruchtknoten der bestäubten zu reifen Achaenen entwickelt, bei den unbestäubten sind sie zwar beträchtlich (sogar mehr als bei den bestäubten) in die Länge gewachsen, aber ganz schmal geblieben und sehen eher bereits welk aus.

Damit haben wir den Nachweis erbracht, daß zur Ausbildung von Früchten Bestäubung mit Pollen notwendig ist. Bei dem ersten Bestäubungsversuch (S. 125) wurde Wert darauf gelegt, daß Pollen eines anderen Individuums auf die Narbe übertragen wurde. *Crepis capillaris* gehört nämlich zu der merkwürdigen Gruppe von Pflanzen, wie z. B. das Wiesenschaumkraut, Petunien-, Tabak- und Obstarten, welche selbststeril sind, d. h. bei Bestäubung eines Individuum mit eigenem Pollen keine Samen ansetzen. Die Kastrierung im obigen Versuch könnte deshalb unnütz erscheinen. Da aber bei *Crepis capillaris* (im Gegensatz zu einigen anderen Arten der Gattung) die Selbststerilität nicht immer scharf ausgeprägt ist, wird diese Maßnahme notwendig, ebenso wie umgekehrt die Bestäubung mit Pollen von anderen Individuen, da man von vornherein das Verhalten der Pflanzen, welche zur Verfügung stehen, nicht kennt. Für streng selbststerile Pflanzen ist die Übertragung von Pollen durch Insekten eine unbedingte Notwendigkeit, während sie bei vielen der „selbstfertilen" nicht erforderlich ist.

Entwicklung des Embryo. Zur Untersuchung werden beliebig frei bestäubte Köpfe in den 4 Verwelkungsstadien getrennt fixiert (Abb. 88 *g*, *h*, *i*, *k*). (Man kann auch so vorgehen, daß von einer Anzahl markierter Köpfe vom vierten bis fünften Tage ab seit der erstmaligen Öffnung täglich oder alle 2—3 Tage einige fixiert werden.) Man halbiert die Köpfe mit scharfem Skalpell oder Rasierklinge in 2 gleiche Teile, löst vorsichtig einzelne Gruppen von Fruchtknoten ab und bringt sie direkt in C. E.-hell. Mit der Präparation kann dann sofort angefangen werden.

Man beginnt, um Übung zu gewinnen, mit den ältesten Stadien. Zunächst wird, wie früher (S. 133f.) beschrieben, in C. E.-hell die Fruchtknotenwand geöffnet. Im Gegensatz zum Vorgehen bei der Untersuchung des jungen Embryosacks wird außerdem dieser noch selbst mit den beiden Präpariernadeln — nach Entfernung der rechts liegenden Fruchtknotenhälfte — durch Einstechen in die Samenanlage möglichst knapp über der antipodialen, von der Fruchtknotenbasis abgewandten Region, freipräpariert. Erst nachdem dies geschehen ist, löst man die Samenanlage von der verbliebenen Hälfte des Fruchtknotens los und schiebt, mit beiden Nadeln seitlich drückend, den Embryosack nach oben hinaus. Während die Freilegung der Samenanlage wie früher in möglichst wenig Flüssigkeit vorgenommen wird, muß bei dieser Manipulation reichlicher Flüssigkeit auf dem Objektträger vorhanden sein. Nur so gleiten die Embryosäcke gut aus der geöffneten Samenanlage hinaus. Schließlich wird bei größeren Embryonen von jedem Embryosack die Embryosackhaut von der Antipodialregion her abgeschält, was unschwer gelingt. Dies ist jedoch nur nötig, wenn man außer der Entwicklung des Embryo die Chromosomenzahl in demselben und im Gewebe, in welches er eingebettet liegt, ermitteln will (S. 143). Schon beim Präparieren unter der Lupe erkennt man die Embryonen an der Größe ihrer Kerne, welche durch die C. E.-hell intensiver angefärbt werden als diejenigen des umgebenden Gewebes. Zum Schluß saugt man soviel Flüssigkeit ab, daß die Embryonen (bzw. Embryosäcke) festliegen und schiebt alle erhaltenen mit der Nadel nahe zusammen. Dann wird ein beidseitig unterstütztes Deckglas aufgelegt und mit flüssig gemachter Vaseline abgeschlossen. Die Präparate halten sich wochenlang. (Anschließend können wir uns noch an ebenso, aber in Wasser präparierten lebenden Embryonen überzeugen, daß diese vollkommen farblos sind. Sie vermögen also in diesem wie in späteren Entwicklungsstadien (S. 18) keine Kohlensäure zu assimilieren und sind demnach mindestens in Bezug auf Zucker ebenso heterotroph wie die Wurzel der Pflanze; S. 56.)

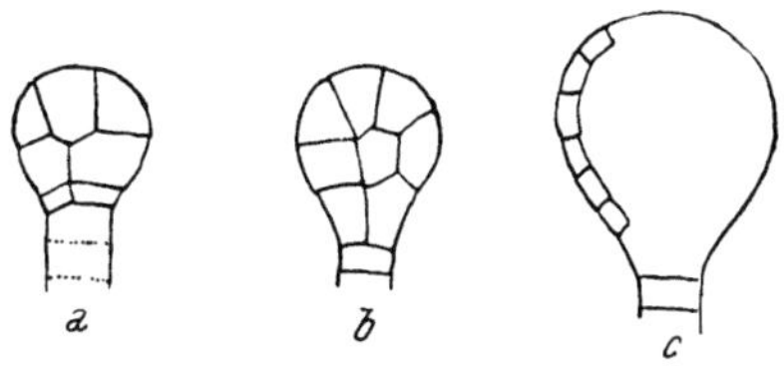

Abb. 103 *a*—*c*. Drei junge Embryonen aus ihren Embryosäcken herausgedrückt. Fixierung und Präparation einzelner, eben verwelkter Blüten (Abb. 88) in C. E.-hell; Präparation in derselben Flüssigkeit; *a* und *b* sind 0,05, *c* 0,07 mm lang (Embryosack etwa 0,4 mm); an der Basis der Embryonen der oberste Teil des Embryoträgers; in *a* und *b* noch keine Differenzierung, in *c* ist die Epidermis gebildet. Objektiv C.

Erst nachdem durch die Präparation des letzten Verwelkungsstadiums einige Übung gewonnen ist, isolieren wir die Embryonen des ersten, zweiten und dritten. Auch die hier vorhandenen Embryonen sind unter der Lupe infolge der intensiveren Färbung der Kerne im Vergleich zu denen des umliegenden Gewebes bei genauer Beobachtung noch eben zu erkennen. Sie lassen sich natürlich weniger leicht freilegen als die älteren. Sofern das nicht gelingen sollte, können die Embryosäcke nach Auflegen eines Deckglases (nicht zuviel Flüssigkeit! Unterstützen!) durch 20%ige hindurchzusaugende Kalilauge durchsichtig gemacht werden. Vor der Untersuchung wird diese wieder abgesogen und durch 45%ige Essigsäure ersetzt. Die Präparate werden ebenfalls mit Vaseline abgeschlossen.

Hat man die Veränderung der Eizelle nach dem Vordringen des Pollenschlauchs bis in die Mikropyle (S. 136f.) nicht verfolgt, so stellt man bei Betrachtung der jüngsten, erhaltenen Embryonen vor allen Dingen fest, daß diese stets dort im Embryosack entstehen, wo bei der ersten Untersuchung außer dem riesigen Embryosackkern die große einkernige Zelle gefunden worden war (vgl. Abb. 100 *c* und 101 *b* mit Abb. 104 *a*—*f*). Damit ist, wenn auch nicht bewiesen, so doch ein Anhaltspunkt dafür gewonnen, daß „unter dem Einfluß der Bestäubung" bzw. des zur Mikropyle vorgedrungenen Pollenschlauchs der Embryo durch Teilungen in dieser Zelle zustande kommt.

Die jüngsten, noch ohne Schwierigkeit auffindbaren Embryonen sind wenigzellige, undifferenzierte, kugelige Gebilde (Abb. 103 *a*, *b* und 104 *a*). Sie sitzen auf einem mehrzelligen Stiel, dem Embryoträger (Abb. 103 *a*, 104 *h*), aus dessen apikaler, in den Embryosack hineinragender Endzelle sie — wie bei allen Angiospermen —, durch Teilung hervorgegangen sind. Gelingt es beim Präparieren

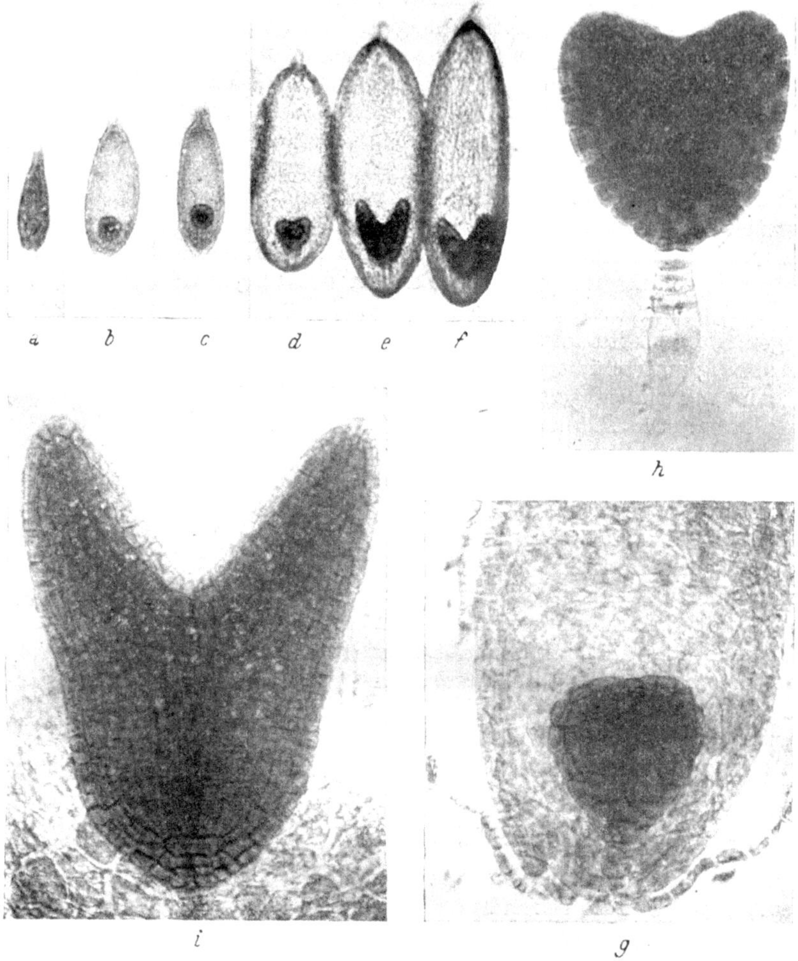

Abb. 104 *a*—*i*. *a*)—*f*) Sechs verschieden alte Embryonen in ihren aus der Samenanlage herauspräparierten Embryosäcken bei schwacher Vergrößerung. Objektiv A. Beginn der Keimblattbildung in *d*. Die Embryoträger sind teilweise zu erkennen; starkes Wachstum des Embryosackes während der Embryoentwicklung. *g*)—*i*) Embryonen bei stärkerer Vergrößerung. Objektiv C. *g*, die Epidermis ist differenziert, frühes Stadium der Keimblattbildung; infolgedessen ist der Embryo oben nicht mehr rund, sondern flach (vgl. *b*); der Embryo liegt im Endosperm; *h*, Stadium der Keimblattbildung wie in *d*; die letzte Zelle des 5zelligen Embryoträgers besteht aus einer langen Saugzelle mit großem Kern. In den Embryonen dieses Alters kann man gegen 35—40 Kernteilungen finden; *i*, Differenzierung der Wurzel; man erkennt drei der Initialzellen des Periblem (ferner links die Grenze zwischen Periblem und Plerom, vgl. Text S. 83); unter den Initialen erkennt man die eben erst angelegte, in der Mitte drei Zellen, links und rechts zwei Zellen hohe Wurzelhaube. — *a*)—*c*) Aus eben verwelkten Blüten; *d*)—*f*), *h*), *i*) aus etwas stärker gewelkten Blüten, Beginn der Zwiebelbildung. Fixierung und Präparation in C. E.-hell. Photographie der 2—3 Wochen alten, mit Vaseline umrandeten Präparate, so daß sich in der C. E.-hell die Embryonen etwas gefärbt haben und von dem Embryosackgewebe besser abheben.

(am ehesten von etwas älteren Entwicklungsstadien wie in Abb. 104 *d*, *g*, *h*), den Embryoträger unversehrt zu erhalten, so findet man an dessen basalem Ende eine sehr große Zelle mit großem Kern (*h*), wie sie bei vielen Angiospermen vorkommt. Sie ragt in die Mikropyle hinein (eben deswegen schwer am isolierten Embryo zu erhalten) und dient wahrscheinlich als Saugorgan. In späteren Stadien findet man an dem noch kugeligen Embryo eine deutliche Epidermis ausgebildet. Wurzel und Keimblätter sind noch nicht differenziert (Abb. 103 *c*, 104 *b*, *c*, *g*). Letztere sieht man sich in den etwas älteren Embryonen aus Blüten des ersten bis zweiten Verwelkungsstadium entwickeln. Die Embryonen werden zuerst am oberen Ende breiter und abgeflacht (Abb. 104 *g*); bald ist die erste Anlage der beiden Keimblätter zu erkennen (*d*, *h*). In Blüten des dritten bis vierten Verwelkungsstadiums sind die Keimblätter zu großen, an der Innenseite muldenartig ausgehöhlten Höckern entwickelt (*e*, *f*, *i*). Jetzt ist auch die Wurzelanlage differenziert. Man erkennt deutlich (*i*) die aus dem Dermatogen entstehende erst zweischichtige Haube und rückwärts derselben die großen Initialzellen des Wurzelkörpers (vgl. S. 83). Dieses Entwicklungsstadium macht ohne weiteres klar, weshalb, wie wir früher gefunden haben (S. 18), die Embryonen aufrecht mit der Wurzel nach unten in den Achaenen auf dem Blüten- bzw. Fruchtboden stehen (vgl. auch Abb. 92).

Die Untersuchung ergibt noch, daß die ganze Entwicklung nahezu nur durch embryonales, an die Zellteilungen sich anschließendes Wachstum, wie wir es im Meristem der Wurzel kennengelernt haben, unter Ausschluß von Streckungswachstum erfolgt. Ein Vergleich mit dem fertig ausgebildeten 2 mm langen Embryo des Samens (das erste Präparat S. 17 und Abb. 12) zeigt, daß auch weiterhin kein Streckungswachstum erfolgt. Damit hängt es zusammen, daß man in jungen, heranwachsenden Embryonen immer reichlich Zellteilungen findet. Um die Kernteilungen sichtbar zu machen, braucht man nur die C. E.-hell durch C. E.-dunkel zu ersetzen (Ab- und Ansaugen mit Filtrierpapier) und anschließend vorsichtig bis fast zum Kochen zu erhitzen. So läßt sich leicht feststellen — gegebenenfalls nach leichtem Quetschen nach vorheriger Entfernung der stützenden Deckgläser —, daß der junge Embryo wieder die diploide Chromosomenzahl besitzt.

Abb. 105. 2 Metaphasen mit dem 3fachen Chromosomensatz aus dem Endosperm aus Welkungsstadium *i* in Abb. 88. Technik wie in Abb. 93 angegeben. Immersion.

Sehr eigenartige Verhältnisse bezüglich der Chromosomenzahl findet man in solchen Präparaten im

Endosperm, d. h. in dem Gewebe, welches innerhalb des Embryosacks zunächst den ganz jungen Embryo umgibt. In dem Stadium, in welchem die Keimblattbildung eben beginnt, oder noch früher, kann man mit dem eben angewandten Verfahren leicht feststellen, daß hier die Chromosomenzahl auf jeden Fall höher als 6 ist, und mit nicht allzu großer Mühe zählt man in klaren Metaphasen 9 Chromosomen und erkennt, daß jedes der 3 Chromosomen dreimal vorhanden ist (Abb. 105). Damit ist ein Indizium dafür gewonnen, daß dieses Gewebe, wie wir beim Studium des Embryosacks erfuhren, aber nicht durch eigene Untersuchung ermitteln konnten, aus 3 miteinander verschmolzenen Kernen und anschließender Teilung dieses triploiden, d. h. mit der dreifachen Chromosomenzahl versehenen, infolgedessen sehr großen Kerns, sich bildet. Die Größe eines Kerns hängt von der Zahl der ihn bildenden Chromosomen ab. Jetzt verstehen wir, wenigstens zu einem Teil, warum der Eikern mit 3 Chromosomen stets kleiner gefunden wurde als der sekundäre Embryosackkern mit 6 (S. 135).

Während der Entwicklung des jungen Embryo wird das Endosperm oder Nährgewebe durch diesen verdrängt bzw. aufgebraucht. Infolgedessen fehlt es im fertiggestellten Samen, wie wir eingangs beobachtet haben, bei *Crepis capillaris* und ebenso bei sämtlichen *Compositen*. Es bleibt dagegen erhalten bei den 2 mehr oder weniger verwandten Familien der *Dipsaceen* und *Campanulaceen*, wo es, wie bei vielen anderen Angiospermen, z. B. den Getreidearten (hier dem Keimling sekundär seitlich anliegend), zur Ernährung des keimenden, noch nicht assimilierenden Embryo dient. Bei den mit den *Compositen* verwandten *Valerianaceen* ist dagegen im reifen Samen ebenfalls kein Endosperm vorhanden, die Frucht also auch in dieser Hinsicht derjenigen der *Compositen* ähnlich.

„Doppelte Befruchtung", d. h. Befruchtung der Eizelle und „Befruchtung" des sekundären Embryosackkerns mit anschließender Endospermbildung ist bei nahezu allen sich geschlechtlich fortpflanzenden Angiospermen für die Ausbildung keimfähiger Samen unerläßlich. (Nur vereinzelte Familien machen eine Ausnahme, wie z. B. die *Orchidaceen*, bei denen die Endospermbildung gänzlich unterbleibt.)

Fünfter Teil.

Die Öffnung des Fruchtkopfes.

Das Heranwachsen der Embryonen und Reifen der Früchte vollzog sich im Schutze des dauernd geschlossenen Hüllkelchs. Nach Abschluß der Entwicklung entläßt die Pflanze zur Vermehrung und Verbreitung der Art die fertig gebildete Frucht. Dadurch ist Gelegenheit gegeben, einen dritten, im Pflanzenreich oft gefundenen Bewegungsmechanismus zu studieren. Bisher hatten wir 2 grundsätzlich verschiedene derartige Mechanismen kennengelernt. Der eine beruht auf Wachstumsunterschieden (Geo- und Phototropismus, Nastie der Blätter und Blüten); der andere auf Turgorunterschieden (Spaltöffnungen).

Hygroskopische Bewegungen der Hüllblätter. Wir verfolgen, was sich nach der Fruchtreife an zwiebelförmigen Köpfen begibt, welche die verdorrten Blütenpäckchen schon seit einigen Tagen abgeworfen haben (Abb. 88 *k*). Dazu können wieder abgeschnittene und in Wasser gestellte Blütenstände (S. 116) benutzt werden. Es ist nur darauf zu achten, daß genügend zwiebelförmige, der Reife möglichst nahe Fruchtköpfe mit abgeschnitten werden. Die von Anfang an Schließtendenz besitzenden Hüllkelche (S. 120) öffnen sich jetzt zum ersten Male „aktiv": Sie klappen ihre Blättchen um 180° abwärts, so daß diese den Stengel berühren. Wir stellen fest, daß der Vorgang 2—3 Stunden dauert. Gleichzeitig breiten die jetzt offen auf der Scheibe stehenden Achaenen ihre vorher nach oben zusammengelegten Pappushaare zu einem flachen Strahlenkranz aus (Abb. 88 *l*). Die Scheibe wird, offenbar durch den vom Hüllkelch nach unten ausgeübten Zug, in der Mitte leicht nach oben gewölbt und dadurch die Achaenen in ihrem oberen Teil voneinander entfernt, sowie am Rande der Scheibe ziemlich weit nach abwärts gebogen. Das Wesen der beiden Bewegungen ist aufzuklären.

Man beobachtet, daß die zurückgekrümmten Hüllblätter trocken aussehen. Das Herabhängen ist aber nicht lediglich die Folge eines Welkvorgangs, wovon wir uns folgendermaßen überzeugen können. Fruchtköpfe tragende Stengel werden stark schräg oder horizontal gestellt. Sie öffnen sich in derselben Weise. Hierbei müssen sich beim Beginn der Krümmung die oberhalb der Waagerechten, am Schluß der Krümmung die unterhalb der Waagerechten befindlichen Hüllblätter der Schwerkraft entgegen bewegen. Taucht man Köpfe, welche sich vor kurzem geöffnet haben, in Wasser und befestigt sie in horizontaler Lage an einer in den Tisch gesteckten Stecknadel, so schließen sie sich in etwa 2 Stunden wieder. Recht schnell vollzieht sich das Öffnen und Schließen an medianen Längsschnitten. An diesen werden die Bewegungen um 180° in beiden Richtungen innerhalb 10—30 Minuten ausgeführt.

Wir sehen aus diesen Versuchen, daß es sich offensichtlich um einen Schrumpfungs- bzw. Quellungsmechanismus handelt. Die Abwärtsbewegung kann nicht auf einfachem Welken beruhen. Die bestimmte Richtung muß vielmehr anatomisch bedingt sein. Bewegungen dieser Art spielen sich an nicht mehr lebenden Geweben ab im Gegensatz zu den Wachstums- und Turgorbewegungen. Man kann also z. B. von geschlossenen, möglichst reifen Köpfen Längsschnitte herstellen, diese für Minuten bis Stunden in 95%igen Alkohol legen, kurz in Wasser abspülen und beim Trocknen die Öffnungs-, beim erneuten Anfeuchten die Schließbewegung ausführen sehen. (Beliebig oft lassen sich merkwürdigerweise diese Versuche nicht wiederholen. Dies macht wahrscheinlich, daß der Mechanismus etwas komplizierter sein mag.) Schrumpfungs- bzw. Quellungsmechanismen finden sich bei vielen Pflanzen. Sie spielen z. B. häufig bei der Öffnung von Früchten eine Rolle.

Während der gleich zu beschreibende Versuch über die Bewegung der Pappushaare an den Achaenen im Gang ist, untersuchen wir an medianen Längsschnitten

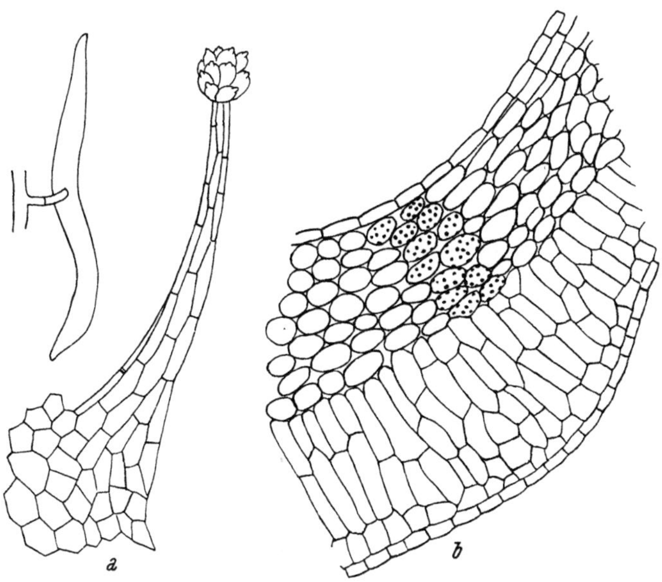

Abb. 106 *a b*. *a*) Keulenhaar und Köpfchenhaar von der Außenseite des inneren Hüllblattes; *b*) medianer Längsschnitt durch die Basis des inneren Hüllblattes etwas seitlich der Rippe. Die Chloroplasten in der subepidermalen Schicht der Blattoberseite nur in einigen Zellen angedeutet. Alles Objektiv C.

durch geschlossene reife Köpfe den cellularen Bau der Hüllblätter (Abb. 106 *b*). An der morphologischen Unterseite, wo beim Laubblatt (S. 104) das mit Interzellularen durchsetzte, ziemlich chloroplastenreiche Schwammparenchym liegt, findet man hier eine hohe, interzellularenlose Schicht langer, zylindrischer, nahezu chloroplastenfreier Zellen. Sie ist senkrecht zur Oberfläche des Blattes und den etwas gestreckten Zellen, welche die Schicht der Blattoberseite bilden, orientiert. Beim Verdunsten des Wassers schrumpfen die langen Zellen in der Querrichtung stärker als in der Längsrichtung und ebenso die quer zu ihnen liegenden Zellen der darüberliegenden Schicht. Bei der Quellung verhalten sich beide Zellagen entsprechend umgekehrt. Daraus resultiert die Öffnungs- und Schließbewegung des Hüllblattes beim Schrumpfen und Quellen. Der anatomische Befund liefert zugleich ein Beispiel dafür, wie weitgehend der innere Bau eines Blattes bei derselben Pflanze abgeändert werden kann je nach der Funktion.

Die medianen Längsschnitte durch den Hüllkelch geben noch Gelegenheit zur Untersuchung der eingangs verschiedentlich erwähnten 2 Sorten von Haaren auf der Außenseite der äußeren und inneren Hüllblätter bei stärkerer Vergrößerung (Abb. 106 *a*). Der dünne, flaumige Belag wird aus eigenartigen Haaren gebildet.

Jedes derselben besitzt einen kurzen Stiel aus 1—2 recht kleinen Zellen. An diesem ist eine riesige, schlauchförmige, an beiden Enden zugespitzte Zelle in ihrer Mitte oder an einem Ende befestigt. Komplizierter gebaut sind die mehr oder weniger starren, abstehenden Haare. Der vielzellige, schwärzliche, an der Basis breite Stiel trägt einen 8—10zelligen Kopf, der meistens hell zitronengelb, manchmal auch rotbraun gefärbt ist.

Damit haben wir bei unserer Pflanze, abgesehen von den Wurzelhaaren, nicht weniger als 4 verschiedene Haartypen festgestellt: Die oft sehr langen, einzelligen, an der Außenseite der Blütenkronbasen (Abb. 92, 55 *e*) die ebenfalls einzelligen Fegehaare des Griffels und die Papillen der Narbe, die vielzelligen Haare des Pappus, die 2—3-zelligen Keulenhaare und die vielzelligen Köpfchentragenden des Hüllkelchs. Das sind einige der bei Pflanzen weitverbreiteten Haartypen.

Hygroskopische Bewegungen des Pappus. Wir legen eine Petrischale mit einer dickeren Schicht von feuchtem Filtrierpapier aus und bohren in dieses nicht

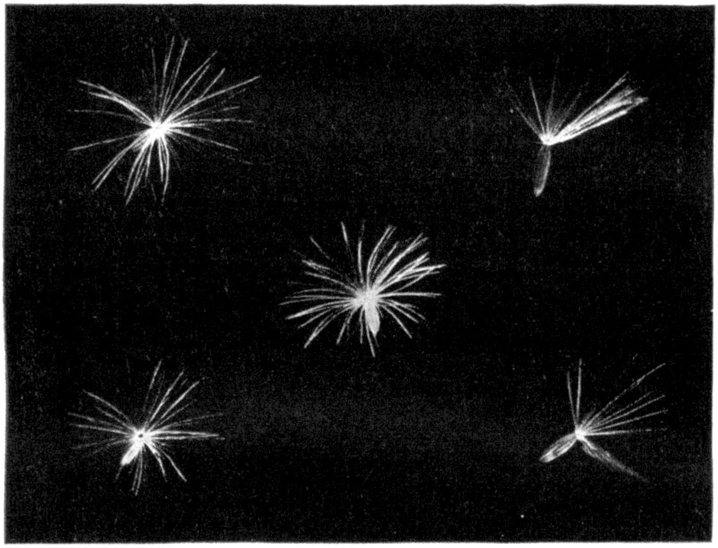

Abb. 107. Achaenen mit Pappus. Links trocken, ausgebreiteter Pappus; rechts 2 Achaenen aus feuchtem Raum mit sich zusammenlegenden Haaren. 3,5fach vergrößert.

weit vom Rande einige senkrechte Löcher. In die Mitte der Schale kommt ein Objektträger, der mit einem schwarzen, trockenen Papier entsprechender Größe bedeckt ist. Auf diesem breitet man einige der früher (S. 12) mit unversehrtem Haarkranz eingesammelten Achaenen so aus, daß sie sich mit ersterem nicht gegenseitig berühren. In die vorbereiteten Löcher werden mit einer Pinzette vorsichtig einige weitere Achaenen mit dem Pappus nach oben eingesetzt. Die wieder geschlossene Schale bleibt dann $^1/_2$ bis 1 Stunde stehen. Nach der abgelaufenen Zeit beobachtet man, daß sich die vorher ausgebreiteten Pappushaare der auf dem schwarzen Papier liegenden Achaenen um 40—60° zusammengeneigt haben (Abb. 106). Noch stärker ist die Bewegung an den in das Filtrierpapier eingesteckten Achaenen. Hier stehen die Haare jetzt steil aufwärts. Legen wir die Achaenen aus dem feuchten Raum vom schwarzen Papier wieder in die offene Schale zu den anderen zurück, so breitet sich ihr Pappus nach einiger Zeit wieder aus. Man kann Ausbreiten und Zusammenneigen durch Übertragung in die offene Schale und in die feuchtgehaltene beliebig oft hintereinander wiederholen.

Wie bei der Bewegung der Hüllblätter ist demnach auch hier ein Schrumpfungs- bzw. Quellungsmechanismus wirksam. Die Zellen der Fruchtschale besitzen keinen lebenden Inhalt mehr (S. 19) und ebensowenig die an ihr sitzenden Haare des Pappus. Die (wahrscheinlich durch die apikalen Zellschichten der Fruchtschale vollzogene) Bewegung ist wie bei den Hüllblättern eine hygroskopische; die Aufnahme von Wasser in Dampfform seitens der auf dem Papier im feuchten Raum liegenden Achaenen erwiesen.

Über den Nutzen der beiden Bewegungen ist folgendes zu sagen. Die Fruchtköpfe müssen sich öffnen, damit die Achaenen verbreitet werden können. Würden die Köpfe geschlossen bleiben und die Achaenen erst durch Verfaulen der Hüllblätter frei, so wäre die Verbreitungsmöglichkeit bedeutend geringer. Es mag ferner von einiger Bedeutung sein, daß sich die Köpfe bei Regen, wie man beobachten kann, nicht öffnen: Die nach der Reife leicht ablösbaren Achaenen würden sonst sofort weggespült und in der Nähe der Mutterpflanze in größeren Mengen nahe beieinander in den Boden gelangen. Bei starkem, schnell einsetzendem Regen bleibt allerdings einem bereits geöffneten Kopf keine Zeit zur Schließbewegung. Die Achaenen werden alsbald losgelöst. Tatsächlich kann man oft mehrere Wochen, nachdem sich die ersten Fruchtköpfe geöffnet haben, einen dichten Teppich von Keimlingen direkt unter der Mutterpflanze finden. — Der bei trockenem Wetter ausgebreitete Pappus bildet, wie bei den meisten Compositen, für die nur Bruchteile eines Milligramms wiegende Früchte (S. 13) eine wirksame Schwebevorrichtung, welche bei trockenem Wetter die Verbreitung durch stärkeren Wind über größere Strecken gewährleistet.

Anhang.

Verzeichnis der nötigen Instrumente, Glaswaren und Chemikalien. Technische Angaben.

(Auf die eingeklammerten Zahlen ist im Text, besonders in den ersten Abschnitten, Bezug genommen.)

Optische Hilfsmittel, Meßgeräte.

Mikroskop (*1*) mit Kondensor, Hohl- und Planspiegel, 3 Objektiven, etwa entsprechend Zeiß A (Einzelvergrößerung 8fach), C (Einzelvergrößerung 20fach), E (Einzelvergrößerung 60fach). Bei dem mittleren Objektiv achte man darauf, daß der Abstand der Frontlinse vom zu untersuchenden Präparat noch so groß ist, daß man das Objektiv benutzen kann, ohne das Präparat mit einem Deckglas zu bedecken. (In Salzsäure liegende Präparate müssen jedoch stets bedeckt werden.) Ein Okular mit 6facher und ein solches mit 10facher Einzelvergrößerung genügt vollständig. Man gewöhne sich daran, beim Beobachten möglichst das schwächere zu benutzen. Mit dem stärkeren erhält man zwar größere, aber lichtschwächere und weniger deutliche Bilder. Das stärkere Okular wird in erster Linie beim Zeichnen verwendet, nachdem vorher das Präparat mit dem schwachen Okular in allen erforderlichen Einzelheiten durchmustert worden ist. Beim Mikroskopieren wird auch das nicht mikroskopierende Auge offen gelassen, woran man sich anfangs gewöhnen muß.

Man kann mit dem Mikroskop richtig und erschöpfend nur beobachten, wenn mit Hilfe des Spiegels, des Beleuchtungsapparates (Kondensor) und der Blende das Gesichtsfeld optimal belichtet ist. Hierauf wird meistens — nicht nur von „Anfängern" — keine genügende Sorgfalt verwendet. Man stellt zuerst die schwächste Vergrößerung ein und nimmt das Okular aus dem Tubus heraus. Darauf wird der Hohl- oder Planspiegel so lange hin und her gedreht, bis das Tageslicht bzw. das Bild der elektrischen Birne (s. u.) im Gesichtsfeld erscheint. Nun stellt man ein beliebiges Präparat bei mittlerem Objektiv ein, schließt die Blende mäßig und dreht den Kondensor in seiner Fassung (vorsichtig!) so lange herauf oder herunter, bis die optimale Lichtstärke erhalten ist. Dies muß unbedingt geschehen, und ist, falls die Objektträger nicht alle gleich dick sind, vor der Untersuchung eines jeden Präparats auf einem anderen Objektträger stets zu wiederholen, wenn man es nicht vorzieht, die dicksten und dünnsten von vornherein auszuschalten. Nur so wird der Beleuchtungsapparat, der das Licht auf die obere Fläche des Objektträgers konzentrieren soll, ausgenutzt. Die falsche Stellung des Kondensors macht sich beim Gebrauch des stärksten, weil lichtschwächsten Objektivs, am meisten bemerkbar.

Führt man diese Angaben genau aus, wobei darauf zu achten ist, daß während der Beobachtung der Spiegel nicht verschoben wird, so braucht man für keine der in dieser Anleitung beschriebenen Untersuchungen eine Immersion, außer bei der genaueren Untersuchung der Struktur der Chloroplasten und des Pollenschlauchs lediglich bei der Befruchtung. Natürlich erleichtert eine Immersion schwierigere Beobachtungen, ist aber nicht nötig. Dabei ist vorausgesetzt, daß nur bei genügender Lichtstärke mikroskopiert wird. Um in dieser Hinsicht allen Schwierigkeiten aus dem Wege zu gehen (Lage des Zimmers nach Westen, Osten oder gar nach Süden), gewöhne man sich grundsätzlich daran, als Lichtquelle eine elektrische Lampe (*2*) zu benutzen. Diese muß keine spezielle Mikroskopierlampe sein. Eine gewöhnliche Birne genügt; 75, noch besser 100 Watt sind aber unbedingt erforderlich.

Um beide Hände beim Präparieren frei zu haben, ist für viele Beobachtungen bei schwächster Vergrößerung eine an einem Stativ über einem kleinen Tisch befestigte und mit einem Trieb bewegliche Lupe mit 10facher Vergrößerung (*3*) unentbehrlich. Beim Gebrauch derselben sind die verschiedenen Beleuchtungsmöglichkeiten gut auszunutzen: Ausschließlich auffallendes Tages- oder Lampenlicht bei Abdeckung des Spiegels mit schwarzem Papier; mit oder ohne auffallendes Licht bei gleichzeitiger Beleuchtung mit dem Spiegelglas oder dem Milchglas der anderen Seite des Spiegels.

Meßokular (*4*). Zu Messungen an mikroskopischen Präparaten benutzt man am einfachsten ein Meßokular. In diesem ist auf einer besonderen Glasplatte ein kleiner Maßstab aufgetragen (auf welchen man durch Drehen der oberen Okularlinse in deren Gewinde scharf einstellen kann). Kommt es nicht nur auf vergleichende, sondern absolute Werte an, so muß für jedes der 3 Objektive der Wert eines Teilstrichs besonders bestimmt werden. Das geschieht mit Hilfe eines Objektmikrometers (*4 a*). Dies ist ein Objektträger, auf welchem 1 Millimeter in 100 Teile geteilt ist. Mit Hilfe desselben kann man für jede Vergrößerung den Wert eines Teilstrichs im Meßokular bestimmen.

Bis zu einem gewissen Grad kann man sich auch ohne Meßokular auf folgende Weise helfen. Für die beiden schwächeren Objektive wird der Durchmesser des jeweiligen Gesichtsfeldes mit einem in halbe Millimeter eingeteilten, auf den Objekttisch des Mikroskops gelegten Maßstab bestimmt. Für das stärkste Objektiv benutzt man eine unter Benutzung eines Maßstabes selbstangefertigte 0,5-mm-Einteilung auf Pauspapier, welche dann auf einen Objektträger geklebt wird. Noch besser stellt man sich mit Hilfe eines Schreibdiamanten direkt auf dem Objektträger einen gläsernen 1-mm-Maßstab her (*5*). Dazu wird ein Streifen Millimeterpapier an seinen beiden Enden auf einen Objektträger aufgeklebt und nachher das mittlere nicht angeklebte Stück des Streifens herausgeschnitten. Nach Anlegen eines Lineals an die Millimetereinteilung der links und rechts befestigten Stücke wird die Millimetereinteilung auf den Objektträger eingeritzt. Von den so erhaltenen Linien werden einige brauchbar sein; unter der Lupe gelingt es dann, nach dem Augenmaß durch feine Diamantmarkierung einen Millimeter zu halbieren. Von vielen solchen Einteilungen sind dann einige wenige genau genug. Ein solcher Glasmaßstab ist, außer für den genannten Zweck, auch unter der Lupe sowie mit dem bloßen Auge gut zu gebrauchen.

Meßzylinder für 100 ccm (*6*), Pipette von 10 ccm mit 0,1 ccm Unterteilung (*7*).

Kleine Handwaage mit Horn- oder Aluminiumschalen (*9*) und Gewichtssatz.

Thermometer bis 100° C (*8*).

Werkzeuge zum Präparieren.

Präpariernadeln (*10*); 2 zum Präparieren von lebendem Material, 2 zum Präparieren und Zerzupfen in Carminessigsäure. Diese Nadeln sollen nicht länger als 2 cm und nicht biegsam sein. Mit einer Eisenfeile oder einem kleinen Schleifstein ist dafür zu sorgen, daß die Spitzen immer in tadellosem Zustand sind. Viele Präparationen sind unausführbar, wenn man hierauf nicht sorgfältig achtet. Eine 1 mm dicke und 4 cm lange Präpariernadel mit stumpfem Ende (*11*) zum Einschieben der Keimlinge in die Atemröhrchen (S. 151).

Ein Skalpell (*12*), das ebenfalls immer in gutem Zustand sein muß und nie als Ersatz für ein Taschenmesser benutzt werden sollte. Für viele Zwecke (Zerschneiden sehr zarter Pflanzenteile auf dem Objektträger) sind die in eine kleine Hülse einschraubbare Impfnadeln „Contracit" (*13*) sehr geeignet (bei Laubscher in Basel zu 5 Franken). Man muß sorgfältig damit umgehen. Beidseitig hohlgeschliffenes Rasiermesser oder frische, verschieden dicke Rasierklingen (*14*). Diese werden (am besten im Papier, in welchem sie eingewickelt sind) entlang der Aussparung in der Mitte durch Biegen in 2 Hälften geteilt; die dickeren nötigenfalls nach Behandlung mit der Eisenfeile in der Mittellinie, nachdem das Papier entfernt worden ist.

Pinzetten (*15*): Eine feine und eine vorn etwa 2 mm breite; letztere unter anderem zum Halten der Atmungsröhrchen (*41*). Zum Halten und Aufnehmen sehr feiner Schnitte oder lebender, kleiner und empfindlicher Pflanzenteile benutzt man nicht die Pinzette, sondern einen kleinen, weichen Haarpinsel (*16*). Hierzu eignet sich oft auch ausgezeichnet die genannte Impfnadel, die dabei mit der Fläche parallel zum Objektträger gehalten wird.

Eine am Ende verbreiterte, um etwa 45° gebogene Platinnadel (*17*) oder Platin-Ersatznadel. Sie dient zum Entnehmen von Pflanzenteilen aus Salz- und Essigsäure. Hierzu kann schließlich auch ein an der Spitze in der Flamme etwas ausgezogener und ebenso umgebogener Glasstab (*18*) dienen. Das andere abgerundete Ende des Glasstabes kann zum Entnehmen und Übertragen von Tropfen benutzt werden.

Weitere Geräte.

Ein Bunsenbrenner möglichst mit Kleinbrenner (*19*); ersterer allenfalls durch eine Spiritusflamme ersetzbar. Reagenzglashalter (*20*) oder, für unsere Zwecke ausreichend, ein mehrfach zusammengelegtes, einmal oben um das Reagenzglas gebogenes Papier. Zerstäuber (*21*) (wie er zum Fixieren von Bleistiftzeichnungen benutzt wird) zum Feuchthalten der Keimlingskulturen auf Filtrierpapier u. a. Verzinktes Gestell (*22*) für 4,5 × 6-cm-Platten (*25*); 13 × 7 cm und 6 cm hoch, für Kultur von Keimlingen auf Filtrierpapier. Büchsen (*23*) aus Zink (z. B. Nees-Kaffee-Büchsen), etwa 6,5 × 6,5 cm, dienen einmal zum Verdunkeln von Keimlingskulturen in Glasdosen, ferner mit etwas Watte ausgelegt als Ständer für die kleinen Reagenzgläser, Glasstäbe u. a.

Glaswaren.

Objektträger (*24*), gewöhnliches Format 7,5 × 2,5, zum Auflegen von Präparaten; für Keimlingskulturen; für den Assimilationsversuch, sowie geotropische und phototropische Versuche. Gebrauchte photographische Platten (*25*) 4,5 × 6 cm für Keimlingskulturen im Gestell (*22*) unter der großen Glocke. Deckgläser (*26*), gewöhnliche 1,8 × 1,8 und größere 2 × 2,5 (*27*). Deckglassplitter dienen zum Unterstützen von Deckgläsern. Wassergläser (*28*) für saubere und gebrauchte Objektträger; Confituregläser (*29*) mit glatten, stark geneigten Wänden für Keimlingskulturen in Erde, Beobachtung des Wurzelwachstums usw.

Eine größere Glasglocke (*30*), etwa 17 cm breit und 12 cm hoch, zum Bedecken der Kulturen im Zinkgestell. Die Glocke wird mit feuchtem, gewöhnlichem

Filtrierpapier ausgelegt und über das auf einem Teller stehende Gestell gestülpt. Zwei Färbeküvetten mit Deckel: Eine flache (*31*), etwa 7 × 9 cm, 5 cm hoch, und eine hohe (*32*), 3,3 × 8 cm, 9 cm hoch, für Keimung, Wachstumsmessungen sowie geo- und phototropische Versuche. Einige Hartglaskolben (*33*), von 50 ccm, ferner 1 oder 2 von 100 und 250. Kurze Reagenzröhren (*34*), ebenfalls aus Hartglas 9 × 2 cm. Ein Satz Uhrschälchen (*35*), etwa wie folgt: Breite 3 und 3,5 cm, Höhe 0,5 cm; Breite 4,5 und 5,5 cm, Höhe 1 cm. Sehr praktisch sind einige rund ausgegossene Glasklötze (*36*), 2,5 × 2,5 cm, wie solche von Zahnärzten benutzt werden. Zum Zudecken dienen die schwächer gewölbten Uhrgläser. Einige Petri-Schalen aus Hartglas (*37*), 9 × 9 cm, für Aussaaten, verschiedene Regenerationsversuche u. a. m. Einige Deckeldosen (*38*), etwa 6 cm breit, 4 cm hoch, und 5 cm breit, 3 cm hoch. Letztere außerdem mit eingeschliffenem Deckel für Nuklealreaktion (S. 154). Trichter (*39*), ein kleiner und ein großer. 1—2 Pipetten (*40*), die man sich aus Glasröhren durch Ausziehen des einen Endes in der Flamme selbst anfertigt, mit Gummikappen.

Für den Atmungsversuch werden gebraucht: 1. Die eigentlichen Atmungsröhrchen, „A“-Röhrchen (*41*), innen 1,8 mm breit, in Längen von z. B. 4, 5 usw. bis 8 cm. Man beschafft sich eine Glasröhre, die in der ganzen Länge den angegebenen Durchmesser haben muß. Die Röhre wird nach einseitigem Einritzen mit der Eisenfeile in Stücke von 4,2 usw. bis 8,2 cm geteilt. Man hält dann das Glas dicht neben der Einritzstelle beiderseits mit beiden Zeigefingern und genau gegenüber der Einritzstelle mit beiden Daumen fest und bricht durch. Dann wird das eine Ende jeder Röhre (man wählt dasjenige, bei welchem der Bruchrand weniger genau senkrecht zur Längsrichtung der Röhre ausgefallen ist) schräg mit etwa 45° nach unten gehalten und in der Flamme zugeschmolzen. 2. „B_1“-Röhrchen (*42*), zum Einstellen von mehreren A-Röhrchen gleichzeitig, aus nicht zu dünnwandigem Glas, innen 9 mm breit, 3 cm hoch; sie kommen in Korke, welche im Hals kleiner Kolben stecken. Letztere werden, um dem Umkippen vorzubeugen, mit Wasser gefüllt (Abb. 12). 3. „B_2“-Röhrchen (*43*), innen 3 mm breit, 3 cm hoch; wie die „B_1“-Röhrchen zu montieren. Sie dienen zur Aufnahme einzelner A-Röhrchen.

Die B_1-Röhrchen werden außerdem noch für verschiedene andere Zwecke benutzt, wie Fixieren von Wurzeln, Knospen und Blättern und Behandlung derselben mit Salzsäure zur Ausführung der Hydrolyse (S. 154). Hierzu wird ein B_1-Röhrchen in einen entsprechend weit mit dem Korkbohrer ausgehöhlten, flachen Kork bis nahe an das offene Ende eingesetzt. Der Kork dient als Schwimmer auf dem Wasserbad. Entsprechende Korke zum Verschließen dieser Röhrchen.

Ein paar 50- und 100-cm-Flaschen mit eingeschliffenem Stöpsel (*44*, *45*) zum Aufbewahren von Alkohol, Eisessig, Essigsäure u. a. Ferner kleine Flaschen von 20—50 cm (*46*) mit eingeschliffenem Röhrenstöpsel zum täglichen Gebrauch von Leitungswasser, Carminessigsäure-hell, Carminessigsäure-dunkel (S. 153) und anderes mehr.

Papier und anderes.

Filtrierpapier (*47*), sehr dünnes, wird bei der mikroskopischen Wachstumsmessung gebraucht. Normales, festes für Filtrieren im Trichter, als Keimungssubstrat und zum Absaugen von Flüssigkeit vom Objektträger. Das Papier hält man in 2 × 4 cm großen geschnittenen (nicht gerissenen) Stücken in offener kleiner Glasdose aufrecht stehend vorrätig. Besonders dickes Filtrierpapier als Unterlage für die Wurzel bei der mikroskopischen Wachstumsmessung. Gewöhnliches aus Schreibheften zum Feuchthalten von Glasglocke, Petri-Schalen usw.

Weiße und schwarze Papierblätter (*48*) sind beim Mikroskopieren unentbehrlich. Kleine dunkle Objekte kann man nur auf weißem, kleine durchsichtige nur auf schwarzem Papier mit dem bloßen Auge oder der Lupe genügend genau erkennen. Letzteres dient außerdem zum einseitigen Verdunkeln beim phototropischen Versuch.

Glattes Zeichenpapier (*49*), lose Blätter, die später in gewünschter Reihenfolge eingeordnet werden können. Beim Zeichnen mit dem Mikroskop wird der linke Rand des Blattes durch das daraufgestellte Stativ festgehalten. Schließlich Bleistifte (*50*) Nr. 2 und 3 und ein Radiergummi (*51*). Millimeterpapier (*52*) zum Auftragen von Kurven und Herstellung des Maßstabes auf dem Objektträger (vgl. S. 149) und dem Filtrierpapier (S. 68).

Zum Trocknen ein kleines Leintuch (*52*) und ferner ein ebensolches oder, besser noch, Toilettepapier, das ausschließlich für die Linsen der Okulare und Objektive benutzt wird.

Chemikalien.

Für Nährlösung werden folgende Einzellösungen hergestellt:

1. Kaliumnitrat 10%ig.
2. Primäres Kaliumphosphat 1%ig.
3. Magnesiumphosphat 1%ig.
4. Calciumchlorid 0,1%ig.
5. Eisenchlorid 0,1%ig.

Zum Gebrauch werden auf 100 ccm Wasser von Lösung 1—3 je 1 ccm, von Lösung 4 und 5 je 0,1 ccm gegeben. Kann so oder auch um $^1/_3$ oder $^1/_2$ verdünnt gebraucht werden.

Die Lösung 1 wird außerdem als solche oder je nach Angabe verdünnt für die Plasmolyse benutzt.

Zum Aufhellen von Organen und für den Atmungsversuch:

20%ige Kalilauge. Sie wird in einer mit einem Gummipfropfen verschlossenen und mit Vaseline abgedichteten Flasche aufbewahrt. Zur Entnahme der Lauge benutzt man eine Pipette.

Zur Herstellung der fuchsinschwefligen Säure (S. 154), welche für die gewöhnliche Aldehydreaktion und bei der Ausführung der Nuklealreaktion benötigt wird:

Basisches Fuchsin, Natriumbisulfit und Salzsäure in der Konzentration: 100 Teile Wasser + 8,25 Teile konzentrierte Salzsäure vom spezifischen Gewicht 1,19 bzw. normal-Salzsäure.

Für den Assimilationsversuch:

Natriumbicarbonat 1%ig.

Zum Nachweis von Stärke u. a. m.:

Jod-Jodkali. 0,05 g Jod und 0,2 g Jodkali werden in 150 g dest. Wasser gelöst.

Zum Nachweis der Katalase:

Wasserstoffsuperoxyd 10%ig.

Für die Kultur der Wurzelspitze und zur Stärkebildung:

Rohrzuckerlösung in den jeweils angegebenen Konzentrationen.

Für Permeabilität und Stoffspeicherung u. a.:

Carmin, Kongorot, Neutralrot, Eosin.

Zum Fixieren, Einlegen u. a. m.:

Alkohol 95%ig; Eisessig. Als jeweils frisch herzustellendes Fixiergemisch wird Alkohol-Eisessig im Verhältnis 2 : 1 oder 3 : 1 benutzt. — Chromsäure 1%; Osmiumsäure 2%. Das Fixierungsgemisch Chrom-Osmiumsäure (3 T. : 1 T.) ist als solches haltbar.

Anlegen steriler Kulturen.

Die zu benutzenden Flüssigkeiten (Leitungswasser, dest. Wasser, 1%ige Rohrzuckerlösung usw.) werden 1 cm hoch in 50- oder 100-ccm-Kolben gegeben und letztere mit einem Wattebausch, der aus einem passend großen Stück auf flacher Unterlage zu einem Stöpsel gerollt wurde, verschlossen. Der Wattebausch soll etwa einen Daumen breit über den Kolbenrand hervorragen, so daß man ihn noch gut zwischen zwei Fingern packen kann; im Kolben soll er nicht länger als der zylindrische Hals sein, und nur so satt sitzen, daß man, ihn haltend, den 1 cm hoch gefüllten Kolben aufnehmen kann. Das Wasser sowie die Zuckerlösung werden sterilisiert, indem man sie an drei aufeinanderfolgenden Tagen morgens und abends aufkocht. Bei Benutzung der oben angegebenen Nährlösung mit Zuckerzusatz müssen die Kolben an 2—3 aufeinanderfolgenden Tagen je einmal 20—30 Minuten lang in eine flache Schicht von kochendem Wasser oder auf einem Einsatz, wie er zum Kochen von Kartoffeln benutzt wird, in den Wasserdampf gestellt werden.

Zum Sterilisieren der Früchte benötigt man eine 0,1%ige Lösung von Quecksilberchlorid (Sublimat) in dest. Wasser, welches gleichzeitig — zur besseren Benetzung der Früchte — 0,01—0,1%ig an Saponin ist. Etwa 100 ungequollene Früchte werden in einem Kölbchen mit dieser Lösung übergossen und dann während einiger Minuten kräftig umgeschüttelt. Hiernach wird, nachdem die meisten Achaenen sich am Boden gesammelt haben, abgegossen und mehrere Male mit sterilisiertem Wasser gespült. Öffnen und Schließen der Kolben sowie Umschütten der Flüssigkeiten nimmt man stets dicht neben der Flamme eines Bunsenbrenners vor, um Infektion durch Sporen aus der Luft zu verhindern, und packt den Wattebausch des von der linken Hand gehaltenen Kolbens zwischen Zeige- und Mittelfinger der rechten, denjenigen des von der rechten Hand gehaltenen zwischen die gleichen Finger der linken Hand. Nach beendetem Spülen läßt man die Achaenen in niedriger Wasserschicht keimen; die Achaenen bleiben demnach vom Beginn des Sterilisierens bis sie gekeimt haben in ein- und demselben Kolben. Wenn die Wurzeln und Hypokotyle einige Millimeter lang sind, lassen sie sich bequem mit einer, vor jedem Einführen in den Kolben in der Flamme abzuglühenden Platinöse bequem in die Kolben mit den zur Kultur bestimmten Flüssigkeiten einzeln oder zu mehreren übertragen, unter Beachtung derselben Vorsichtsmaßnahmen wie beim Umgießen.

Herstellung der Carmin-Essigsäure.

45%ige Essigsäure (Eisessig 50 ccm, Wasser 50 ccm), dazu 4—5 g Carmin wird in 200 ccm Erlenmeyer-Kolben über kleiner Flamme etwa 45 Minuten im Kochen gehalten. Um den oberen Teil des Kolbens legt man zur Kondensation der verdampfenden Flüssigkeit mehrere Lagen von gewöhnlichem Filtrierpapier, welches durch kaltes Leitungswasser unter mehrfachem Wechsel feucht zu halten ist. Um den leicht eintretenden Siedeverzug zu vermeiden, kann man in die Flüssigkeit Splitter von Objektträgern oder Deckgläsern einlegen. Die Farbstofflösung wird nach dem Erkalten filtriert und in einer mit Glasstöpsel gut verschlossenen Flasche aufbewahrt. Zum täglichen Gebrauch benutzt man die Fläschchen mit hohlem, in eine dünne Röhre ausgezogenen Glasstöpsel (*46*). Diese Carmin-Essigsäure wird im folgenden immer als „C. E.-dunkel" bezeichnet. Außerdem wird noch eine stark verdünnte Carmin-Essigsäure „C. E.-hell" benötigt. Man gibt hierfür in 45%ige Essigsäure einige Tropfen der C. E.-dunkel, bis erstere schön hellrot gefärbt ist. Vorrats- und Gebrauchsflasche wie für C. E.-dunkel.

Herstellung und Anwendung der fuchsinschwefligen Säure.

0,5 g zerriebenes basisches Fuchsin (in Mörser oder zwischen Packpapier mit Hammer oder flachem Holzstück gut zerkleinert) wird in 200 ccm Hartglaskolben gebracht und mit 100 ccm siedendem Wasser übergossen und öfters umgeschüttelt. Auf 50° abkühlen lassen, in Vorratsflasche mit eingeschliffenem Stöpsel filtrieren und 10 ccm der verdünnten Salzsäure (s. S. 152) zusetzen, danach 0,5 g Natriumbisulfit. Nach ein paar Stunden ist die Lösung entfärbt. Sie wird gut verschlossen im Dunkeln aufbewahrt und hält sich so viele Monate lang. Bei längerem Stehen entweicht allmählich die für die Reaktion notwendige überschüssige schweflige Säure. Durch Zusatz einer kleinen Messerspitze von Natriumbisulfit hilft man dem Mangel ab. Das Reagenz kann auch als Schiffsches Reagenz fertig bezogen werden.

Die fuchsinschweflige Säure kommt entweder direkt (S. 110ff.) oder nach Vorbehandlung des Materials mit Salzsäure zur Ausführung der Nuklealreaktion (S. 29) zur Verwendung. Zu diesem Zweck legt man die betreffenden Pflanzenteile zuerst in Alkohol-Eisessig ein; mindestens 10—15 Minuten, aber je nach Bedarf ohne Schaden mehrere Stunden lang. Dann wird in die verdünnte, vorher auf zirka 60° erwärmte Salzsäure (s. o.) übertragen. Hier bleibt das Material 6—8 Minuten und wird dann mit dem ausgezogenen Glasstab oder einer Platinnadel (bzw. Platinersatznadel) in ein Schälchen mit Wasser und gleich anschließend in die fuchsinschweflige Säure gebracht. Nach 30—40 Minuten ist die Reaktion vollzogen. Das Material muß jetzt kräftig blaustichig rot gefärbt sein. Man untersucht in C. E.-hell (nicht in Wasser, da sonst Fuchsinfärbung eintritt). Die Behandlung mit Salzsäure bei 58—62° wird am besten in einem Topf mit Wasser von dieser Temperatur vorgenommen, wobei durch eine kleine Flamme für Konstanz zu sorgen ist. Zum Einlegen des Materials benutzt man die B_1-Röhrchen (S. 151), welche in einen Kork eingesetzt, mit einem Kork verschlossen auf dem Wasser schwimmen.

Zum Verschließen von Präparaten u. a.

Vaseline. Sie wird zur Benutzung in einem kleinen Metallgefäß verflüssigt und mit Glasstab oder Pinsel aufgetragen.

Zum Einlegen von Schnitten.

Nelkenöl. Paraffinum liquidum (dieses auch zum Abdichten beim Transpirationsversuch).

Sachverzeichnis.

Manzsche Buchdruckerei, Wien IX.

GPSR Compliance

The European Union's (EU) General Product Safety Regulation (GPSR) is a set of rules that requires consumer products to be safe and our obligations to ensure this.

If you have any concerns about our products, you can contact us on ProductSafety@springernature.com

In case Publisher is established outside the EU, the EU authorized representative is:

Springer Nature Customer Service Center GmbH
Europaplatz 3
69115 Heidelberg, Germany

Batch number: 10584556

Printed by Printforce, the Netherlands